普通高等院校"十三五"规划教材——化工安全系列

电气安全

主　编　孙东亮

副主编　张增亮　李义鹏

U0264059

中国石化出版社

内 容 提 要

　　本书为"普通高等教育'十三五'规划教材——化工安全系列"之一。主要介绍了电气安全基础知识、电气安全的防护、电气环境安全、建筑物的防雷保护、电气安全设计及电气安全管理等内容。为便于读者学习,每章后还附有化工安全典型案例分析。

　　本书可作为高等院校安全技术及工程、安全管理工程等相关专业的教学用书,也可供相关企业的安全和技术管理人员参考。

图书在版编目(CIP)数据

电气安全 / 孙东亮主编 . —北京:中国石化出版社, 2019.3(2022.9 重印)
　　普通高等教育"十三五"规划教材 . 化工安全系列
　　ISBN 978-7-5114-5101-9

Ⅰ.①电… Ⅱ.①孙… Ⅲ.①电气安全-高等学校-教材 Ⅳ.①TM08

中国版本图书馆 CIP 数据核字(2019)第 039701 号

中国石化出版社出版发行

地址:北京市东城区安定门外大街 58 号
邮编:100011　电话:(010)57512500
发行部电话:(010)57512575
http://www.sinopec-press.com
E-mail:press@ sinopec.com
北京柏力行彩印有限公司印刷
全国各地新华书店经销
*
787×1092 毫米 16 开本 12.5 印张 271 千字
2019 年 3 月第 1 版　2022 年 9 月第 2 次印刷
定价:38.00 元

前　言

随着我国科技与经济的发展，当今工业企业涉及的自动化操作及控制过程逐渐增多，电气设备及装置已广泛应用于工农业生产和居民日常生活，对发展社会生产力、提高人民生活质量有着不可替代的作用。

电气安全在工业企业的日常生产过程，以及人民的生活中显得尤为重要。在生产或生活活动中，人员所接触的电气设备或装置种类繁多，数量庞大，且电气系统工艺连续性强，集中化程度高，技术复杂，如若操作或使用不当，则会引发电气系统损毁及人员伤亡事故，严重危及工业企业的安全及社会的稳定。近些年，我国因电气设备或系统故障导致的触电及电气系统损毁事故数量有增多趋势，如何落实并执行电气安全技术及管理措施，保障电气系统正常运行，以及人员生命及财产安全是当今重大课题，必须高度重视，警钟长鸣。

电气安全是研究电气事故的定义、类型、发生机理，以及电气事故应急、预防、管理技术，在实践中指导如何采取技术措施与管理措施，避免电气事故的发生，最大限度地减小其引发的损失，以达到安全管理的目的的科学。电气安全所涵盖的知识十分广泛。本书是作者在多年教学和科研的基础上，考虑到近年来电气安全工程与技术迅速发展的状况，以及广大技术人员和管理人员进行知识更新的需要而编写的。第一章从电气安全基础知识入手，讲述电路基本概念，电流、电压对人体的伤害，电气事故的类型与特点等。第二章讲述电击防护技术内容，其中涉及直接接触电击防护、间接接触电击防护、漏电保护与继电保护等。第三章介绍用电设备的环境条件，包括常见手持式电动工具、移动式电气设备和电动机的安全。第四章为电气环境安全，主要讲述电气火灾及爆炸预防、静电的产生与消除、电磁干扰与电磁兼容等。第五章内容包括雷电基本知识，雷电种类及其危害、雷电伤及救治、建筑物防雷装置、建筑物的防雷措施等，还介绍了避免化工企业建筑遭受雷击的技术及管理对策。第六章介绍电气安全设计，包括防火防爆电气安全设计、电梯和自动扶梯设计、电力工程电缆设计、化工弱电系统设计等。第七章介绍化工企业电气安全管理，如用电场所、设备与设施安全管理，用电人员培训与教育，电工操作岗位培训要求，以及应急救援等。每章重点知识后，都列举了针对化工企业电气安全事故的相关案例分析。

本书由华东理工大学孙东亮（第一章、第二章、第三章、第七章），中国石化青岛安全工程研究院李义鹏（第四章），青岛科技大学张增亮（第五章、第六章）共同编写，孙东亮负责全书统稿。在本书编写过程中，作业参阅和引用了大量文献资料，在此对原著作者表示感谢。

由于作者水平有限，如书中存在不当之处，敬请专家、读者批评指正。

目 录

第一章　电气安全基础

电气安全是安全工程专业课程内容的一个分支，主要涵盖电气事故类型、人员伤害因素、企业用电设备及作业安全、建筑物防雷保护及电气安全管理、电气安全及环境设计等内容。本课程与电工学关系密切，因此本章从电工学基础切入，明确电气安全相关概念，进而讲述电流对人体的作用，电气事故分类及其致因分析，最后列举了若干化工电气事故案例，并讨论分析。

第一节　电工学基础

一、电路的概念与定律

1. 电路的概念及电路模型

电路的结构和功能是多种多样的，如电力系统，其电路示意图如图 1-1 所示。它的作用是实现电能的传输和转换，由电源、负载和中间环节 3 个部分组成。

图 1-1　电力系统示意图

发电机是产生电能的设备。可把热能、水能或核能等转换为电能。除发电机外，电池也是产生电能的设备，它把化学能转换为电能。这些可以产生电能的设备我们统称之为电源。

电视、电动机、空调等都是取用电能的设备，它们分别把电能转换为光能、机械能和热能等。这些取用电能的设备我们统称之为负载。变压器和输电线是中间环节，是连接电源和负载的部分，它起传输和分配电能的作用。

电路的另一种作用是传递和处理信号。常见的如扩音机，其电路示意如图 1-2 所示。

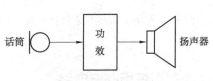

图 1-2　扩音机电路示意图

信号处理和传递的例子有很多，如收音机和电视机，它们的接收天线（信号源）把载有语言、图像信息的电磁波接收，转换为相应的电信号后，通过电路把信号传递处理（调谐、变波、放大等），达到扬声器和显像管（负载），还原为声音和图像。

把一些电路元件或器件按不同的需要和作用组合到一起就是我们实际的电路。例如变压器、电动机、电池、晶体管以及各种电阻器和电容器等。它们的电磁性质较为复杂。最简单的,例如一个白炽灯,它除具有消耗电能的性质(电阻性)外,当通有电流时还会产生磁场,就是说它还具有电感性,但电感微小,可忽略不计,于是可认为白炽灯是一电阻元件。

2. 电压和电流的参考方向

我们规定正电荷运动的方向为电流的方向(实际方向),电流的流向客观存在。在分析较复杂的直流电路时,往往难于事先判断某支路中电流的实际方向;对交流来讲,其方向随时间而变,在电路图上也无法用一个箭标来表示它的实际方向。为此,在分析与计算电路时,常可任意选定一方向作为电流方向,我们称为参考方向,所选的电流参考方向并不一定与电流的实际方向相同。当所求的电流值为正时说明它的实际方向与其参考方向一致,反之,说明电流的实际方向与其参考方向相反。因此,参考方向的指定,决定电流值的正负,如图1-3所示,虚箭头表示电流参考方向,实箭头表示电流实际方向,所选的电流参考方向并不一定与电流的实际方向一致。

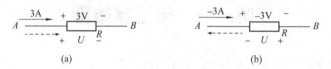

图1-3　电流和电压参考方向

电压也具有方向,电压的方向规定为由高电位端指向低电位端(实际方向),即为电位降低的方向。当无法确定电压方向时,也可任意选定某一方向作为电压方向,我们称为电压参考方向。同电流一样,只有在参考方向选定之后,电压才有正负之分。

3. 电功率和能量

因为电路在工作状况下总伴随有电能与其他形式能量的相互交换,所以能量和功率的分析十分重要;另一方面,电气设备、电路部件本身都有功率的限制,在使用时要注意共电流值或电压值是否超过额定值。过载会使设备不能正常工作或部件损坏。

功率是表示电流做功快慢的物理量,一个用电器功率的大小数值上等于它在1s内所消耗的电能。如果在t(SI单位为s)时间内消耗的电能为W(SI单位为J),那么这个用电器的电功率就是$P = W/t$(定义式),电功率等于导体两端电压与通过导体电流的乘积。

4. 电阻元件

实际电阻器抽象出来的理想模型称之为电阻元件。线性电阻元件的伏安特性曲线是一条经过坐标原点的直线。如图1-4所示,电阻值可由直线的斜率来确定。凡是不能用线性方程描述伏安特性的电阻元件就称为非线性电阻元件。

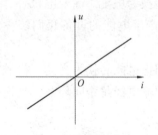

图1-4　线性电阻的伏安特性曲线

二、三相交流电路

三相交流电路是生产、生活中广泛应用的电路之一。三个频率相同、有效值相等、相互之间的相位差为120°的电动势称为对称三相电动势,如果它们的内阻抗相等,将其按一定的方式连接后就构成对称三相电源。采用三相电源供电的体系称为三相制，而仅用一个正弦电源供电则称为单相制。采用三相制就同容量的发电机和电动机来说比单相制体积小、效率高；就输送相同的电功率来说比单相制节省导线用量。

1. 三相交流电源

对称三相电动势可以由三相交流发电机产生，也可以由三相变压器提供。现以三相交流发电机为例予以介绍。图1-5所示是一台具有两个磁极的三相同步交流发电机的结构示意图。它由定子和转子两大部分组成。定子为一对磁极，转子铁芯上安装有三个相同的线圈 AX、BY 和 CZ，这三个绕组的始端 A、B 和 C 在空间彼此各相隔 120°。假定采取适当形状的磁极，使得定子与转子间缝隙的磁场均沿半径方向，且磁感应强度的大小沿圆周按正弦规律分布，当转子在外力带动下沿逆时针方向做加速转动时，根据电磁感应定律，每个绕组切割磁力线都产生了按正弦规律变化的感应电动势。因三个绕组

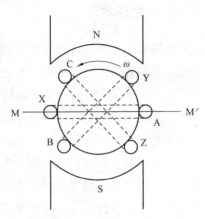

图 1-5　三相交流发电机
（两磁极）结构示意图

的线圈边切割磁力线的速度相同，所以各绕组产生的交流电动势的角频率 M 相同。由于三个绕组的结构相同，所以交流电动势的最大值相等。又因三个绕组在空间位置上彼此相隔 120°，所以三个交流电动势在相位上彼此有 120°的相位差。一般规定：电动势的正方向由绕组的末端经绕组内部指向始端。

2. 负载星形连接与三角形连接

如果把三相交流发电机的每相绕组看作是一个独立的电源，从每相绕组的始末端各引出两根导线，分别与负载相连这就构成了三相绕组互不联系的三相制电路，如图1-6所示。通常三相电源绕组的接法有两种：星形连接和三角形连接。

把三相电源绕组的三个末端连在一起，成为一公共点 O，从绕组的始端 A、B、C 分别引出三条端线，则构成星形连接法，如图1-7所示。

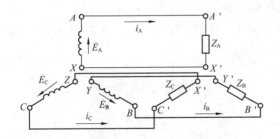

图 1-6　三相绕组互不联系的三相制电路

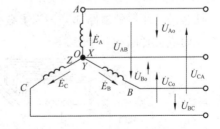

图 1-7　三相电源的星形连接法

从始端引出的导线叫作相线（又称火线），公共点 O 称为中性点，从中性点引出的导线称为中性线。这种具有中性线的三相供电系统称为三相四线制，用符号 YN 表示，如果不引出中性线，则称为三相三线制。

在星形连接的三相四线制供电系统中，如果相电压对称，则线电压也是对称的。线电

压的有效值是相电压有效值的√3倍，在相位上线电压超前相应的相电压30°。这样，三相四线制可为负载提供两种电压。

三、变压器

变压器是根据电磁感应原理制成的一种常用电气设备，具有变换电压、电流和阻抗的作用，但最基本的功能是将一种交流电压变为同一频率的另一种或几种电压。

在电力系统中，变压器是远距离输送电能所必需的重要设备。通常，电能从发电站以高电压输送到用电地区，在发电站先用变压器升高电压。因为当输送功 $P = UI\cos\phi$ 及负载功率因数 $\cos\phi$ 一定时，电压 U 越高，则线路电流 I 越小。这不仅可以减小输电线的截面积，节省材料，同时还可以减小线路的功率损耗。当电能输送到目的地后，再用变压器降低电压，以保证用电安全和合乎用电设备的电压要求。这种完成输送电能的变压器统称为电力变压器。有些场合，由于电流太大，不能直接用电表测量。这时，必须采用电流互感器，将大电流变为小电流，然后进行测量。这类用于各种测量装置的变压器称为仪用变压器。

在无线电和电子线路中，变压器除用来变换电压、电流之外，还常用来变换阻抗，实现阻抗匹配，如收音机中的输出变压器。

变压器虽然种类很多，用途各异，不同的变压器在容量、结构、外形、体积和重量方面有很大的区别，但是它们的基本构造和工作原理是相同的。主要由磁路和电路两部分构成。变压器中用来传递电能而又彼此绝缘的线圈，一般称为绕组。根据它们相对工作电压的大小可分为高压绕组和低压绕组，为了加强它们之间的耦合作用，绕组都绕在闭合的铁芯柱上。

1. 变压器的结构

变压器主要由铁芯和绕组两部分构成。变压器常见的结构形式有两类：芯式变压器和壳式变压器。如图1-8所示，芯式变压器的特点是绕组包围铁芯，它的用铁量较少，构造简单，绕组的安装和绝缘比较容易，因此多用于容量较大的变压器中。壳式变压器，如图1-9所示，其特点是铁芯包围绕组。这种变压器用铜量较少，多用于小容量变压器。

铁芯是变压器的磁路部分，为了减少铁芯损耗，铁芯通常用厚度为0.2~0.5mm的硅钢片叠压而成，片间相互绝缘。

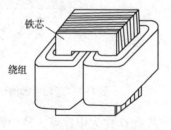
图1-8 芯式变压器

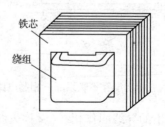
图1-9 壳式变压器

绕组是变压器的电路部分，它是由圆形或矩形截面的导线绕成一定形状的线圈。通常，电压高的绕组称为高压绕组，电压低的称低压绕组。低压绕组靠近铁芯放置，而高压绕组则置于外层。此外，大容量变压器还具有外壳、冷却设备、保护装置及高压套管等。大容量变压器通常是三相变压器。

2. 变压器的工作原理

图 1-10 是单相变压器的原理图。由于三相变压器只须接入三相绕组，其原理和单相完全相同。为便于分析，主要针对单相变压器来分析变压器的工作原理。将高压绕组和低压绕组分别画在两边，接电源绕组为一次绕组，又称原绕组，也就是吸收电能的绕组，其匝数为 N_1；接负载绕组为二次绕组，又称副绕组，其匝数为 N_2，通常一次绕组中各物理量均用下标"1"表示，二次绕组中的各物理量均用下标"2"表示。

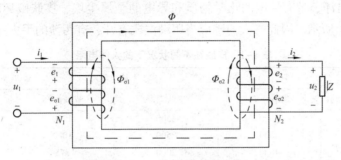

图 1-10　单相变压器原理

第二节　电流对人体的作用

电流通过人体时，会引起人体的生理反应及机体的损坏。国际电工委员会（英文缩写为 IEC）通过大量的试验研究和统计分析计算，定性和定量地描述了电流通过人体和动物躯体时出现的生理学和病理学效应，阐述了电击致伤、致死的原因。相关理论和数据对于制定防触电技术标准，鉴定安全型电气设备，设计安全措施，分析电气事故，评价安全水平等是必不可少的。

一、人体阻抗的组成

人体受到电击伤害的程度与人体阻抗密切相关，人体阻抗是由人体皮肤、血液、肌肉、细胞组织及其结合部等构成了含有电阻和电容的阻抗，各部分的电阻率按依次降低的顺序排列为：皮肤、脂肪、骨骼、神经、肌肉、血液，其中皮肤电阻在人体阻抗中占有最大的比例。人体阻抗包括皮肤阻抗和体内阻抗，其等效电路如图 1-11 所示。研究表明，人体阻抗为接触电压、频率、皮肤潮湿程度和接触面积的函数。

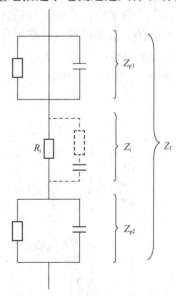

图 1-11　人体阻抗等效电路
Z_i—体内阻抗；Z_{p1}，Z_{p2}—皮肤阻抗；
Z_T—总阻抗

1. 皮肤阻抗

皮肤由外层的表皮和表皮下面的真皮组成。皮肤阻抗是指表皮阻抗，即皮肤上电极与真皮之间的电阻抗，可视为由半绝缘层和许多的小导电体（毛孔）组成的电阻和电容网络。皮肤电容是指皮肤上电极与真皮之间的电容。表皮最外层的角质层电阻很大，在干燥和清洁的状态下，其电阻率可达 $1 \times 10^5 \sim 1 \times 10^6 \Omega \cdot m$。

皮肤阻抗值与接触电压、电流幅值和持续时间、频率、接触面积、施加压力、皮肤潮湿程度、皮肤的温度和种类等因素有关。当接触电压小于 50V 时，皮肤阻抗随接触面积、温度、皮肤潮湿程度、呼吸急促程度等因素的影响有显著的变化，其值比较高。当接触电压在 50~100V 时，皮肤阻抗明显下降。当皮肤击穿或破损时，其阻抗可忽略不计。电流频率升高时，皮肤阻抗随之降低。

皮肤潮湿和出汗、带有导电的化学物质和导电的金属尘埃、皮肤破坏时，人体电阻急剧下降，如表 1-1 所示。因此，人们不应当用潮湿或有汗、有污渍的手去操作电气装置。

表 1-1　皮肤在不同状况下的人体电阻

接触电压/V	人体电阻/Ω			
	皮肤干燥	皮肤潮湿	皮肤湿润	皮肤浸入水中
10	7000	3500	1200	600
25	5000	2500	1000	500
50	4000	2000	875	440
100	3000	1500	770	375
250	1500	1000	650	325

2. 体内阻抗 Z_i

体内阻抗是除去表皮之后的人体阻抗，存在的电容较小，可以忽略不计。因此，体内阻抗基本上可以视为纯电阻。体内阻抗主要决定于电流途径，与接触面积的关系较小。人体不同部位的体内阻抗值如图 1-12 所示，它是以人的单手到单脚途径的阻抗的百分数表示的。图中的数字为人体各部分的体内阻抗值。要计算某一途径的体内阻抗时，将该电流途径上所有的人体部位的阻抗值相加即可。当电流途径为手-手，或单手-双脚时，则体内阻抗主要在四肢上，可略去人体躯干部分的阻抗，得出如图 1-13 所示的体内阻抗简化电路图。图中 Z_{ip} 表示一个肢体部分的体内阻抗。

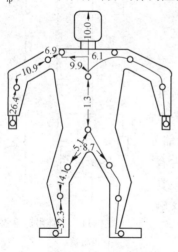

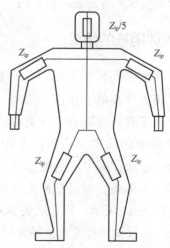

图 1-12　人体不同部位的体内阻抗值　　　　图 1-13　人体的体内阻抗简化电路图

3. 人体总阻抗 Z_T

人体总阻抗是包括皮肤阻抗及体内阻抗的全部阻抗。接触电压在交流 50V 以下时，由于皮肤阻抗的变化，人体阻抗也在很大的范围内变化；接触电压较高时，皮肤被击穿，人体阻抗与皮肤阻抗关系不大，近似等于体内阻抗。另外，由于皮肤存在电容，人体的直流电阻高于交流阻抗。通电瞬间的人体电阻叫作人体初始电阻。在这一瞬间，人体各部分电容尚未充电，相当于短路状态。因此，人体初始电阻近似等于体内阻抗，其影响因素也与体内阻抗相同。表 1-2 列出了不同接触电压下的人体阻抗值，表中数据是干燥条件、较大的接触面积（ $50\sim100\text{cm}^2$ ）、电流途径为左手-右手的情况。

表 1-2　50Hz 交流电条件下的人体总阻抗值

接触电压/V	按下列分布秩（测定人数的百分比）统计时，Z_T 不超过以下数值/Ω		
	5%	50%	95%
25	1750	3250	6100
50	1450	2625	4375
75	1250	2200	3500
100	1200	1875	3200
125	1125	1625	2875
220	1000	1350	2125
700	750	1100	1550
1000	700	1050	1500
渐近值	650	750	850

二、电击伤害的机理

人体被电击时，会有发麻、刺痛、压迫、打击等感觉，还会出现痉挛、血压升高、昏迷、心律不齐、窒息、心室颤动等症状，严重时导致死亡。

1. 电击致伤机理

① 细胞激动作用。电流作用于人体组织，可直接引起细胞激动，产生神经兴奋波，传递到中枢神经系统后，还可间接引起人体的其他部分发生异常反应，造成伤害。

② 破坏生物电作用。由于人体的整个神经系统是以电信号和电化学反应为基础的，且生物电信号和电化学反应所涉及的能量十分微弱。当电流通过人体时，在必要能量以外电能的作用下，系统功能很容易被破坏。

③ 发热作用。电流通过人体时，部分电能转化为热能，破坏体内热平衡，导致功能障碍，发热引起体内液体汽化，产生的机械力导致剥离、断裂等破坏。

④ 离解作用。机体液体成分在电流的作用下发生离解而导致破坏。

2. 电击致命原因

电击致命原因主要有心室颤动、窒息和电休克三种。

（1）心室颤动

电流通过人体，一般既可引起心室颤动或心脏停止跳动，也可导致呼吸中止，前者的出现比后者早得多，所以心室颤动是电击致命的主要原因。电流既可直接作用于心肌，引起心室颤动，也可作用于中枢神经系统通过其反射作用引起心室颤动。心室颤动是心脏无规则的、小幅值、高频率的震颤，震颤频率可达 1000 次/min 以上，从血液动力学的角度来看，无异于心脏停搏，通常数秒钟至数分钟就会导致死亡。图 1-14 是心室颤动时的心电图和血压图。在心脏周期中，相应于心电图上约 0.2s 的 T 波这一特定时间对电流最为敏感，被称为心脏易损期。由图可知，心室颤动开始于 T 波的前半部。

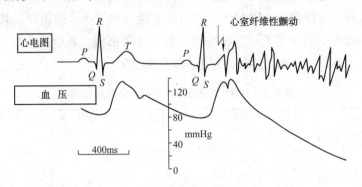

图 1-14　心室颤动时的心电图和血压图

（2）窒息

当通过人体的电流较小（20~25mA）时，主要会导致呼吸中止、机体缺氧，使心室颤动或心脏停止跳动，并非电流直接引起心室颤动或心脏停止跳动。窒息致命的特点是致命时间较长（10~20min）。但当通过人体的电流超过数安时，也可能因强烈刺激，先使呼吸中止。

（3）电休克

机体受到电流的强烈刺激时，会导致神经系统抑制，因脉搏减弱、呼吸衰竭、神志不清甚至重要生命机能丧失而死亡。电休克状态可以延续数十分钟到数天。工频电流时，左手-右手和单手-双脚电流途径人体反应的典型资料见表 1-3 和表 1-4。

表 1-3　左手-右手电流途经、工频电流的人体反应表　　　　　　　　　　　mA

感 觉 情 况	初始者		
	5%	50%	95%
手表面有感觉	0.7	1.2	1.7
手表面有麻痹似的连续针刺感	1.0	2.0	3.0
手关节有连续针刺感	1.5	2.5	3.5
手有轻微颤动，关节有受压迫感	2.0	3.2	4.4
上肢有强力压迫的轻度痉挛	2.5	4.0	5.5
上肢有轻度痉挛	3.2	5.2	7.2
手硬直、痉挛，但能伸开，已感到有轻度疼痛	4.2	6.2	8.2
上肢部、手有剧烈痉挛，失去知觉，手的前表面有连接针刺感	4.3	6.6	8.9
手的肌肉直到肩部全面痉挛，还可能摆脱带电体	7.0	11.0	15.0

表 1-4　单手-双脚电流途径、工频电流的人体反应表　　　　　　　　　　　mA

感 觉 情 况	初始者		
	5%	50%	95%
手表面有感觉	0.9	2.2	3.5
手表面有麻痹似的连续针刺感	1.8	3.4	5.0

感 觉 情 况	初始者		
	5%	50%	95%
手关节有轻度压迫感，有强度的连续针刺感	2.9	4.8	6.7
前肢有压迫感	4.0	6.0	8.0
高肢有压迫感，足掌开始有连续针刺感	5.3	7.6	10.0
手关节有轻度痉挛，手动作困难	5.5	8.5	11.5
上肢有连续针刺感，腕部、特别是手关节有强度痉挛	6.5	9.5	12.5
肩部以下有强度连续针刺感，肘部以下僵直，还可以摆脱带电体	7.5	11.0	14.5
手指关节、踝骨、足跟有压迫感，手的大拇指(全部)痉挛	8.8	12.3	15.8
只有尽最大努力才可能摆脱带电体	10.0	14.0	18.0

三、电击效应的影响因素

电流对人体伤害的程度与通过人体电流的大小、电流持续时间、电流通过人体的途径、电流的种类等多种因素有关。而且，上述各个影响因素相互之间，尤其是电流大小与通电时间之间，也有着密切的联系。

1. 伤害程度与电流大小的关系

通过人体的电流越大，人体的生理反应越明显，伤害越严重。按照通过人体的电流强度的不同，以及人体呈现的反应不同，将作用于人体的电流划分为感知电流、摆脱电流和室颤电流三级。

感知电流是指电流流过人体时可引起感觉的最小电流。感知电流的最小值称为感知阈值。不同的人，感知电流及感知阈值是不同的。在概率为50%时，成年男性平均工频交流电感知电流约为11mA；成年女性约为0.7mA。感知阈值平均为0.5mA，并与时间因素无关。感知电流一般不会对人体造成伤害，但可能因不自主反应而导致高处跌落等二次事故。感知电流的概率曲线如图1-15所示。

摆脱电流是指人在触电后能够自行摆脱带电体的最大电流。摆脱电流的最小值称为摆脱阈值。不同的人，摆脱电流和摆脱阈值是不同的。在概率为50%时，成年男性平均摆脱电流约为16mA；成年女性平均摆脱电流约为10.5mA；儿童的摆脱电流较成人要小。摆脱电流的概率曲线如图1-16所示。成年男性摆脱阈值约为9mA；成年女性摆脱阈值约为6mA。摆脱阈值平均为10mA，与时间无关。

室颤电流是指引起心室颤动的电流，其最小电流即室颤阈值。由于心室颤动几乎终将导致死亡，室颤电流也称为致命电流。室颤电流与电流持续时间关系密切。当电流持续时间超过心脏周期时，室颤电流仅为50mA左右，当电流持续时间短于心脏周期时，室颤电流为数百毫安。当电流持续时间小于0.1s，只有电击发生在心脏易损期，500mA以上乃至数百安的电流才能够引起心室颤动。室颤电流与电流持续时间的关系大致如图1-17所示。国际电工委员会工(IEC)建议按图1-18分电流对人体作用的区域范围。该图中各个区域所产生的电击生理效应见表1-5。心室颤动的程度与通过电流的强度有关，不同电流强度对人体的影响见表1-6。

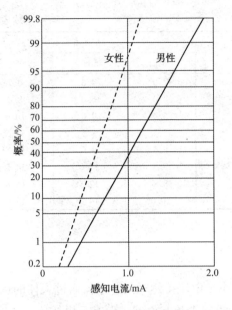

图 1-15　感知电流的概率曲线

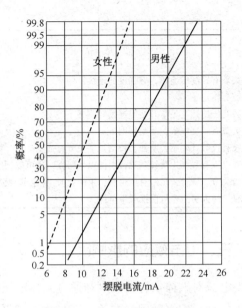

图 1-16　摆脱电流概率曲线

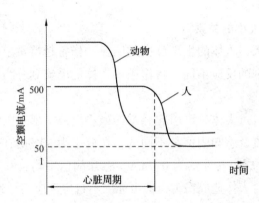

图 1-17　室颤电流-时间曲线

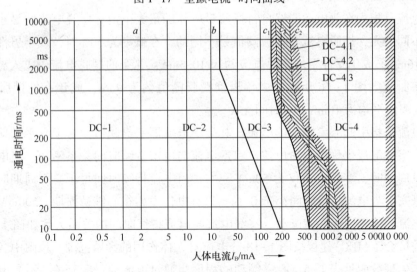

图 1-18　直流电流的时间-电流效应对人体作用的区域划分

2. 伤害程度与电流持续时间的关系

通过人体电流的持续时间越长，越容易引起心室颤动，危险性就越大。其原因如下：

① 电流持续时间越长，能量积累越多，心室颤动电流减小，使危险性增加。当持续时间在 0.001~5s 范围内时，心室颤动电流和电流持续时间的关系可表达为

$$I = \frac{116}{\sqrt{t}} \tag{1-1}$$

式中　I——心室颤动电流，mA；

　　　t——电流持续时间，s。

表 1-5　15~100Hz 交流电流效应的时间−电流区域说明

区域符号	区域界限	生理效应
AC-1	0~0.5mA 至线 a	通常无反应
AC-2	0.5mA 至线 b[①]	通常无有害生理效应
AC-3	线 b 至曲线 c_1	通常无器质性损伤，通电时间超过 2s 以上时，可能发生痉挛样肌肉收缩，呼吸困难。随着电流值和时间的增加，心脏内心电冲动的形成和传导有可恢复的障碍，包括无心室纤维性颤动的心房纤维性颤动和心脏短暂停搏
AC-4	曲线 c_1 以左	除区域 AC-3 的效应外，随着电流值和通电时间的增加，还可能出现一些危险病理生理效应，如心跳停止，呼吸停止及严重烧伤
AC-4.1	c_1~c_2	心室纤维性颤抖的频率增加到大约 5%
AC-4.2	c_2~c_3	心室纤维性颤抖的频率增加到大约 50%
AC-4.3	曲线 c_2 以右	心室纤维性颤抖的频率超过 50%

① 当通电时间小于 10ms 时，线 b 的人体电流的限制保持为恒定值 200mA。

表 1-6　不同电流强度对人体的影响

电流强度/mA	人 体 感 觉	
	50Hz 交流电	直流电
0.6~1.5	开始有感觉，手指麻木	无感觉
2~3	手指强烈刺痛，颤抖	无感觉
5~7	手部痉挛	热感
8~10	手部剧痛，勉强可以摆脱电源	热感增强
20~25	手部迅速麻痹，呼吸困难	手部轻微痉挛
50~80	呼吸麻痹，心室开始颤动	手部痉挛，呼吸困难
90~100	呼吸麻痹，心室经 2s 颤动后发生麻痹，心脏停止跳动	—

心室颤动电流与时间的关系亦可表达为

当 $t \geqslant 1s$ 时

$$I = 50\text{mA} \tag{1-2}$$

当 $t < 1s$ 时

$$I = 50/t\text{mA} \tag{1-3}$$

② 电流持续时间越长，与易损期重合的可能性就越大，电击的危险性就越大。

③ 电流持续时间越长，人体电阻因皮肤发热、出汗等原因而降低，使通过人体的电流进一步增加，危险性也随之增加。

3. 伤害程度与电流途径的关系

电流通过人体的途径不同，受伤害的人体部位和程度也不同。电流通过心脏会引起心室颤动，电流较大时会使心脏停止跳动，从而导致血液循环中断而死亡。电流通过中枢神经或有关部位，会引起中枢神经严重失调导致死亡。电流通过头部会使人昏迷，或对脑组织产生严重损坏而导致死亡。电流通过脊髓，会使人瘫痪等。上述伤害中，以心脏伤害的危险性为最大。因此，流经心脏的电流多、电流路线短的途径是危险性最大的途径。

利用心脏电流因数可以粗略估计不同电流途径下心室颤动的危险性。心脏电流因数是某一路径的心脏内电场强度与从左手到脚流过相同大小电流时的心脏内电场强度的比值。即

$$K = \frac{I_0}{I} \tag{1-4}$$

式中　　K——心脏电流因数；

　　　　I_0——通过左手–脚途径的电流，mA；

　　　　I——通过人体某一电流途径的电流，mA。

表1–7列出了各种电流途径的心脏电流因数。

表1–7　各种电流途径的心脏电流因数

电流途径	心脏电流因数	电流途径	心脏电流因数
左手–左脚、右脚或双脚	1.0	背–左手	0.7
双手–双脚	1.0	胸–右手	1.3
左手–右手	0.4	胸–左手	1.5
右手–左脚、右脚或双脚	0.8	臀部–左手、右手或双手	0.7
背–右手	0.3		

例如，比较从左手–右手流过150mA电流，和左手–双脚流过60mA的危险性。由上表可知，左手–右手的心脏电流因数为0.4，左手–双脚的心脏电流因数为1.0。根据式（1–4），可见两者的危险性大致相同。

4. 伤害程度与电流种类的关系

100Hz以上交流电流、直流电流、特殊波形电流也都对人体具有伤害作用，其伤害程度一般较工频电流轻。

（1）100Hz以上交流电流的效应。100Hz以上的频率在飞机（400Hz）、电动工具及电焊（可达450Hz）、电疗（4~5kHz）、开关方式供电（20kHz~1MHz）等方面使用高频电流的危险性可以用频率因数来评价。频率因数是指某频率与工频有相应生理效应时的电流阈值之比。某频率下的感知、摆脱、室颤频率因数是各不相同的。100Hz~1kHz交流电流的感知阈值和摆脱阈值如图1–19所示。图中，频率因数均大于1，说明感知阈值和摆脱阈值都比工频要高。当电流持续时间超过心脏周期，电流途径为从手到双脚纵向情况的室颤阈值如图1–20所示。

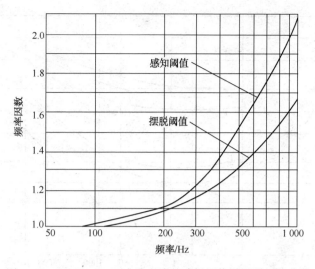

图1-19　100Hz~1kHz交流电流的感知阈值和摆脱阈值曲线

　　1~10kHz交流电流的感知阈值和摆脱阈值如图1-21所示。目前对于频率大于1kHz的交流电流，尚未有室颤阈值的试验数据及资料。就感知阈值而言，1~100kHz交流电流，感知阈值从10mA上升至100mA；100kHz以上时，数百毫安的电流不再引起低频电流那样的针刺感觉，而是引起温热感觉。对于频率大于10kHz的交流电流，尚未有摆脱阈值和室颤阈值的事故案例、报导及实验数据等。图1-22可用于比较不同频率电流对人体的作用。

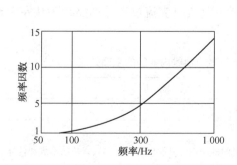

图1-20　100Hz~1kHz交流电流的的室颤阈值曲线

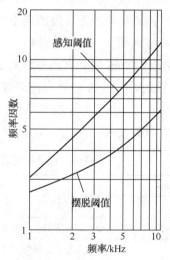

图1-21　1~10kHz交流电流的感知阈值和摆脱阈值曲线

（2）直流电流的效应

　　与交流电流相比，直流电流更容易摆脱，其室颤电流也比较高。因而，直流电击事故很少。就感知电流和感知阈值而言，只有在接通和断开直流电电流时才会引起感觉，其阈值取决于接触面积、接触状态（潮湿、温度、压力等）、电流持续时间以及个体的生理特征。正常人在正常条件下的感知阈值约为2mA。就摆脱电流而言，不大于300mA的直流电

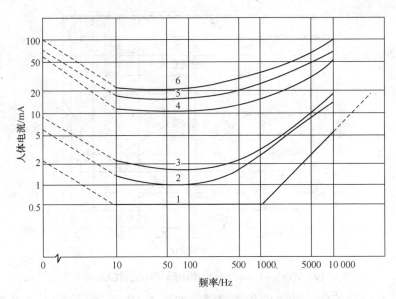

图 1-22 感知电流、摆脱电流-频率曲线

1—感知阈值；2、3—50%和99.5%概率的感知电流线；

4、5、6—99.5%、50%、0.5%概率的摆脱电流线

流没有确定的摆脱阈值，仅在电流接通和断开时引起疼痛和肌肉收缩；大于 300mA 时，将不能摆脱。

就室颤阈值而言，根据动物实验资料和电气事故资料的分析结果，脚部为负极的向下电流的室颤阈值是脚部为正极的向上电流的 2 倍。而对于从左手到右手的电流途径，不大可能发生心室颤动。当电流持续时间超过心脏周期时，直流室颤阈值为交流的数倍。电流持续时间小于 200ms 时，直流室颤阈值大致与交流相同。

IEC 建议按图 1-18 划分直流电流对人体作用的区域范围。该图中各个区域所产生的电击生理效应见表 1-8。关于心室颤动，本图所示是按电流流过人体的路径为从左手至双脚，且为向上电流的效应。

表 1-8　直流电流的时间-电流效应曲线内各区的生理效应

区域	生　理　效　应
DC-1	通常无反应性效应
DC-2	通常无有害的生理效应
DC-3	通常无器官性损伤，随电流和时间的增加，可能出现心脏中兴奋波的形成和传导的可逆性紊乱
DC-4	除 DC-3 区效应外，还可能出现心室颤动，也可能发生严重烧伤等其他病理生理效应

（3）特殊波形电流的效应

最常见的特殊波形电流有带直流成分的正弦电流、相控电流和多周期控制正弦电流等。特殊波形电流的室颤阈值是按其具有相同电击危险性的等效正弦电流有效值 I_{ev} 考虑。

（4）电容放电电流的效应

由于电容放电电流（即电容放电时间常数 τ 的 3 倍)是作用时间小于 10ms 的脉冲电流，

作用时间短暂，不存在摆脱阈值问题，但有一个疼痛阈值。电容放电电流的感知阈值和疼痛阈值决定于电极形状、冲击电量和电流峰值。根据充电电压的坐标及电容坐标的交叉点，可在相应的斜线上读出脉冲的电荷及能量。电容放电的室颤阈值决定于电流持续时间、电流大小、脉冲发生时的心脏相位、电流通过人体的途径和个体生理特征等因素。

5. 人体状况的关系

人体因身体条件不同，对电流的敏感程度也不同。在遭受相同的电击时，不同人的危险程度都不完全相同。

① 女性的感知电流和摆脱电流约比男性低 1/3，电击危险性大于男性；

② 儿童的电击危险性大于成年人；

③ 体弱多病者的电击危险性大于健壮者；

④ 体重小者的电击危险性一般大于体重大者。

第三节　电气事故分类及其致因分析

电气安全工程的任务是研究各种电气事故的机理、构成、规律、特点、防范措施，及如何正确、合理地使用电气装置以获得安全高效的劳动条件。掌握电气事故的特点和规律，对做好电气安全工作具有重要意义。

一、电气事故的类型

电气事故是电能非正常地作用于人体或系统而造成的安全事故。按照灾害形式，电气事故可分为人身事故、设备事故、火灾事故和爆炸事故等；按照电路情况，电气事故可分为短路事故、断路事故、接地事故和漏电事故等；按照电能的不同作用形式，电气事故可分为触电伤害事故、电气系统故障事故、电气火灾爆炸事故、雷电危害事故、静电危害事故和电磁场危害事故等。

1. 触电伤害事故

触电伤害事故是电流通过人体时，由电能造成的人体伤害事故。触电事故可分为电击和电伤两大类。

（1）电击

电击是电流通过人体，刺激机体组织，使肌肉非自主地发生痉挛性收缩而造成的生理伤害，严重时会破坏人体的心脏、肺部、神经系统的正常工作，甚至危及生命。绝大部分触电事故是电击造成的。人身触及带电体、漏电设备以及雷击、静电、电容器放电等，都可能导致电击。电击对人体的伤害程度与通过人体电流的强度、种类、持续时间、通过途径及人体状况等多种因素有关。按照人体触及带电体的方式，电击可分为单相触电、两相触电和跨步电压触电等。

① 单相触电是指人体接触到地面或其他接地体的同时，人体另一部位触及带电体的某一相所引起的电击，如图1-23所示。根据统计资料，单相触电事故占全部触电事故的70%以上。因此，防止单相触电事故是触电防护技术措施的重点。

② 两相触电是指人体的两个部位同时触及两相带电体所引起的电击，如图 1-24 所示。在此情况下，人体所承受的电压为三相电力系统中的线电压，其电压值高于单相触电时的相电压，危险性也较大。

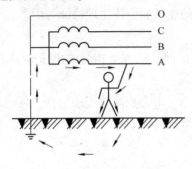

图 1-23　单相触电示意图

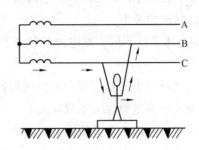

图 1-24　两相触电示意图

③ 跨步电压触电是指人体站立或行走在带电体的接地点附近时，由人体两脚之间的电位差引起的电击，如图 1-25 所示。高压故障接地处或大电流（如雷电）流经的接地装置附近都可能出现较高的跨步电压。因为跨步电压本身不大，而且通过人体重要组织的电流分量较小，跨步电压直接电击的危险性一般不大，但可能造成跌倒等二次伤害。

（2）电伤

电伤是电流的热效应、化学效应、机械效应等对人体所造成的伤害。能够形成电伤的电流通常比较大。电伤属于局部伤害，多见于机体的外部，往往在机体表面留下明显的伤痕，其危险程度决定于受伤面积、受伤深度、受伤部位等。人体皮肤变化与电流密度和通电时间的关系如图 1-26 所示。

电伤包括电烧伤、电烙印、皮肤金属化、机械性损伤、电光眼等多种伤害。统计资料表明：电伤事故约占触电事故的 75%，其中电烧伤约占总数的 40%，电烙印约占 7%，皮肤金属化约占 3%，机械性损伤约占 0.5%，电光眼约占 15%，综合性电伤约占 23%。

①电烧伤是电流热效应造成的、最常见的电伤，大部分事故发生在电气维修人员身上。电烧伤可分为电流灼伤和电弧烧伤两类。

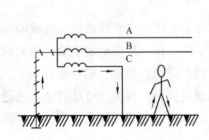

图 1-25　跨步电压触电示意图

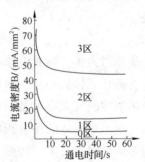

图 1-26　人体皮肤变化与电流密度
和通电时间的关系图

0 区—无变化；1 区—皮肤变红；

2 区—出现电流痕迹；3 区—皮肤碳化

电流灼伤是电流通过人体时，因电能转换成的热能引起的伤害。由于人体与带电体的接触面积一般都不大，且皮肤电阻又比较高，因而在皮肤与带电体接触部位产生的热量就较多，皮肤受到的灼伤比体内严重得多。电灼伤的后果是皮肤发红、起泡、组织烧焦并坏死、肌肉和神经坏死、骨髓受伤。治疗中多数需要截肢，严重的导致死亡。电流越大、通电时间越长、电流途径上的电阻越大，则电流灼伤越严重。数百毫安的电流就可造成灼伤，数百安的电流则会形成严重的灼伤。在高频电流下，皮肤电容会产生旁路作用，可能会发生皮肤仅有轻度灼伤而内部组织却被严重灼伤的情况。由于人体接近高压带电体时会发生击穿放电，所以电流灼伤一般发生在低压电气设备或低压线路上。

电弧烧伤是由弧光放电造成的烧伤。弧光放电时电流能量很大，电弧温度高达数千摄氏度，可造成大面积的深度烧伤，严重时能将肌体组织烘干、烧焦。电弧烧伤是最常见、最严重的电伤。电弧烧伤分为直接电弧烧伤和间接电弧烧伤。电弧发生在带电体与人体之间，有电流通过人体的烧伤称为直接电弧烧伤。电弧发生在人体附近对人体形成的烧伤，以及被熔化溅落的金属烫伤称为间接电弧烧伤。直接电弧烧伤一般与电击同时发生。电弧烧伤既可以发生在高压系统，也可以发生在低压系统。在低压系统中，拉开带负荷的裸露闸刀开关时，产生的电弧会烧伤操作者的手部和面部；当开启式熔断器熔断时，炽热的金属微粒飞溅出来会造成灼伤；因误操作引起短路也会导致电弧烧伤等。在高压系统中，误操作会产生强烈的电弧，造成严重的烧伤；人体过分接近带电体，其间距小于放电距离时，会产生强烈的弧光放电，造成电弧烧伤，严重时会造成死亡。

② 电烙印是指电流化学效应和机械效应产生的电伤，通常在人体和带电部分接触良好的情况下才会发生。电烙印的后果是皮肤表面留下和所接触的带电部分形状相似的圆形或椭圆形的肿块痕迹，有明显的边缘，皮肤颜色呈灰色或淡黄色，受伤皮肤硬化失去弹性，表皮坏死，形成永久性斑痕，造成局部麻木或失去知觉。

③ 皮肤金属化是在高温电弧的作用下，金属熔化、气化，金属微粒飞溅并渗透到皮肤表层所造成的电伤，多与电弧烧伤同时发生。皮肤金属化的后果是皮肤变得粗糙、硬化。根据人体表面渗入的不同金属，皮肤呈现不同的颜色。皮肤金属化伤害是局部性的，金属化的皮肤经过一段时间后会逐渐剥落，不会永久存在而造成终身痛苦。

④ 机械性损伤是电流作用于人体时，由于中枢神经反射、肌肉产生非自主的剧烈收缩、体内液体汽化等作用而导致的机体组织伤害。机械性损伤的后果有肌腱、皮肤、血管、神经组织断裂以及关节脱位乃至骨折等。

⑤ 电光眼是弧光放电时辐射的红外线、可见光、紫外线对眼睛的伤害。电光眼表现为角膜和结膜发炎，有时需要数日才能恢复视力。在短暂照射的情况下，引起电光眼的主要原因是紫外线。

另外，电击、电伤还可能造成神经伤害，例如触电人员感到难受，全身倦怠，甚至出现狂躁易怒、惊吓等症状。

2. 电气系统故障事故

电气系统故障事故是电能在输送、分配、转换过程中失去控制而产生的、会导致人员伤亡及重大财产损失的事故。例如，断线、短路、异常接地、漏电、误合闸、误掉闸、电气设备或电气元件损坏、电子设备受电磁干扰而发生误动作等。电气系统故障危害主要体现在两方面：

（1）异常带电

电气系统中，原本不带电的部分因电路故障而异常带电，可导致触电事故和设备损毁事故的发生。例如，电气设备因绝缘不良使其金属外壳带电，高压电路故障接地时在接地处附近呈现出较高的跨步电压。

（2）异常停电

由于某些大型电气设备或线路故障，造成公用电网系统波动，甚至电网解裂的重大事故。例如，大型起重吊装设施触及系统高压电网，造成接地或短路事故，引起系统变电站掉闸，区域供电停止，甚至系统电网瘫痪；或者用户出现重大短路事故，使部分地区电压大幅度下降，用电设备无法正常使用，甚至烧毁。

在某些特定场合，异常停电会造成人身伤亡，例如正在浇注钢水的吊车，因骤然停电而失控，导致钢水洒出，引起人身伤亡事故；医院手术室可能因异常停电而被迫停止手术，无法正常施救而危及病人生命；排放有毒气体的风机因异常停电而停转，致使有毒气体超过允许浓度而危及人身安全；公共场所发生异常停电，会引起妨碍公共安全的群体性事故。异常停电还可能引起电子计算机系统的故障，造成难以挽回的损失。

3. 电气火灾爆炸事故

电气火灾爆炸事故是电气引燃源引发的火灾和爆炸事故。各种电气设备在使用过程中出现短路、散热不良或灭弧失效等问题时，可能产生高温、电火花或电弧放电等引燃源，引燃易燃、易爆物品，造成火灾爆炸事故。电力变压器、多油断路器等电气设备本身就有较大的火灾和爆炸危险。开关、熔断器、插座、照明器具、电热器具、电动机等也可能引起火灾和爆炸。在火灾和爆炸事故中，电气火灾和爆炸事故占有很大的比例。随着电气设备在工农业生产和家庭生活中的广泛使用，电气引发的火灾比例大幅度增加，电气安全在防火防爆中的重要性日渐凸现。

4. 雷电灾害事故

雷电灾害事故是由雷电放电造成的事故。雷电放电具有电流大（数十千安至数百千安）、电压高（数百万伏至数千万伏）、温度高（可达两万摄氏度）的特点，释放出的能量可能造成极大的破坏力。雷电的破坏作用主要有以下方面：

① 雷击可直接毁坏建筑物、构筑物。

② 直击雷放电、二次放电、雷电波等会引起火灾和爆炸。

③ 直击雷、感应雷、雷电波入侵、跨步电压的电击及其引起的火灾与爆炸，均会造成人员的伤亡。

④ 强大的雷电流、高电压可导致电气设备击穿或烧毁。

5. 静电危害事故

静电危害事故是由静电放电引起的事故。静电放电具有电压高（数万伏至数十万伏）、出现范围广等特点。在生产工艺过程中，材料的相对运动、接触与分离等原因均能产生静电。静电的能量不大，不会直接使人致命。静电危害事故主要有以下几个方面：

① 在爆炸和火灾危险的场所，静电放电火花会成为可燃性物质的点火源，造成爆炸和火灾事故。

② 人体因受到静电电击，可能引发坠落、跌伤等二次事故。此外，对静电电击的恐惧心理还对工作效率产生不利影响。

③ 某些生产过程中，静电会降低生产效率，导致产品质量下降，电子设备损坏，甚至停工。

6. 电磁场危害事故

电磁场危害即射频危害，是由电磁场能量造成的事故。射频电磁场的危害主要有：

① 人体在电磁场辐射下会受到不同程度的伤害。过量的辐射可引起中枢神经系统的机能障碍，出现神经衰弱症候群等临床症状；可造成植物神经紊乱，出现心率或血压异常，如心动过缓、血压下降或心动过速、高血压等；可引起眼睛损伤，造成晶体浑浊，严重时导致白内障；可使睾丸发生功能失常，造成暂时或永久的不育症，并可能使后代产生疾患；可造成皮肤表层灼伤或深度灼伤等。

② 高强度的电磁场会影响一些电磁敏感元器件的正常使用，电磁场产生感应放电时会造成电引爆器件的意外动作。电磁感应放电对存在爆炸、火灾危险的场所来说是一个不容忽视的危险因素。

③ 当受电磁场作用产生的感应电压较高时，人会感觉明显的电击。

二、电气事故的特点

在电能的生产、输送和使用过程中，如果对电能可能造成的危害重视不够，或技术落后、管理不当、防护不利，就会发生人身伤亡、设备损坏、火灾爆炸等灾害，造成电气事故。电气事故具有以下四大特点。

1. 电气事故危害严重

电气事故往往会产生重大的经济损失，甚至还可造成人员的伤亡。例如电能直接作用于人体时，会造成电击或电伤，严重时致人死亡；电能脱离正常的通道时，会形成漏电、接地或短路，成为火灾、爆炸的起因；冶炼高炉等大型设备异常停电时，可能产生大量次品；大规模停电时，可能在人员密集场所形成群死群伤事故，甚至导致城市交通、通信、航空等关系国计民生的系统瘫痪，损失无法估算。

2. 直观识别电气事故难度大

由于电看不见、听不见、嗅不着，本身不具备容易被人们直观识别的特征，比较抽象，所以电气事故不易被人们理解和察觉，才会发生诸如攀爬高压电气设施、静电引起煤气爆炸等事故。因此，落实电气安全措施，需要先提高人们的电气安全认知水平。

3. 发生电气事故的环境条件复杂

电气设备可能使用在各种复杂环境中，高温高压环境如火电厂的锅炉、汽轮机、压力容器和热力管道等，易燃易爆和有毒物品环境如燃煤、燃油、强酸、强碱、制氢、制氧系统，变压器油和电容器油，绝缘用橡胶等。电气事故的发生环境相当复杂，本身潜藏着很多不安全因素，危险性大，这些都构成了对人身安全的威胁。另外，电气事故并不仅仅局限在用电领域的触电、设备和线路故障等。在一些非用电场所，因雷电、静电和电磁场等引起的事故，也属于电气事故的范畴。

4. 预防电气事故的综合性强

电气事故的预防，既要有技术上的措施，又要有管理上的保证，这两方面是相辅相成的。在技术方面，预防电气事故是一项综合性学科，不仅涉及电学，还要同物理学、力学、化学、生物学、医学等的知识综合起来进行研究。在管理方面，预防电气事故主要是引进安全系统工程的理论和方法，健全和完善各种电气安全组织管理措施。大量电气事故表明，出现电气事故的主要原因是安全组织措施不健全和安全技术措施不完善。例如发生触电事故就既可能是技术失误，又可能是管理不到位，触电事故因果关系如图 1-27 所示。因此，预防电气事故需要综合、配套的技术和管理措施。

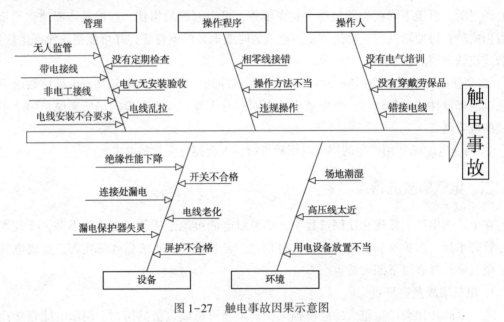

图 1-27　触电事故因果示意图

第四节　化工电气事故案例

【案例一】　山东某化工公司触电死亡事故

2002 年 6 月 23 日，山东某化工公司在原北大门传达室西墙外发生一起触电事故，死亡 1 人。

（1）事故经过

2002 年 6 月 22 日下了一夜雨，23 日 5 时，该公司复合肥车间按照预定计划停车进行设备清理和改造。8 时，当班职员王某和韩某接班后，按照班里的安排，负责清理成品筛下料仓积存残料，约 8 时 20 分，王某离开了车间。8 时 30 分左右，韩某出来，到车间北面找工具时，发现在车间外东北角的原北大门传达室西墙外趴着 1 人，头朝东南面向西，脚担在一个南北放置的铁梯子上，离传达室西墙约 2m 多。这时韩某忙跑到车间办公室汇报，公司和车间领导等一齐跑到现场，当时发现从传达室西窗户上有下来的电线着地，车间主任于某急喊拉电闸。副经理杜某急忙用手机联系并安排急救车辆。当拉下复合肥车间电源总闸后，车间职工李某手扶离王某不远的架棒管往拉王某时，又被电击倒（立即被跟在后面的维修工尹某拉起），当时，车间主任于某发现不是复合肥车间的电，就急忙跑到公司配电室，在电工班长张某的配合下，迅速拉下公司东路电源总闸。这时，联系好车辆又跑到现场的杜某和闻讯赶到的2名电工立即将王某翻过身来，由电工李某对他实施人工呼吸进行抢救，大家一起把王某抬到已开到现场的车上，立即送往县医院抢救。在送医院途中，2名电工一起给王某做人工呼吸。送到医院时间约在8时40分，王某经抢救无效死亡。

（2）原因分析

事故发生后，通过组织职员对现场勘察和调查分析，漏电电线是多年前老厂从办公楼引向原北大门传达室和原编织袋厂办公室的照明线，电线外表及线头处非常陈旧，该公司2001年8月份整体收购原沂南化肥厂后始终未用过该线路，原企业电工不知何时在改造撤线时，线头未清除干净，盘在原北大门传达室窗户上面（因公司在此地计划建工棚，本月21日之前连续四五天，施工职员多次在此丈量，挖地基，打预埋，灌混凝土，并有10多人在此扎架子，焊钢梁，施工职员就在此窗户四周施工和休息，扎好的架棒管也伸到了窗户南侧，始终没有发现此地有线头落地），6月22昼夜10时~23日早5时，一直大雨未停并伴有4~5级的大风，将盘挂的电源线刮落地面。死者王某到事故发生地寻找工具（在传达室西墙边竖着一根直径30mm，长约1.4m的铁棍）当脚踏平放的铁梯子时不慎摔到（梯子距地面约25cm，其中一头担在铁架子上），面部触及裸露的电源线头，发生触电事故（尸体面部左侧有3cm×5cm的烧伤疤痕）。在实施抢救过程中发生二次触电，原因是王某的身体、铁梯子、铁架棒形成带电回路所致。

（3）防范措施

这起事故的教训是深刻的，给死者及其家庭带来了极大的伤害和痛苦，给企业和社会造成了一定的影响。公司多次召开会议，举一反三，采取了如下防范措施：

① 按照"四不放过"的原则，公司领导组织召开全体职工大会，用发生在身边的事故案例对职工进行安全生产知识教育，以增强职工的安全意识。

② 公司组成检查组，由领导亲身带队，对公司生产及生活区进行了全面的安全生产大检查，发现问题及时整改。

③ 由县供电局和公司电修职员，对公司的高压线路和低压线路进行了一次彻底的规范整改。

④ 公司制定并实施了具体的安全生产教育计划，每天由车间负责利用班前班后会对职工进行30min的安全生产知识教育。

⑤ 对事故有关责任人进行处理。

【案例二】 辽宁某化工厂触电事故

（1）事故经过

2001年5月24日9时50分，辽宁省某化工厂总变电所所长刘某，在高压配电间看到2号进线主受柜里面有灰尘，于是就找来一把笤帚打扫，造成高压电触电事故。经现场的检修人员紧急抢救苏醒后，送往市区医院。经医院观察诊断，右手腕内侧和手背、右肩胛外侧（电流放电点）三度烧伤，烧伤面积为3%。

2001年5月24日8时40分，变电所所长刘某安排值班电工宁某、杜某修理直流控制屏指示灯，宁某、杜某在换指示灯灯泡时发现，直流接线端子排熔断器熔断。这时车间主管电气的副主任于某也来到变电所，并和值班电工一起查找熔断器故障原因。当宁某和于某检查到高压配电间后，发现2号主受柜直流控制线路部分损坏，造成熔断器熔断，直接影响了直流系统的正常运行。于是宁某和于某就开始检修损坏线路。不一会儿，他们听到有轻微的电焊机似的响声。当宁某站起来抬头看时，在2号进线主受柜前站着刘某，背朝外，主受柜门敞开，他判断是刘某触电了。宁某当机立断，一把揪住刘某的工作服后襟，使劲往外一拉，将他拉倒在主受柜前地面的绝缘胶板上，接着用耳朵贴在他胸前，没有听到心脏的跳动声，宁某马上做人工呼吸。这时于某已经出门，去找救护车和卫生所大夫。经过十几分钟的现场抢救。刘某的心脏恢复了跳动，神志很快清醒了。这时，闻讯赶来的职工把刘某抬上了车，送到市区医院救治。

后经了解得知，刘某在宁某和于某检修直流线路时，他看到2号进线主受柜里有少许灰尘，就到值班室拿来了笤帚(用高粱穗制成)，他右手拿着笤帚，刚一打扫，当笤帚接近少油断路器下部时就发生了触电，不由自主地使右肩胛外侧靠在柜子上。

(2) 原因分析

① 刘某违章操作。刘某对高压设备检修的规章制度是清楚的，他本应当带头遵守这些规章制度，遵守电气安全作业的有关规定，但是，刘某在没有办理任何作业票证和采取安全技术措施的情况下，擅自进入高压间打扫高压设备卫生，这是严重的违章操作，也是造成这次触电事故的直接原因。刘某是事故的直接责任者。

② 刘某对业务不熟。1992年，工厂竣工时，设计的双路电源只施工了1号电源，2号电源的输电线路只架设，但是，总变电所却是按双路电源设计施工的。这样，2号电源所带的设备全由1号电源通过1号电源线路柜供电到2号电源联络柜，再供到其他设备上，其中有1条线从2号计量柜后边连到2号主受柜内少油断路器的下部。竣工投产以来，2号电源的电压互感器、主受柜、计量柜，一直未用，其高压闸刀开关、少油断路器全部打开，从未合过。刘某担任变电所所长工作已经2年多，由于他本人没有认真钻研变电所技术业务，对本应熟练掌握的配电线路没有全面了解掌握(在总变电所的墙上有配电模拟盘，上面反映出触电部位带电)，反而被表面现象所迷惑，因此，把本来有电的2号进线主受柜少油断路器下部误认为没有电，所以敢于大胆地、无所顾忌地去打扫灰尘。业务不熟是造成这次事故的主要原因。

③ 缺乏安全意识和自我保护意识。5月21日，总变电所已经按计划停电一天进行了大修，总变电所一切检修工作都已完成。时过3日，他又去高压设备搞卫生。按规定，要打扫，也要办理相关的票证、采取了安全措施后才可以施工检修。他全然不想这些，更不去想自己的行为将带来什么样的后果，不把自身的行为和安全联系起来考虑，足见缺乏安全意识和自我保护意识。

④ 车间和有关部门的领导，特别是车间主管领导和电气主管部门的有关人员，由于工作不够深入，缺乏严格的管理和必要的考核，对职工技术业务水平了解不够全面，对职工进行技术业务的培训学习和具体的工作指导不够，是造成这起事故的重要原因。

（3）防范措施

① 全厂职工认真对待这次事故，认真分析事故原因，从中吸取深刻教训，开展有关安全法律法规的教育，提高职工学习和执行"操作规程"、"安全规程"的自觉性，杜绝违章行为，保证安全生产。

② 在全厂开展电气安全大检查，特别是在电气管理、电气设施、电气设备等方面，认真查找隐患，并及时整改，杜绝此类触电事故再次发生。

③ 加强职工队伍建设，切实把懂业务、会管理、素质高的职工提拔到负责岗位上来，带动和影响其他职工，使职工队伍的整体素质不断提高，保证生产安全。

④ 进一步落实安全生产责任制，做到各级管理人员和职工安全责任明确落实，切实做到从上至下认真管理，从下至上认真负责，人人都有高度的政治责任心和工作事业心，保证安全生产的顺利进行。

第二章 电击防护与安全接地

触电是企业常见的人员伤害事故，对触电事故进行有效控制，减少其对人员的伤害是企业要务之一，因此选择何种防护模式，以及如何选材、设计、使用防护措施显得尤为重要。本章讲述的内容包括直接、间接接触电击防护，漏电保护与继电保护，安全接地等内容，从防护模式、防护设备的角度讲述化工电击防护的原理、工作过程等。最后列举了化工电击防护案例，并讨论分析。

第一节 直接接触电击防护

直接接触电击的基本防护原则是：应当使危险的带电部分不会被有意或无意地触及。本节所介绍的是最为常用的直接接触电击的防护措施，即绝缘、屏护和间距。这些措施是各种电气设备都必须考虑的通用安全措施，其主要作用是防止人体触及或过分接近带电体造成触电事故以及防止短路、故障接地等电气事故。

一、绝缘

绝缘是指利用绝缘材料对带电体进行封闭和隔离。长久以来，绝缘一直是作为防止电事故的重要措施，良好的绝缘也是保证电气系统正常运行的基本条件。

1. 绝缘材料的电气性能

绝缘材料又称为电介质，其导电能力很小，但并非绝对不导电。工程上应用的绝缘材的电阻率一般都不低于 $1×10^7\Omega \cdot m$。绝缘材料的主要作用是对带电的或不同电位的导体进行隔离，使电流按照确定线路流动。

绝缘材料的品种很多，一般分为：

① 气体绝缘材料，常用的有空气、氮、氢、二氧化碳和六氟化硫等；

② 液体绝缘材料，常用的有从石油原油中提炼出来的绝缘矿物油、十二烷基苯、聚丁二烯、硅油和三氯联苯等合成油以及蓖麻油；

③ 固体绝缘材料，常用的有树脂绝缘漆，纸、纸板等绝缘纤维制品，漆布、漆管和绑扎带等绝缘浸渍纤维制品，绝缘云母制品，电工用薄膜、复合制品和粘带，电工用层压制品，电工用塑料和橡胶、玻璃、陶瓷等。

绝缘材料的电气性能主要表现在电场作用下材料的导电性能、介电性能及绝缘强度。它们分别以绝缘电阻率 ρ（或电导 γ）、相对介电常数 ε_r、介质损耗角 $\tan\delta$ 及击穿强度 E_B 四个参数来表示。本节暂先介绍前三个参数。

（1）绝缘电阻率和绝缘电阻

任何电介质都不可能是绝对的绝缘体，总存在一些带电质点，主要为本征离子和杂质离子。在电场的作用下，它们可作有方向的运动，形成漏导电流，通常又称为泄漏电流。在外加电压作用下的绝缘材料的等效电路如图 2-1（a）所示；在直流电压作用下的电流曲线如图 2-1（b）所示。图中，电阻支路的电流 I_i 即为漏导电流；流经电容和电阻串联支路的电流 I_a 称为吸收电流，是由缓慢极化和离子体积电荷形成的电流；电容支路的电流 I_c 称为充电电流，是由几何电容等效应构成的电流。

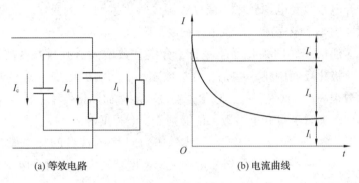

(a) 等效电路　　　　　　　　(b) 电流曲线

图 2-1　绝缘材料导电

绝缘电阻率和绝缘电阻分别是绝缘结构和绝缘材料的主要电性参数之一。为了检验绝缘性能的优劣，在绝缘材料的生产和应用中，经常需要测定其绝缘电阻率，包括体积电阻率和表面电阻率，而在绝缘结构的性能和使用中经常需要测定绝缘电阻 ε。

温度、湿度、杂质含量和电场强度的增加都会降低电介质的电阻率。温度升高时，分子热运动加剧，使离子容易迁移，电阻率按指数规律下降。湿度升高，一方面水分的浸入使电介质增加了导电离子，使绝缘电阻下降；另一方面，对亲水物质，表面的水分还会大大降低其表面电阻率。电气设备特别是户外设备，在运行过程中，往往因受潮引起绝缘材料电阻率下降，造成泄漏电流过大而使设备损坏。因此，为了预防事故的发生，应定期检查设备绝缘电阻的变化。杂质的含量增加，增加了内部的导电离子，也使电介质表面污染并吸附水分，从而降低了体积电阻率和表面电阻率。

在较高的电场强度作用下，固体和液体电介质的离子迁移能力随电场强度的增强而增大，使电阻率下降。当电场强度临近电介质的击穿电场强度时，因出现大量电子迁移，使绝缘电阻按指数规律下降。

（2）介电常数

电介质在处于电场作用下时，电介质中分子、原子中的正电荷和负电荷发生偏移，使得正、负电荷的中心不再重合，形成电偶极子。电偶极子的形成及其定向排列称为电介质的极化。电介质极化后，在电介质表面上产生束缚电荷。束缚电荷不能自由移动。

介电常数是表明电介质极化特征的性能参数。介电常数越大，电介质极化能力越强，产生的束缚电荷就越多。束缚电荷也产生电场，且该电场总是削弱外电场的。因此，处在电介质中的带电体周围的电场强度，总是低于同样带电体处在真空中时其周围的电场强度。

现用电容器来说明介电常数的物理意义。设电容器极板间为真空时，其电容量为 C_0，

而当极板间充满某种电介质时，其电容量变为 C，则 C 与 C_0 的比值即该电介质的相对介电常数，即

$$\varepsilon_r = \frac{C}{C_0} \qquad (2\text{-}1)$$

在填充电介质以后，由于电介质的极化，使靠近电介质表面处出现了束缚电荷，与其对应，在极板上的自由电荷也相应增加，即填充电介质之后，极板上容纳了更多的自由电荷，说明电容被增大。因此，可以看出，相对介电常数总是大于 1 的。

绝缘材料的介电常数受电源频率、温度、湿度等因素而产生变化。随频率增加，有的极化过程在半周期内来不及完成，以致极化程度下降，介电常数减小。

随温度增加，偶极子转向极化易于进行，介电常数增大；但当温度超过某一限度后，由于热运动加剧，极化反而困难一些，介电常数减小。随湿度增加，材料吸收水分，由于水的相对介电常数很高（在 80 左右），且水分的侵入能增加极化作用，使得电介质的介电常数明显增加。因此，通过测量介电常数，能够判质受潮程度等。

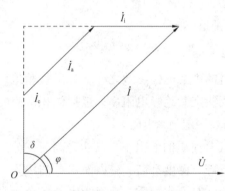

图 2-2　电介质中电流与电压的相量关系

大气压力对气体材料的介电常数有明显影响，压力增大，密度就增大，相对介电增大。

（3）介质损耗

在交流电压作用下，电介质中的部分电能不可逆地转变成热能，这部分能量叫作介质损耗。单位时间内消耗的能量叫作介质损耗功率。介质损耗一种是由漏导电流引起的；另一种是由于极化引起的。介质损耗使介质发热，是电介质热击穿的根源。施加交流电压时，电流、电压的相量关系如图 2-2 所示。

总电流与电压的相位差 ϕ，即电介质的功率因数角。功率因数角的余角 δ 称为介质损耗角。根据相量图，不难求出单位体积内介质损耗功率为

$$P = \omega \varepsilon E^2 \tan\delta \qquad (2\text{-}2)$$

式中　ω——电源角频率，$\omega = 2\pi$；

　　　ε——电介质介电常数；

　　　E——电介质内电场强度；

　　　$\tan\delta$——介质损耗角正切。

由于 P 值与实验电压、试品尺寸等因素有关，难于用来对介质品质作严密的比较，所以，通常是以 $\tan\delta$ 来衡量电介质的介质损耗性能。

对于电气设备中使用的电介质，要求它的 $\tan\delta$ 值越小越好。而当绝缘受潮或劣化时，因有功电流明显增加，会使 $\tan\delta$ 值剧烈上升。也就是说，$\tan\delta$ 能更敏感地反映绝缘质量。因此，在要求高的场合，需进行介质损耗试验。

影响绝缘材料介质损耗的因素主要有频率、温度、湿度、电场强度和辐射。影响过程比较复杂，从总的趋势上来说，随着上述因素的增强，介质损耗增加。

2. 绝缘的破坏

在电气设备的运行过程中，绝缘材料会由于电场、热、化学、机械、生物等因素的作用，使绝缘性能发生劣化。

（1）绝缘击穿

当施加于电介质上的电场强度高于临界值时，会使通过电介质的电流突然猛增，这时绝缘材料被破坏，完全失去了绝缘性能，这种现象称为电介质的击穿。发生击穿时的电压称为击穿电压，击穿时的电场强度简称击穿场强。

① 气体电介质的击穿。气体击穿是由碰撞电离导致的电击穿。在强电场中，带电质点（主要是电子）在电场中获得足够的动能，当它与气体分子发生碰撞时，能够使中性分子电离为正离子和电子。新形成的电子又在电场中积累能量而碰撞其他分子，使其电离，这就是碰撞电离。碰撞电离过程是一个连锁反应过程，每一个电子碰撞产生一系列新电子，因而形成电子崩。电子崩向阳极发展，最后形成一条具有高电导的通道，导致气体击穿。

在均匀电场中，当温度一定，电极距离不变，气体压力很低时，气体中分子稀少，碰撞游离机会很少，因此击穿电压很高。随着气体压力的增大，碰撞游离增加，击穿电压有所下降，在某一特定的气压下出现最小值；但当气体压力继续升高，密度逐渐增大，平均自由行程很小，只有更高的电压才能使电子积聚足够的能量以产生碰撞游离，击穿电压也逐渐升高。利用此规律，在工程上常采用高真空和高气压的方法来提高气体的击穿场强。空气的击穿场强为 $25 \sim 30 kV/cm$。

② 液体电介质的击穿。液体电介质的击穿特性与其纯净度有关，一般认为纯净液体的击穿与气体的击穿机理相似，是由电子碰撞电离最后导致击穿。但液体的密度大，电子自由行程短，积聚能量小，因此击穿场强比气体高。工程上液体绝缘材料不可避免地含有气体、液体和固体杂质。如液体中含有乳化状水滴和纤维时，由于水和纤维的极性强，在强电场的作用下使纤维极化而定向排列，并运动到电场强度最高处联成小桥，小桥贯穿两电极间引起电导剧增，局部温度骤升，最后导致击穿。例如，变压器油中含有极少量水分就会大大降低油的击穿场强。

含有气体杂质的液体电介质的击穿可用气泡击穿机理来解释。气体杂质的存在使液体呈现不均匀性，液体局部过热，气体迁移集中，在液体中形成气泡。由于气泡的相对介电常数较低，使得气泡内的电场强度较高，约为油内电场强度的 $2.2 \sim 2.4$ 倍，而气体的临界场强比油低得多，致使气泡游离，局部发热加剧，体积膨胀，气泡扩大，形成连通两电极的导电小桥，最终导致整个电介质击穿。

为此，在液体绝缘材料使用之前，必须对其进行纯化、脱水、脱气处理；在使用过程中应避免这些杂质的侵入。液体电介质击穿后，绝缘性能在一定程度上可以得到恢复。

③ 固体电介质的击穿。固体电介质的击穿有电击穿、热击穿、电化学击穿、放电击穿等形式。

a. 电击穿。这是固体电介质在强电场作用下，其内少量处于导带的电子剧烈运动，与晶格上的原子（或离子）碰撞而使之游离，并迅速扩展下去导致的击穿。电击穿的特点是电压作用时间短，击穿电压高。电击穿的击穿场强与电场均匀程度密切相关，但与环境温度及电压作用时间几乎无关。

b. 热击穿。这是固体电介质在强电场作用下，由于介质损耗等原因所产生的热量不能够及时散发出去，会因温度上升，导致电介质局部熔化、烧焦或烧裂，最后造成击穿。热击穿的特点是电压作用时间长，击穿电压较低。热击穿电压随环境温度上升而下降，但与电场均匀程度关系不大。

c. 电化学击穿。这是固体电介质在强电场作用下，由游离、发热和化学反应等因素的综合效应造成的击穿。其特点是电压作用时间长，击穿电压往往很低。它与绝缘材料本身的耐游离性能、制造工艺、工作条件等因素有关。

d. 放电击穿。这是固体电介质在强电场作用下，内部气泡首先发生碰撞游离而放电，继而加热其他杂质，使之汽化形成气泡，由气泡放电进一步发展，导致击穿。放电击穿的击穿电压与绝缘材料的质量有关。

固体电介质一旦击穿，将失去其绝缘性能。

实际上，绝缘结构发生击穿，往往是电、热、放电、电化学等多种形式同时存在，很难截然分开。一般来说，在采用 $\tan\delta$ 值大、耐热性差的电介质的低压电气设备，在工作温度高、散热条件差时，热击穿较为多见。而在高压电气设备中，放电击穿的概率就大些。脉冲电压下的击穿一般属电击穿。当电压作用时间达数十小时乃至数年时，大多数属于电化学击穿。

（2）绝缘老化

电气设备在运行过程中，其绝缘材料由于受热、电、光、氧、机械力（包括超声波）、辐射线、微生物等因素的长期作用，产生一系列不可逆的物理变化和化学变化，导致绝缘材料的电气性能和机械性能的劣化。绝缘老化过程十分复杂。就其老化机理而言，主要有热老化机理和电老化机理。

① 热老化。一般在低压电气设备中，促使绝缘材料老化的主要因素是热。热老化包括低分子挥发性成分的逸出，包括材料的解聚和氧化裂解、热裂解、水解，还包括材料分子链继续聚合等过程。

每种绝缘材料都有其极限耐热温度，当超过这一极限温度时，其老化将加剧，电气设备的寿命就缩短。在电工技术中，常把电机与电气中的绝缘结构和绝缘系统按耐热等级进行分类。表 2-1 所列是我国绝缘材料标准规定的绝缘耐热分级和极限温度。

表 2-1　绝缘耐热分级及其极限温度

耐热分级	极限温度/℃	耐热分级	极限温度/℃
Y	90	F	155
A	105	H	180
E	120	C	>180
B	130		

② 电老化。它主要是由局部放电引起的。在高压电气设备中，促使绝缘材料老化的主要原因是局部放电。局部放电时产生的臭氧、氮氧化物、高速粒子都会降低绝缘材料的性能，局部放电还会使材料局部发热，促使材料性能恶化。

（3）绝缘损坏

绝缘损坏是指由于不正确选用绝缘材料，不正确地进行电气设备及线路的安装，不合理地使用电气设备等，导致绝缘材料受到外界腐蚀性液体、气体、蒸汽、潮气、粉尘的污染和侵蚀，或受到外界热源、机械因素的作用，在较短或很短的时间内失去其电气性能或机械性能的现象。另外，动物和植物也可能破坏电气设备和电气线路的绝缘结构。

3. 绝缘检测和绝缘试验

绝缘检测和绝缘试验的目的是检查电气设备或线路的绝缘指标是否符合要求。绝缘检测和绝缘试验主要包括绝缘电阻试验、耐压试验、泄漏电流试验和介质损耗试验。其中：绝缘电阻试验是最基本的绝缘试验；耐压试验是检验电气设备承受过电压的能力，主要用于新品种电气设备的型式试验及投入运行前的电力变压器等设备、电工安全用具等；泄漏电流试验和介质损耗试验只对一些要求较高的高压电气设备才有必要进行。现仅就绝缘电阻试验进行介绍。

绝缘电阻是衡量绝缘性能优劣的最基本的指标。在绝缘结构的制造和使用中，经常需要测定其绝缘电阻。通过绝缘电阻的测定，可以在一定程度上判定某些电气设备的绝缘好坏，判断某些电气设备（如电机、变压器）的受潮情况等。以防因绝缘电阻降低或损坏而造成漏电、短路、电击等电气事故。

（1）绝缘电阻的测量

绝缘材料的电阻可以用比较法（属于伏安法）测量，也可以用泄漏法来进行测量，但通常用兆欧表（摇表）测量。这里仅就应用兆欧表测量绝缘材料的电阻进行介绍。

兆欧表主要由作为电源的手摇发电机（或其他直流电源）和作为测量机构的磁电式流比计（双动线圈流比计）组成。测量时，实际上是给被测物加上直流电压，测量其通过的泄漏电流，在表的盘面上读到的是经过换算的绝缘电阻值。

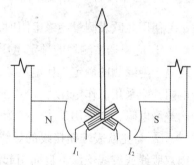

图 2-3　磁电式流比计原理

磁电式流比计的工作原理如图 2-3 所示。在同一转轴上装有两个交叉的线圈，当两线圈通有电流时，两个线圈分别产生互为相反方向的转矩。其大小分别为

$$M_1 = K_1 f_1(\alpha) I_1 \qquad (2-3)$$
$$M_2 = K_2 f_2(\alpha) I_2 \qquad (2-4)$$

式中　K_1、K_2——比例常数；

I_1，I_2——通过两个线圈的电流；

α——线圈带动指针偏转的偏转角。

当 $M_1 \neq M_2$ 时，线圈转动，指针偏转。当 $M_1 = M_2$ 时，线圈停止转动，指针停止偏转，且两电流之比与 α 偏转角满足如下的函数关系，即

$$\frac{I_1}{I_2} = K f_3(\alpha) \qquad (2-5)$$

兆欧表的测量原理如图 2-4 所示。在接入被测电阻 R_x 后，构成了两条相互并联的支

路，当摇动手摇发电机时，两个支路分别通过电流 I_1 和 I_2。可以看出

$$\frac{I_1}{I_2} = \frac{R_2 + r_2}{R_1 + r_1 + R_x} = f_4(R_x) \qquad (2\text{-}6)$$

考虑到两电流之比与偏转角满足的函数关系，不难得出

$$\alpha = f(R_x) \qquad (2\text{-}7)$$

可见，指针的偏转角 α 仅仅是被测绝缘电阻 R_x 的函数，而与电源电压没有直接关系。

在兆欧表上有三个接线端钮，分别标为接地 E、电路 L 和屏蔽 G。一般测量仅用 E、L 两端，E 通常接地或接设备外壳，L 接被测线路，电机、电气的导线或电机绕组。测量电缆芯线对外皮的绝缘电阻时，为消除芯线绝缘层表面漏电引起的误差，还应在绝缘上包以锡箔，并使之与 G 端连接，如图 2-5 所示。这样就使得流经绝缘表面的电流不再经过流比计的测量线圈，而是直接流经 G 端构成回路，所以，测得的绝缘电阻只是电缆绝缘的体积电阻。

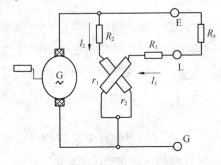
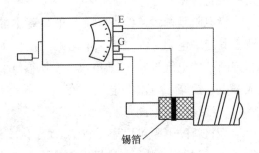

图 2-4　兆欧表测量原理　　　　　图 2-5　电缆绝缘电阻测量

使用兆欧表测量绝缘电阻时，应注意下列事项：

① 应根据被测物的额定电压正确选用不同电压等级的兆欧表。所用兆欧表的工作电压应高于绝缘物的额定工作电压。一般情况下，测量额定电压 500V 以下的线路或设备的绝缘电阻，应采用工作电压为 500V 或 1000V 的兆欧表；测量额定电压 500V 以上的线路或设备的绝缘电阻，应采用工作电压为 1000V 或 2500V 的兆欧表。

② 与兆欧表端钮接线的导线应用单线，单独连接，不能用双股绝缘导线，以免测量时因双股线或绞线绝缘不良而引起误差。

③ 测量前，必须断开被测物的电源，并进行放电；测量终了也应进行放电。放电时间一般不应短于 2~3min。对于高电压、大电容的电缆线路，放电时间应适当延长，以消除静电荷，防止发生触电危险。

④ 测量前，应对兆欧表进行检查。首先，使兆欧表端钮处处于开路状态，转动摇把，观察指针是否在"∞"位；然后，再将 E 和 L 两端短接起来，慢慢转动摇把，观察指针是否迅速指向"0"位。

⑤ 进行测量时，摇把的转速应由慢至快，到 120r/min 左右时，发电机输出额定电压。摇把转速应保持均匀、稳定，一般摇动 1min 左右，待指针稳定后再进行读数。

⑥ 测量过程中，如指针指向"0"，表明被测物绝缘失效，应停止转动摇把，以防表内线圈发热烧坏。

⑦ 禁止在雷电时或邻近设备带有高电压时用兆欧表进行测量工作。

⑧ 测量应尽可能在设备刚刚停止运转时进行，这样，由于测量时的温度条件接近运转时的实际温度，使测量结果符合运转时的实际情况。

（2）吸收比的测定

对于电力变压器、电力电容器、交流电动机等高压设备，除测量绝缘电阻之外，还要求测量其吸收比。吸收比是加压测量开始后 60s 时读取的绝缘电阻值与加压测量开始后 15s 时读取的绝缘电阻值之比。由吸收比的大小可以对绝缘受潮程度和内部有无缺陷存在进行判断。这是因为，绝缘材料加上直流电压时都有充电过程，在绝缘材料受潮或内部有缺陷时，泄漏电流增加很多，同时充电过程加快，吸收比的值小，接近于 1；绝缘材料干燥时，泄漏电流小，充电过程慢，吸收比明显增大。例如，干燥的发电机定子绕组，在 10~30℃ 时的吸收比远大于 1.3。吸收比原理如图 2-6 所示。

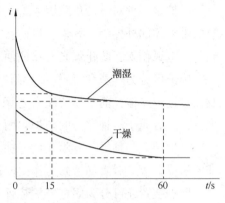

图 2-6 吸收比原理

（3）绝缘电阻指标

绝缘电阻随线路和设备的不同，其指标要求也不一样。就一般而言，高压较低压要求高；新设备较老设备要求高；室外设备较室内设备要求高；移动设备较固定设备要求高等。以下为几种主要线路和设备应达到的绝缘电阻值。

① 新装和大修后的低压线路和设备，要求绝缘电阻不低于 0.5MΩ；运行中的线路和设备，要求可降低为每伏工作电压不小于 1000Ω；安全电压下工作的设备同 220V 一样，不得低于 0.22MΩ；在潮湿环境，要求可降低为每伏工作电压 500Ω。

② 携带式电气设备的绝缘电阻不应低于 2MΩ。

③ 配电盘二次线路的绝缘电阻不应低于 1MΩ，在潮湿环境，允许降低为 0.5MΩ。

④ 10kV 高压架空线路每个绝缘子的绝缘电阻不应低于 300MΩ；35kV 及以上的不应低于 500MΩ。

⑤ 运行中 6~10kV 和 35kV 电力电缆的绝缘电阻分别不应低于 400~1000MΩ 和 600~1500MΩ。干燥季节取较大的数值；潮湿季节取较小的数值。

⑥电力变压器投入运行前，绝缘电阻应不低于出厂时的 70%，运行中的绝缘电阻可适当降低。

二、屏护和间距

对屏护装置的具体要求由于屏护装置不直接与带电体接触，因此对制作屏护装置所用材料的导电性能没有严格的规定。但是，各种屏护装置都必须具有足够的机械强度和良好的耐火性能。此外，还应满足以下要求：

① 用金属材料制作的屏护装置，安装时必须接地或接零。

② 屏护装置一般应不易随便打开、拆卸或挪移，有时其上还应装有连锁装置（只有断

开电源才能打开)。

③ 在各种闲杂人员(如非电工人员或当地居民)能够随意进入的场所,屏护装置必须可靠……

屏护和间距是最为常用的电气安全措施之一。从防止电击的角度而言,屏护和间距属于防止直接接触的安全措施。此外,屏护和间距还是防止短路、故障接地等电气事故的安全措施之一。

1. 屏护的概念、种类及其应用

屏护是一种对电击危险因素进行隔离的手段,即采用遮栏、护罩、护盖、箱匣等把危险的带电体同外界隔离开来,以防止人体触及或接近带电体所引起的触电事故。屏护还起到防止电弧伤人,防止弧光短路或便利检修工作的作用。

屏护可分为屏蔽和障碍(或称阻挡物),两者的区别在于:后者只能防止人体无意识触及或接近带电体,而不能防止有意识移开、绕过、翻越该障碍触及或接近带电体。从这点来说,前者属于一种完全的防护,而后者是一种不完全的防护。

屏护装置的种类又有永久性屏护装置和临时性屏护装置之分,前者如配电装置的遮栏、开关的罩盖等;后者如检修工作中使用的临时屏护装置和临时设备的屏护装置等。

屏护装置还可分为固定屏护装置和移动屏护装置,如母线的护网就属于固定屏护装置;而跟随天车移动的天车滑线屏护装置就属于移动屏护装置。

屏护装置主要用于电气设备不便于绝缘或绝缘不足以保证安全的场合。如开关电气的可动部分一般不能包以绝缘,因此需要屏护。对于高压设备,由于全部绝缘往往有困难,因此,不论高压设备是否有绝缘,均要求加装屏护装置。室内、外安装的变压器和变配电装置应装有完善的屏护装置。当作业场所邻近带电体时,在作业人员与带电体之间、过道、入口等处均应装设可移动的临时性屏护装置。

尽管屏护装置是简单装置,但为了保证其有效性,须满足如下的条件:

① 屏护装置所用材料应有足够的机械强度和良好的耐火性能。为防止因意外带电而造成触电事故,对金属材料制成的屏护装置必须实行可靠的接地或接零。

② 屏护装置应有足够的尺寸,与带电体之间应保持必要的距离。遮栏高度不应低于1.7m,下部边缘离地不应超过0.1m,网眼遮栏与带电体之间的距离不应小于表2-2所示的距离。栅遮栏的高度户内不小于1.2m,户外不应小于1.5m,栏条间距离不应大于0.2m。对于低压设备,遮栏与裸导体之间的距离不应小于0.8m。户外变配电装置围墙的高度一般不应小于2.5m。

③ 遮栏、栅栏等屏护装置上应有"止步,高压危险!"等标志。

④ 必要时应配合采用声光报警信号和连锁装置。

表2-2 网眼遮栏与带电体之间的距离

额定电压/kV	<1	10	20~35
最小距离/m	0.15	0.35	0.6

2. 间距

间距是指带电体与地面之间，带电体与其他设备和设施之间，带电体与带电体之间必要的安全距离。间距的作用是防止人体触及或接近带电体造成触电事故；避免车辆或其他器具碰撞或过分接近带电体造成事故；防止火灾、过电压放电及各种短路事故，以及方便操作。在间距的设计选择时，既要考虑安全的要求，同时也要符合人-机工效学的要求。不同电压等级、不同设备类型、不同安装方式、不同的周围环境所要求的间距不同。

（1）线路间距

架空线路导线在弧度最大时与地面或水面的距离不应小于表2-3所示的距离。

表2-3 导线与地面或水面的最小距离

线路经过地区	线路电压		
	<1kV	1~10kV	35kV
居民区	6	6.5	7
非居民区	5	5.5	6
不能通航或浮运的河、湖(冬季水面)	5	5	—
不能通航或浮运的河、湖(50年一遇的洪水水面)	3	3	—
交通困难地区	4	4.5	5
步行可以达到的山坡	3	4.5	5
步行不能达到的山坡、峭壁或岩石	1	1.5	3

在未经相关管理部门许可的情况下，架空线路不得跨越建筑物。架空线路与有爆炸、火灾危险的厂房之间应保持必要的防火间距，且不应跨越具有可燃材料屋顶的建筑物。架空线路导线与建筑物的最小距离见表2-4。

架空线路导线与街道树木、厂区树木的最小距离见表2-5，架空线路导线与绿化区树木、公园的树木的最小距离为3m。

表2-4 导线与建筑物的最小距离

线路电压/kV	41	10	35
垂直距离/m	2.5	3.0	4.0
水平距离/m	1.0	1.5	3.0

表2-5 导线与树木的最小距离

线路电压/kV	运1	10	35
垂直距离/m	1.0	1.5	3.0
水平距离/m	1.0	2.0	—

架空线路导线与铁路、道路、通航河流、电气线路及管道等设施之间的最小距离见表2-6。表中，特殊管道指的是输送易燃易爆介质的管道；各项中的水平距离在开阔地区不应小于电杆的高度。

同杆架设不同种类、不同电压的电气线路时，电力线路应位于弱电线路的上方，高压线路应位于低压线路的上方。横担之间的最小距离见表2-7。

表 2-6　架空线路与工业设施的最小距离　　　　　　　　　　　　　　　　　　　m

项目				线路电压		
				≤1kV	10kV	35kV
铁路	标准轨距	垂直距离	至钢轨顶面	7.5	7.5	7.5
			至承力索接触线	3.0	3.0	3.0
		水平距离 电杆外缘至轨道中心	交叉	5.0		
			交叉	杆加高 3.0		
	窄轨	垂直距离	至钢轨顶面	6.0	6.0	7.5
			至承力索接触线	3.0	3.0	3.0
		水平距离 电杆外缘至轨道中心	交叉	5.0		
			交叉	杆加高 3.0		
道路		垂直距离		6.0	7.0	7.0
		水平距离(电杆至道路边缘)		0.5	0.5	0.5
通航河流	垂直距离	至 50 年一遇的洪水位		6.0	6.0	6.0
		至最高航行水位的最高桅顶		1.0	1.5	2.0
	水平距离	边导线至河岸上缘		最高杆(塔)高		
弱电线路		垂直距离		6.0	7.0	7.0
		水平距离(两线路边导线间)		0.5	0.5	0.5
电力线路	≤1kV	垂直距离		1.0	2.0	3.0
		水平距离(两线路边导线间)		2.5	2.5	5.0
	10kV	垂直距离		2.0	2.0	3.0
		水平距离(两线路边导线间)		2.5	2.5	5.0
	35kV	垂直距离		3.0	2.0	3.0
		水平距离(两线路边导线间)		5.0	5.0	5.0
特殊管道	垂直距离	电力线路在上方		1.5	3.0	3.0
		电力线路在下方		1.5	—	—
	水平距离(边导线至管道)			1.5	2.0	4.0

表 2-7　同杆线路横担之间的最小距离　　　　　　　　　　　　　　　　　　　m

项　　目	直线杆	分支杆和转角杆
10kV 与 10kV	0.8	0.45/0.6
10kV 与 低压	1.2	1.0
低压 与 低压	0.6	0.3
10kV 与 通信电缆	2.5	—
低压 与 通信电缆	1.5	—

从配电线路到用户进线处第一个支持点之间的一段导线称为接户线。10kV 接户线对地距离不应小于 4.5m；低压接户线对地距离不应小于 2.75m。低压接户线跨越通车街道时对地距离不应小于 6m；跨越通车困难的街道或人行道时，对地距离不应小于 3.5m。

从接户线引入室内的一段导线称为进户线。进户线的进户管口与接户线端头之间的垂直距离不应大于 0.5m；进户线对地距离不应小于 2.7m。

户内低压线路与工业管道和工艺设备之间的最小距离见表 2-8。表中无括号的数字为电缆管线在管道上方的数据，有括号的数字为电缆管线在管道下方的数据。电缆管线应尽可能敷设在热力管道的下方。当现场的实际情况无法满足表 2-8 所规定距离时，应采取包隔热层，对交叉处的裸母线外加保护网或保护罩等措施。

表 2-8　户内低压线路与工业管道和工艺设备之间的最小距离　　　　　m

布线方式		穿金属管导线	电缆	明设绝缘导线	裸导线	起重机滑触线	配电设备
煤气管	平行	100	500	1000	1000	1500	1500
	交叉	100	300	300	500	500	—
乙炔管	平行	100	1000	1000	2000	3000	3000
	交叉	100	500	500	500	500	
氧气管	平行	100	500	500	1000	1500	1500
	交叉	100	300	300	500	500	
蒸汽管	平行	1000(500)	1000(500)	1000(300)	1000	1000	500
	交叉	300	300	300	500	500	
暖热水管	平行	300(200)	500	300(200)	1000	1000	100
	交叉	100	100	100	500	500	
通风管	平行		200	200	1000	1000	100
	交叉		100	100	500	500	
上下水管	平行		200	200	1000	1000	100
	交叉		100	100	500	500	
压缩空气管	平行		200	200	1000	1000	100
	交叉		100	100	500	500	
工艺设备	平行				1500	1500	100
	交叉				1500	1500	

直埋电缆埋设深度不应小于 0.7m，并应位于冻土层之下。直埋电缆与工艺设备的最小距离见表 2-9。当电缆与热力管道接近时，电缆周围土壤温升不应超过 10℃，超过时，须进行隔热处理。表 2-9 中的最小距离对采用穿管保护时，应从保护管的外壁算起。

表 2-9　直埋电缆与工艺设备的最小距离　　　　　m

敷 设 条 件	平行敷设	交叉敷设
与电杆或建筑物地下基础之间，控制电缆与控制电缆之间	0.6	—
10kV 以下的电力电缆之间或控制电缆之间	1.0	0.5
10~35kV 的电力电缆之间或其他电缆之间	0.25	0.5
不同部门的电缆(包括通信电缆)之间	0.5	0.5
与热力管沟之间	2.0	0.5
与可燃气体、可燃液体管道之间	1.0	0.5
与水管、压缩空气管道之间	0.5	0.5

敷 设 条 件	平行敷设	交叉敷设
与道路之间	1.5	1.0
与普通铁路路轨之间	3.0	1.0
与直流电气化铁路路轨之间	10.0	—

（2）用电设备间距

明装的车间低压配电箱底口的高度可取 1.2m，暗装的可取 1.4m。明装电能表板底距地面的高度可取 1.8m。

常用开关电气的安装高度为 1.3~1.5m，开关手柄与建筑物之间保留 150mm 的距离，以便于操作。墙用平开关，离地面高度可取 1.4m。明装插座离地面高度可取 1.3~1.8m，暗装的可取 0.2~0.3m。

户内灯具高度应大于 2.5m，受实际条件约束达不到时，可减为 2.2m，低于 2.2m 时，应采取适当安全措施。当灯具位于桌面上方等人碰不到的地方时，高度可减为 1.5m。户外灯具高度应大于 3m；安装在墙上时可减为 2.5m。

起重机具至线路导线间的最小距离，1kV 及 1kV 以下者不应小于 1.5m，10kV 者不应小于 2m。

（3）检修间距

低压操作时，人体及其所携带工具与带电体之间的距离不得小于 0.1m。

高压作业时，各种作业类别所要求的最小距离见表 2-10。

表 2-10　高压作业的最小距离

类　　别	电压等级	
	10kV	35kV
无遮拦作业，人体及其所携带工具与带电体之间①	0.7	1.0
无遮拦作业，人体及其所携带工具与带电体之间，用绝缘杆操作	0.4	0.6
线路作业，人体及其所携带工具与带电体之间②	1.0	2.5
带电水冲洗，小型喷嘴与带电体之间	0.4	0.6
喷灯或气焊火焰与带电体之间③	1.5	3.0

① 距离不足时，应装设临时遮拦。

② 距离不足时，邻近线路应当停电。

③ 火焰不应喷向带电体。

第二节　间接接触电击防护

间接接触电击即故障状态下的电击。这种电击在电击死亡事故中约占 1/2，而这种电击尚未导致死亡的伤害在电击伤害中所占的比例要大得多。保护接地、接零、加强绝缘、电气隔离、不导电环境、等电位联结、安全电压和漏电保护都是防间接接触电击的技术措施。其中，保护接地和保护接零是防止间接接触电击的基本技术。这两种措施还与低压系统的防火性能有关。本节重点介绍保护接地和保护接零的技术问题。

一、IT 系统

IT 系统即保护接地系统，保护接地是最古老的安全措施。到目前为止，保护接地是应用最广泛的安全措施之一，不论是交流设备还是直流设备，不论是高压设备还是低压设备，都采用保护接地作为必须的安全技术措施。

1. 接地的基本概念

所谓接地，就是将设备的某一部位经接地装置与大地紧密连接起来。

（1）接地分类

按照接地性质，接地可分为正常接地和故障接地。正常接地又有工作接地和安全接地之分。工作接地是指正常情况下有电流流过，利用大地代替导线的接地，以及正常情况下没有或只有很小不平衡电流流过，用以维持系统安全运行的接地。安全接地是正常情况下没有电流流过的起防止事故作用的接地，如防止触电的保护接地、防雷接地等。故障接地是指带电体与大地之间的意外连接，如接地短路等。

（2）接地电流和接地短路电流

凡从接地点流入地下的电流即属于接地电流。

系统一相接地可能导致系统发生短路，这时的接地电流叫作接地短路电流，如 0.4kV 系统中的单相接地短路电流。在高压系统中，接地短路电流可能很大，接到电流 500A 及以下的称小接地短路电流系统；接地短路电流大于 500A 的称大接地短路电流系统。

（3）流散电阻和接地电阻

接地电流入地下后自接地体向四周流散，这个自接地体向四周流散的电流叫作流散电流。流散电流在土壤中遇到的全部电阻叫作流散电阻。

接地电阻是接地体的流散电阻与接地线的电阻之和。接地线的电阻一般很小，可忽略不计，因此，在绝大多数情况下可以认为流散电阻就是接地电阻。

（4）对地电压和对地电压曲线

电流通过接地体向大地作半球形流散。因为半球面积与半径的平方成正比，半球的面积随着远离接地体而迅速增大，因此，与半球面积对应的土壤电阻随着远离接地体而迅速减小，至离接地体 20m 处，半球面积已达 $2500m^2$，土壤电阻已可小到忽略不计。这就是说，可以认为在离开接地体 20m 以外，电流不再产生电压降了。或者说，至远离接地体 20m 处，电压几乎降低为零。电气工程上通常说的"地"就是这里的地，而不是接地体周围 20m 以内的地。通常所说的对地电压，即带电体与大地之间的电位差，也是指离接地体 20m 以外的大地而言的。简单地说，对地电压就是带电体与电位为零的大地之间的电位差。显然，对地电压等于接地电流和接地电阻的乘积。

如果接地体由多根钢管组成，则当电流自接地体流散时，至电位为零处的距离可能超过 20m。

从以上的讨论可知，当电流通过接地体流入大地时，接地体具有最高的电压。离开接地体后，电压逐渐降低，电压降落的速度也逐渐降低。

如果用曲线来表示接地体及其周围各点的对地电压，这种曲线就叫作对地电压曲线。

图2-7所示的是单一接地体的对地电压曲线，显然，随着离开接地体，曲线逐渐变平，即曲线的陡度逐渐减小。

（5）接触电动势和接触电压

接触电动势是指接地电流自接地体流散，在大地表面形成不同电位时，设备外壳与水平距离0.8m处之间的电位差。

接触电压是指加于人体某两点之间的电压，如图2-7所示。当设备漏电，电流I_E自接地体流入地下时，漏电设备对地电压为U_E，对地电压曲线呈双曲线形状。a触及漏电设备外壳，其接触电压即其手与脚之间的电位差。如果忽略人的双脚下面土壤的流散电阻，接触电压与接触电动势相等。图2-7中，a的接触电压为U_C。如果不忽略脚下土壤的流散电阻，接触电压将低于接触电动势。

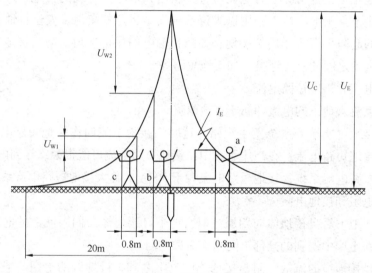

图2-7　对地电压曲线

（6）跨步电动势和跨步电压

跨步电动势是指地面上水平距离为0.8m（人的跨距）的两点之间的电位差。跨步电压是指人站在流过电流的地面上，加于人的两脚之间的电压，如图2-7中的U_{W1}和U_{W2}，如果忽略脚下土壤的流散电阻，跨步电压与跨步电动势相等。人的跨步一般按0.8m考虑；大牲畜的跨步通常按$1.0 \sim 1.4$m考虑。图2-7中，b紧靠接地体位置，承受的跨步电压最大；c离开了接地体，承受的跨步电压要小一些。如果不忽略脚下土壤的流散电阻，跨步电压也将低于跨步电动势。

2. IT系统的安全原理

如图2-8(a)所示的在不接地配电网中，当一相碰壳时，接地电流I_E通过人体和配电网对地绝缘阻抗构成回路。如各相对地绝缘阻抗对称，则运用戴维南定理可以比较简单地求出人体承受的电压和流经人体的电流。运用戴维南定理可以得出图2-8(b)所示的等值电路。等值电路中的电动势为网络二端开路，即没有人触时该相对地电压。因为对称，该电压即相电压U，该阻抗即$Z/3$。根据等值电路，不难求得人体承受的电压和流过人体的电流分别为

$$U_p = \frac{R_p}{R_p + Z/3}U = \frac{3R_p}{3R_p + Z}U \tag{2-8}$$

$$I_p = \frac{U}{R_p + Z/3} = \frac{3U}{3R_p + Z} \tag{2-9}$$

式中　U——相电压；

　U_p、I_p——人体电压和人体电流；

　　R_p——人体电阻；

　　Z——各相对地绝缘阻抗。

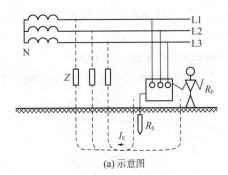 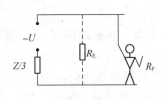

(a) 示意图　　　　　　　(b) 等效电路图(图中虚线为有保护接地的情况)

图 2-8　IT 系统安全原理

绝缘阻抗 Z 是绝缘电阻 R 和分布电容 C 的并联阻抗。对于对地绝缘电阻较低，对地分布电容又很小的情况，由于绝缘阻抗中的容抗比电阻大得多，可以不考虑电容。这时，可简化式(2-8)和式(2-9)，求得人体电压和人体电流分别为

$$U_p = \frac{3R_p}{3R_p + R}U \tag{2-10}$$

$$I_p = \frac{3U}{3R_p + R} \tag{2-11}$$

对于对地分布电容较大，对地绝缘电阻很高的情况，由于绝缘阻抗中的电阻比容抗大得多，可以不考虑电阻。这时，也可简化复数运算，求得人体电压和人体电流分别为

$$U_p = \left| \frac{3R_p}{3R_p - j\dfrac{1}{\omega C}} \right| = \frac{3\omega R_p CU}{\sqrt{9\omega^2 R_p^2 C^2 + 1}} \tag{2-12}$$

$$I_p = \frac{3\omega R_p C}{\sqrt{9\omega^2 R_p^2 C^2 + 1}} \tag{2-13}$$

由以上各式不难知道，在不接地配电网中，单相电击的危险性决定于配电网电压、配电网对地绝缘电阻和人体电阻等因素。

上述做法，即将在故障情况下可能呈现危险对地电压的金属部分经接地线、接地体同大地紧密地连接起来，把故障电压限制在安全范围以内的做法就称为保护接地。在不接地配电网中采用接地保护的系统，这种系统即为 IT 系统。字母 I 表示配电网不接地或经高阻抗接地，字母 T 表示电气设备外壳接地。

只有在不接地配电网中，由于其对地绝缘阻抗较高，单相接地电流较小，才有可能通

过保护接地把漏电设备故障对地电压限制在安全范围之内。

3. 保护接地的应用范围

（1）各种不接地配电网

保护接地适用于各种不接地配电网，包括交流不接地配电网和直流不接地配电网，也包括低压不接地配电网和高压不接地配电网。在这类配电网中，凡由于绝缘损坏或其他原因而可能呈现危险电压的金属部分，除另有规定外，均应接地。它们主要包括：

① 电机、变压器、电气、携带式或移动式用电器具的金属底座和外壳；

② 电气设备的传动装置；

③ 屋内外配电装置的金属或钢筋混凝土构架，以及靠近带电部分的金属栅栏和金属门；

④ 配电、控制、保护用的屏(柜、箱)及操作台等的金属框架和底座；

⑤ 交、直流电力电缆的金属接头盒、终端头和膨胀器的金属外壳和电缆的金属护层，可触及的金属保护管和穿线的钢管；

⑥ 电缆桥架、支架和井架；

⑦ 装有避雷线的电力线路杆塔；

⑧ 装在配电线路杆上的电力设备；

⑨ 在非沥青地面的居民区内，无避雷线的小接地短路电流架空电力线路的金属杆塔和钢筋混凝土杆塔；

⑩ 电除尘器的构架；

⑪ 封闭母线的外壳及其他裸露的金属部分；

⑫ 六氟化硫封闭式组合电气和箱式变电站的金属箱体；

⑬ 电热设备的金属外壳；

⑭ 控制电缆的金属护层。

（2）电气设备的某些金属部分

电气设备下列金属部分，除另有规定外，可不接地：

① 在木质、沥青等不良导电地面，无裸露接地导体的干燥的房间内，交流额定电压380V 及以下，直流额定电压 440V 及以下的电气设备的金属外壳；但当有可能同时触及上述电气设备外壳和已接地的其他物体时，则仍应接地；

② 在干燥场所，交流额定电压 127V 及其以下，直流额定电压 110V 及其以下的电气设备的外壳；

③ 安装在配电屏、控制屏和配电装置上的电气测量仪表、继电器和其他低压电气等的外壳，以及当发生绝缘损坏时不会在支持物上引起危险电压的绝缘子的金属底座等；

④ 安装在已接地金属框架上的设备，如穿墙套管等(但应保证设备底座与金属框架接触良好)；

⑤ 额定电压 220V 及其以下的蓄电池室内的金属支架；

⑥ 由发电厂、变电所和工业企业区域内引出的铁路轨道；

⑦ 与已接地的机床、机座之间有可靠电气接触的电动机和电器的外壳。木结构或术杆塔上方的电气设备的金属外壳一般也不必接地。

4. 接地电阻的确定

从保护接地的原理可以知道，保护接地的基本原理是限制漏电设备外壳对地电压在安全限值 U_L 以内，即漏电设备对地电压 $U_E = I_E R_E \leqslant U_L$。各种保护接地的接地电阻就是根据这个原则来确定的。

低压设备接地电阻在 380V 不接地低压系统中，单相接地电流很小，为限制设备漏电时外壳对地电压不超过安全范围，一般要求保护接地电阻 $R_E \leqslant 4\Omega$。

当配电变压器或发电机的容量不超过 100kV · A 时，由于配电网分布范围很小，单相故障接地电流更小，可以放宽对接地电阻的要求，取 $R_E \leqslant 10\Omega$。

（1）高压设备接地电阻

① 小接地短路电流系统。如果高压设备与低压设备共用接地装置，要求设备对地电压不超过 120V，其接地电阻为

$$R_E \leqslant \frac{120}{I_E} \tag{2-14}$$

式中　R_E——接地电阻，Ω；

　　　I_E——接地电流，A。

如果高压设备单独装设接地装置，设备对地电压可放宽至 250V，其接地电阻为

$$R_E \leqslant \frac{250}{I_E} \tag{2-15}$$

小接地短路电流系统高压设备的保护接地电阻除应满足式（2-14）和式（2-15）的要求外，还不应超过 10Ω。以上两个式子中的 I_E 为配电网的单相接地电流，应根据配电网的特征计算和确定。

② 大接地短路电流系统。在大接地短路电流系统中，由于按地短电流很大，很难限制设备对地电压不超过某一范围，而是靠线路上的速断保护装置切除接地故障。要求其接地电阻为

$$R_E \leqslant \frac{2000}{I_E} \tag{2-16}$$

但当接地短路电流 $I_E > 4000A$ 时，可采用 $R_E \leqslant 0.5\Omega$。

（2）架空线路和电缆线路的接地电阻

小接地线路电流系统中，无避雷线的高压电力线路在居民区的钢筋混凝土杆宜接地，金属杆塔应接地，其接地电阻不宜超过 30Ω。

中性点直接接地的低压系统的架空线路和高、低压共杆架设的架空线路，其钢筋混凝土杆的铁横担和金属杆应与零线连接，钢筋混凝土的钢筋宜与零线连接。与零线连接的电杆可不另做接地。

沥青路面上的高、低压线路的钢筋混凝土和金属杆塔以及已有运行经验的地区，可不另设人工接地装置，钢筋混凝土的钢筋、铁横担和金属杆塔，也可不与零线连接。

三相三芯电力电缆两端的金属外皮均应接地。

变电所电力电缆的金属外皮可利用主接地网接地。与架空线路连接的单芯电力电缆进线段，首端金属外皮应接地。如果在负荷电流下，末端金属外皮上的感应电压超过 60V，

末端宜经过接地器或间隙接地。

在高土壤电阻率地区接地电阻难以达到要求数值时，接地电阻允许值可以适当提高。例如，低压设备接地电阻允许达到 $10\sim30\Omega$，小接地短路电流系统中高压设备接地电阻允许达到 30Ω，发电厂和区域变电站的接地电阻允许达到 15Ω 等。

5. 绝缘监视

在不接地配电网中，发生一相故障接地时，其他两相对地电压升高，可能接近相电压，这会增加绝缘的负担、增加触电的危险。这时，如某设备另一相漏电，即使该设备上有合格的保护接地，也不可能将其故障电压限制在安全范围以内。而且，不接地配电网中一相接地的接地电流很小，线路和设备还能继续工作，故障可能长时间存在。这对安全是非常不利的。因此，在不接地配电网中，需要对配电网进行绝缘监视(接地故障监视)，并设置声光双重报警信号。

低压配电网的绝缘监视，是用三只规格相同的电压表来实现的，接线如图2-9所示。配电网对地电压正常时三相平衡，三只电压表读数均为相电压，当一相接地时，该相电压表读数急剧降低，另两相则显著升高。即使系统没有接地，而是一相或两相对地绝缘显著恶化时，三只电压表也会给出不同的读数，引起工作人员的注意。为了不影响系统中保护接地的可靠性，应当采用高内阻的电压表。

配电网的绝缘监视如图2-10所示。监视仪表(器)通过电压互感器同配电网连接。互感器有两组低压线圈：一组接成星形，供绝缘监视的电压表用；另一组接成开口三角形，开口处接信号继电器。正常时，三相平衡，三只电压表读数相同，三角形开口外电压为零，信号继电器KS不动作。当一相接地或一、两相绝缘明显恶化时，三只电压出现不同读数，同时三角形开口处出现电压，信号继电器动作，发出信号。

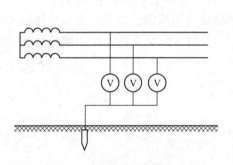

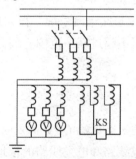

图2-9　高压配电网绝缘监视　　　　图2-10　低压配电网绝缘监视

这种绝缘监视装置是以监视三相对地平衡为基础的，对于一相接地故障很敏感，但对三相绝缘同时恶化，即三相绝缘同时降低的故障是没有反映的。其另一缺点是当三相绝缘都在安全范围以内，但相互差别较大时，会给出错误的指示或信号。由于这两种情况很少发生，上述绝缘监视装置还是可用的。

在低压配电网中，为了比较准确地检测配电网对地绝缘情况，可以借用专用方法测量绝缘阻抗。图2-11所示为一种无源测量装置的基本线路。按下 SB_1 时，测得该相对地电压 U；按下 SB_2 时，测得该相接地电流 I，由此可求得三相配电网对地导纳近似为

$$Y = \sqrt{G^2 + B^2} = \frac{1}{U} \tag{2-17}$$

如接通 SA_1，重复上述测定，通过电压表读数 U_G 和电流表读数 I_G 可求得这时三相电网对地导纳近似为

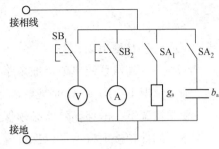

$$Y = \sqrt{(G + G_G)^2 + B^2} = \frac{I_G}{U_G} \qquad (2\text{-}18)$$

如接通 SA_2，重复上述测定，可求得

$$Y = \sqrt{(G + G_G)^2 + B^2} = \frac{I_B}{U_B} \qquad (2\text{-}19)$$

比较上列各项可求得

$$G = \frac{Y_G^2 - Y^2 - G_G^2}{2G_G} \qquad (2\text{-}20)$$

图 2-11　配电网绝缘阻抗无源测量

$$B = \sqrt{Y^2 - G^2} \qquad (2\text{-}21)$$

6. 过电压的防护

配电网中出现过电压的原因很多。由于外部原因造成的有雷击过电压、电磁感应过电压和静电感应过电压；由内部原因造成的有操作过电压、谐振过电压以及来自变压器高压侧的过渡电压或感应电压。

对于不接地配电网，由于配电网与大地之间没有直接的电气连接，在意外情况下可能产生很高的对地电压。例如，当高压一相与低压中性点短接时[图 2-12(a)]，低压侧对地电压将大幅度升高。如该变压器为 10/0.4kV 的变压器，采用 Y/yo-12 接法，则低压中性点对地电压 U_{NE} 升高到将近 5800V。由电压相量图[图 2-12(b)]可知，其他各相对地电压 U_{1E}、U_{2E}、U_{3E} 也将升高到略低于或略高于 5800V。这将给低压系统的安全运行造成极大的威胁。

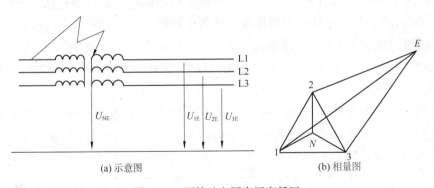

(a)示意图　　　　　　　　　　(b)相量图

图 2-12　不接地电网高压窜低压

为了减轻过电压的危险均在不接地低压配电网中，可把低压配电网的中性点或者一相经击穿保险器接地。

击穿保险器主要由两片黄铜电极夹以带小孔的云母片组成，其击穿电压大多不超过额定电压的 2 倍。正常情况下，击穿保险器处在绝缘状态，配电系统不接地；当过电压产生时，云母片带孔部分的空气隙被击穿，故障电流经接地装置流入大地。这个电流即高压系统的接地短路电流，它可能引起高压系统过电流保护装置动作，切除故障，断开电源。如果这个电流不大，不足以引起保护装置动作，则可以通过选定适当的接地电阻值控制低压

系统电压升高不超过120V。为此，接地电阻应为

$$R_E \leqslant \frac{120}{I_{HE}} \qquad (2-22)$$

式中 R_E——接地电阻，Ω；

I_{HE}——高压系统单项接地短路电流，A。

通常情况下，$R_E \leqslant 4\Omega$ 是能够满足上述要求的。

正常情况下，击穿保险器必须保绝缘良好。否则，不接地配电网变成接地配电网，用电设备上的保护接地将不足以保证安全。因此，对击穿保险器的状态应经常检查，或者接入两只相同的高内阻电压表进行监视。正常时，两只电压表的读数各为相电压的一半。如果击穿保险带内部短路，一只电压表的读数降低至零；而另一只电压表的读数上升至相电压。必要时，防护装置应当设置监视击穿保险器绝缘的声、光双重报警信号。为了不降低系统保护接地的可靠性，监视装置应具有很高的内阻。

为了抑制可能的过电压振荡，可在不接地配电网的电源中性点或人为中性点与大地之间接一阻抗值为 5~6 倍相电压值的阻抗。

二、TT 系统

1. TT 系统的原理

我国绝大部分地面企业的低压配电网都采用星形接法的低压中性点直接接地的三相四线配电网，如图 2-13 所示。这不仅是因为这种配电网能提供一组线电压和一组相电压，便于动力和照明由同一台变压器供电，而且还在于这种配电网具有较好的过电压防护性能，且一相故障接地时单相电击的危险性较小，故障接地点比较容易检测等优点。低压中性点的接地常叫作工作接地，中性点引出的导线叫作中性线。由于中性线是通过工作接地与大地连在一起的，因而中性线也叫作零线。这种配电网的额定供电电压为 0.23/0.4kV（相电压为 0.23kV，线电压为 0.4kV），额定用电电压为 220/380V（相电压为 220V，线电压为 380V）。220V 用于照明设备和单相设备，380V 用于动力设备。

接地的配电网中发生单相电击时，人体承受的电压接近相电压。也就是说，在接地的配电网中，如果电气设备没有采取任何防止间接接触电击的措施，则漏电时触及该设备的人所承受的接触电压可能接近相电压，其危险性大于不接地的配电网中单相

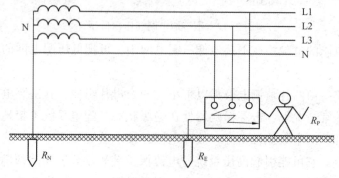

图 2-13   TT 系统

电击的危险性。

图2-13所示为设备外壳采取接地措施的情况。这种做法类似不接地配电网中的保护接地，但由于电源中性点是直接接地的，而与IT系统有本质区别。这种配电防护系统称为TT系统。第一个字母T表示电源是直接接地的。这时，如有一相漏电，则故障电流主要经接地电阻R_E和工作接地电阻R_N构成回路。漏电设备对地电压和零线对地电压分别为

$$U_E = \frac{R_E R_p}{R_N R_E + R_N R_p + R_E R_p} U \tag{2-23}$$

$$U_N = \frac{R_N R_p + R_N R_E}{R_N R_E + R_N R_p + R_E R_p} U \tag{2-24}$$

式中 U——配电网相电压；

  R_p——人体电阻。

一般情况下，$R_N \leqslant R_p$，$R_E \leqslant R_p$。可简化为

$$U_E \approx \frac{R_E}{R_N + R_E} U \tag{2-25}$$

$$U_N \approx \frac{R_N}{R_N + R_E} U \tag{2-26}$$

显然，$U_E + U_N = U$，且 $U_E / U_N = R_E / R_N$。与没有接地相比较，漏电设备上对地电压有所降低，但零线上却产生了对地电压。而且，由于R_E和R_N同在一个数量级。二者都可能远远超过安全电压，人触及漏电设备或触及零线都可能受到致命的电击。

另一方面，由于故障电流主要经R_E和R_N构成回路，如不计带电体与外壳之间的过渡电阻，其大小为

$$I_E \approx \frac{U}{R_N + R_E} \tag{2-27}$$

由于R_E和R_N都是欧姆级的电阻，因此，I_E不可能太大。这种情况下，一般的过电流保护装置不起作用，不能及时切断电源，使故障长时间延续下去。例如，当 $R_E = R_N = 4\Omega$ 时，故障电流只有27.5A，能与之相适应的过电流保护装置是十分有限的。

正因为如此，一般情况下不能采用TT系统。除非采用其他防止间接接触电击的措施确有困难，且土壤电阻率较低的情况下，才可考虑采用TT系统。而且在这种情况下，还必须同时采取快速切除接地故障的自动保护装置或其他防止电击的措施，并保证零线没有电击的危险。

2. TT系统的应用

采用TT系统时，被保护设备的所有外露导电部分均应同接向接地体的保护导体连接起来；采用TT系统应当保证在允许故障持续时间内漏电设备的故障对地电压不超过某一限值，即

$$U_E = I_E R_E \leqslant U_L \tag{2-28}$$

在第一种状态下，即在环境干燥或略微潮湿、皮肤干燥、地面电阻率高的状态下，

U_L 不得超过 50V；在第二种状态下，即在环境潮湿、皮肤潮湿、地面电阻率低的状态下，U_L 不得超过 25V。故障最大持续时间原则上不得超过 5s。为实现上述要求，可在 TT 系统中装设剩余电流保护装置(漏电保护装置)或过电流保护装置，并优先采用前者。TT 系统主要用于低压共用用户，即用于未装备配电变压器从外面引进低压电源的小型用户。

三、TN 系统

TN 系统即保护接零系统。由于保护接零和保护接地都是防止间接接触电击的安全措施，做法上又存在一些相似之处，因此，有些人没有严格区分这两种措施，不能鉴别某些不妥当的说法和做法。"保护接零"一词在我国已经得到普及。这一名词有利于明确区分不接地配电网中的保护接地，还有利于区分中性线和零线，有利于区分工作零线和保护零线，有其独特的科学性。

1. TN 系统的安全原理及类别

TN 系统中的字母 N 表示电气设备在正常情况下不带电的金属部分与配电网中性点之间金属性的连接，亦即与配电网保护零线(保护导体)的紧密连接。这种做法就是保护接零。或者说 TN 系统就是配电网低压中性点直接接地，电气设备接零的保护接零系统。

保护接零的原理如图 2-14 所示。当某相带电部分碰连设备外壳(即外露导电部分)时，通过设备外壳形成该相对零线的单相短路，短路电流 I_{ss} 能促使线路上的短路保护元件迅速动作，从而断开故障部分设备电源，消除电击危险。

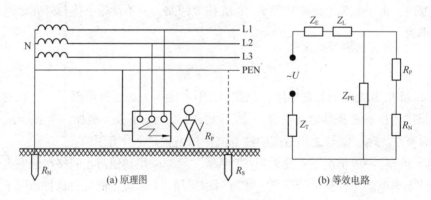

图 2-14　保护接零原理

在三相四线配电网中，应当区别工作零线和保护零线。前者即中性线，用 N 表示；后者即保护导体，用 P_E 表示。如果一根线既是工作零线又是保护零线，则用 P_{EN} 表示。

TN 系统分为 TN-S、TN-C-S 和 TN-C 三种方式，如图 2-15 所示。TN-S 系统的保护零线是与工作零线完全分开的；TN-C-S 系统干线部分的前一部分保护零线是与工作零线共用的；TN-C 系统的干线部分保护零线是与工作零线完全共用的。

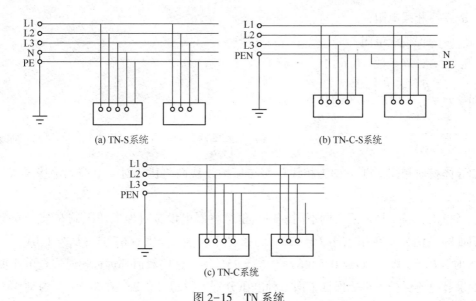

(a) TN-S系统　　　　　　　　　(b) TN-C-S系统

(c) TN-C系统

图 2-15　TN 系统

2. TN 系统速断和限压要求

在接零系统中，单相短电流越大，保护元件动作越快；反之，动作越慢。单相短路电流决定于配电网电压和相零线回路阻抗。稳态单相短路电流 I_{SS} 按式(2-29)计算：

$$I_{ss} = \frac{U}{Z_L + Z_{PE} + Z_E + Z_T} = \frac{U}{Z} \qquad (2-29)$$

式中　U——配电网相电压；

$\quad\quad Z_L$——相线阻抗；

$\quad\quad Z_{PE}$——保护零线阻抗；

$\quad\quad Z_E$——回路中电气元件阻抗；

$\quad\quad Z_T$——变压器计算阻抗；

$\quad\quad Z$——相零线回路阻抗，$Z = Z_L + Z_{PE} + Z_E + Z_T$。

显然，相零线回路阻抗不能太大，以保证发生漏电时有足够的单相短路电流，迫使线路上的保护元件迅速动作。

就电流对人体的作用而言，电流通过人体的持续时间越长，致命的危险性越大，引起心室颤动所需要的电流越小。因此，确定速断保护的动作时间应当同时考虑可能的接触电压。

认为保护接零只起过电流速断保护作用，而不能降低漏电设备对地电压也是不对的。由接零等值电路可以求出保护装置动作前漏电设备对地电压为

$$U_E \approx \frac{R_p}{R_p + R_N} I_{SS} Z_{PE} \approx \frac{R_p}{R_p + R_N} \cdot \frac{Z_{PE}}{Z} U = \frac{R_p}{R_p + R_N} \cdot \frac{Z_{PE}}{Z_T + Z_E + Z_L + Z_{PE}} U \qquad (2-30)$$

如线路截面较小，保护零线与相线紧邻敷设。由于电抗比较小，其范围也比较容易确定，对地电压可按下式简化计算：

$$U_E = K_c U \frac{R_{PE}}{R_L + R_{PE}} \qquad (2-31)$$

式中　R_L——相线电阻；

　　　R_{PE}——保护线电阻；

　　　K_c——计算系数，$0.6\sim1$。

如令 $m=\dfrac{R_{PE}}{R_L}$，则上式可简化为

$$U_E=C_u\frac{m}{1+m}U \tag{2-32}$$

如导体材质相同，则 m 即为相线截面与保护线截面之比。对于电缆和绝缘导线，$m\approx1\sim3$。

应当指出，与不接地配电网不同，在这里欲将漏电设备对地电压限制在某一安全范围内是困难的。例如，在相电压 $U=220V$ 的条件下，当 $m=1.6667$ 时，$U_E=110V$；当 $m=1.0465$ 时，$U_E=90V$；当 $m=0.7426$ 时，$U_E=75V$ 等。这些数值都远远超过安全电压值。但是，如果过电流保护元件能保证上面三种电压分别不得超过 $0.2s$、$0.5s$ 和 $1s$ 内动作，则应当认为保护是有效的。

由于地面对地电压曲线分布规律随接地体特征及其施工方式而异，发生触电的位置受工艺过程等因素的影响，最大接触电压可能难以确定。为此，国家标准以额定电压为依据作了一个比较简明的规定：对于相线对地电压 220V 的 TN 系统，手持式电气设备和移动式电气设备末端线路或插座回路的短路保护元件应保证相、零线短路持续时间不超过 $0.4s$；配电线路或固定式电气设备的末端线路应保证短路持续时间不超过 $5s$。后者之所以放宽规定是因为这些线路不常发生故障，而且接触的可能性较小，即使触电也比较容易摆脱的缘故。如配电箱引出的线路中，除固定设备的线路外，还有手持式、移动式设备或插座线路，短路持续时间也不应超过 $0.4s$。否则，应采取能将故障电压限制在许可范围之内的等电位联结措施。这里，$5s$ 的时限主要是根据热稳定的要求考虑的，只是个时间限值，而并非人为延时，这些规定与国际标准基本符合。

为了实现保护接零要求，可以采用一般过电流保护装置或剩余电流保护装置。

四、保护接零的应用范围

保护接零用于中性点直接接地的 220/380V 三相四线配电网。在这种配电网中，接地保护方式(TT 系统)难以保证安全，不能轻易采用。在这种系统中，凡因绝缘损坏而出现危险对地电压的金属部分均应接零。要求接零和不要求接零的设备和部位与保护接地的要求大致相同。

TN-S 系统可用于有爆炸危险、火灾危险性较大或安全要求较高的场所，宜用于独立附设变电站的车间。TN-C-S 系统宜用于厂内设有总变电站，厂内低压配电的场所及民用楼房。TN-C 系统可用于无爆炸危险、火灾危险性不大、用电设备较少、用电线路简单且安全条件较好的场所。

在接地的三相四线配电网中，应当采取接零保护。但在现实中往往会发现如图 2-16 所示的接零系统中个别设备只接地、不接零的情况，即在 TN 系统中个别设备构成 TT 系统的

情况。这种情况是不安全的。在这种情况下，当接地的设备漏电时，该设备和保护零线(包括所有接零设备)对地电压分别为

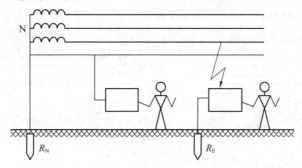

图 2-16 保护方式选择

$$U_E = \frac{U \times R_E}{R_N + R_E} \quad\quad\quad (2\text{-}33)$$

$$U_N = U - U_E = \frac{U \times R_N}{R_N + R_E} \quad\quad\quad (2\text{-}34)$$

式中 R_E——该设备的接地电阻；

R_N——工作接地与零线上所有其他接地电阻的并联值。

这时的故障电流不太大，不一定能促使短路保护元件动作而切断电源，危险状态将在大范围内持续存在。因此，除非接地的设备或区段装有快速切断故障的保护装置，否则，不得在 TN 系统中混用 TT 方式。

如果将接地设备的外露金属部分再同保护零线连接起来，构成 TN 系统，即下面将要介绍的重复接地，这对安全是有益无害的。

在同一建筑物内，如有中性点接地和中性点不接地的两种配电方式，则应分别接零措施和保护接地措施。在这种情况下，允许二者共用一套接地装置。

五、重复接地

重复接地指零线上除工作接地以外的其他点的再次接地。按照国际电工委员会的提法，重复接地是为了保护导体在故障时尽量接近大地电位在其他附加点的接地。其实质与上述的定义基本上是一致的。重复接地是提高 TN 系统安全性能的重要措施。

1. 重复接地的作用

接地总是会限制对地电压的，但如果仅仅这么说，那就不太具体了。为此，现从以下方面详细说明重复接地的作用。

① 减轻零线断开或接触不良时电击的危险性。在很多情况下，保护零线(P_E线、P_{EN}线)断开或接触不良的可能性是不能完全排除的。如图 2-17(a)所示为没有重复接地的接零系；零线断线。当零线断开，后方又有一相碰壳时，故障电流经过触及设备的人体；工作接地构成回路。因为人体电阻比工作接地电阻 R_N 大得多，所以在断线处以后，人体几乎承受全部相电压。

如图 2-17(b)所示，零线后方有重复接地 R_S，情况就不一样了。这时，较大的故障电流经过 R_S 和 R_N 构成回路。在断线处以后，设备对地电压 $U_{NE} = I_E R_S$；在断线处以前，设备对地电压 $U_{NE} = I_E R_N$。因为 U_{SE} 和 U_{NE} 都小于相电压，所以事故严重程度一般都减轻一些。图 2-17 中的下方是相应情况下的电位分布曲线。

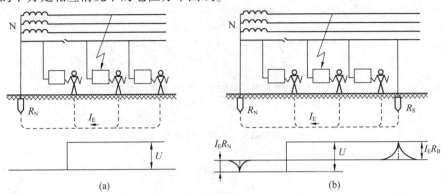

图 2-17　零线接地与设备漏电

在保护零线断线的情况下，即使没有设备漏电，而是三相负荷不平衡，也会给人身安全造成很大的威胁。在这方面，重复接地有减轻危险或消除危险的作用。根据规定，在中性点直接接地的配电系统中，单相 220V 用电设备应均匀地分配在三相线路，由负荷不平衡引起的中性线电流一般不得超过变压器额定电流的 25%。如果零线完好，这 25% 的不平衡电流只在零线上产生很小的电压降，对人身没有伤害。但是，如果零线断裂，断线处以后的零线可能会呈现数十伏乃至接近相电压的危险电压。如图 2-17(a)所示，在两相停止用电，仅一相保持用电的特殊情况下，如果零线断线，电流经过该相负荷、人体、工作接地构成回路。因为人体电阻较大，所以大部分电压降在人体上，造成触电危险。如果像图 2-17(b)那样，零线或设备上装有重复接地，则设备对地电压即为重复接地上的电压降。一般情况下，R_S 与负载电阻或 R_N 比较不会是太大的数值，其电压降只是电源相电压的一部分，从而减轻或消除了触电的危险性。例如，假定该相负荷为 1kW，则其电阻 $R_L = 48.4\Omega$，再假定 $R_N = 4\Omega$，$R_S = 10\Omega$，可求得对地电压为

$$U_E = I_E R_E = \frac{R_E}{R_N + R_L + R_S} U = \left(\frac{10}{4 + 48.4 + 10} \times 220 \right) V \approx 35V$$

这个电压对人来说是没有太大危险的。

在零线断线情况下，重复接地一般只能减轻零线断线时触电的危险，而不能完全消除触电的危险。

② 降低漏电设备的对地电压。同一般接地措施一样，重复接地也有降低故障对地电压(等化对地电位)的作用。

如图 2-18(a)所示为没有装设重复接地的保护接零系统，当发生碰壳短路时，线路保护元件应能迅速动作，切断电源。但是，如因某种原因，保护系统失灵，则危险状态将延续下来。即使保护接零系统没有失灵，在从发生碰壳短路起，到保护元件动作完毕止的一段时间内，设备外是带电的。该设备对地电压为

$$U_{\mathrm{E}} = \left| \frac{Z_{\mathrm{PE}}}{Z_{\mathrm{L}} + Z_{\mathrm{PE}}} \right| U \tag{2-35}$$

式中　Z_{PE}——中性点至故障点间零线阻抗；

　　　Z_{L}——中性点至故障点间相线阻抗。

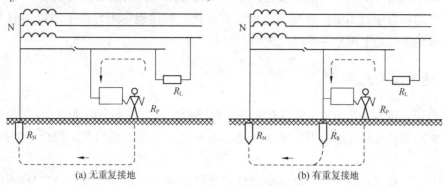

(a) 无重复接地　　　　　　　　(b) 有重复接地

图 2-18　零线接地与不平衡负荷

显然，零线阻抗越大，设备对地电压也越高。这个电压通常高于安全电压。应当指出，企图用降低零线阻抗的办法来获得设备上的安全电压是不现实的。例如，如果要求设备对地电压 $U_{\mathrm{E}} = 50\mathrm{V}$，则在 220/380V 系统中，相线电压降为 $(220 - 50)\mathrm{V} = 170\mathrm{V}$，零线阻抗与相线阻抗之比为 50∶170 ≈ 1∶3.4，即零线阻抗约为相线的 1/3.4，或者说零线导电能力应当为相线导电能力的 3.4 倍。这显然是很不经济，也是不现实的。当然，只要条件允许，加大零线总是有利于安全的。正因为如此，通常总是把建筑用金属结构、生产用金属装备同保护零线连接起来，实现等电位联结。

在上述情况下，如果像图 2-18(b) 那样加上重复接地 R_{S}，则触电危险可以减轻。这时，短路电流大部分通过零线成回路，导致漏电设备对地电压降低，而中性点对地电压升高，二者分别为

$$U_{\mathrm{E}} = \frac{R_{\mathrm{S}}}{R_{\mathrm{S}} + R_{\mathrm{N}}} \left| \frac{Z_{\mathrm{PE}}}{Z_{\mathrm{L}} + Z_{\mathrm{PE}}} \right| U \tag{2-36}$$

$$U_{\mathrm{N}} = \frac{R_{\mathrm{N}}}{R_{\mathrm{S}} + R_{\mathrm{N}}} \left| \frac{Z_{\mathrm{PE}}}{Z_{\mathrm{L}} + Z_{\mathrm{PE}}} \right| U \tag{2-37}$$

应当注意，迅速切断电源是保护接零的基本保护方式。如不能实现这一基本保护方式，即使有重复接地，往往也只能减轻危险，而难以消除危险，而且危险范围还有所扩大。

③ 缩短漏电故障持续时间。因为重复接地和工作接地构成零线的并联分支，所以当发生短路时能增大单相短路电流，而且线路越长，效果越显著，这就加速了线路保护装置的动作，缩短了漏电故障持续时间。

④ 改善架空线路的防雷性能。架空线路零线上的重复接地对雷电流有分流作用，有利于限制雷电过电压。

2. 重复接地的要求

电缆或架空线路引入车间或大型建筑物处、配电线路的最远端及每 1km 处、高低压线路同杆架设时，共同敷段的两端应做重复接地。

线路上的重复接地宜采用集中埋设的接地体，车间内宜采用环形重复接地或网络重复接地。零线与接地装置至少有两点连接，除进线处的一点外，其对角线最远点也应连接，而且车间周围过长，超过 400m 者，每 200m 应有一点连接。

一个配电系统可敷设多处重复接地，并尽量均匀分布，以等化各点电位。每一重复接地的接地电阻不得超过 10Ω；在变压器低压工作接地的接地电阻允许不超过 10Ω 的场合，每一重复接地的接地电阻允许不超过 30Ω，但不得少于 3 处。

六、速断保护元件

具体地说，接零系统中的速断保护元件是短路保护元件或剩余电流保护(漏电保护)元件。常见短路保护元件是熔断器和低压断路器的电磁式过电流脱扣器。剩余电流保护将在第三节介绍。

必须明确，接零系统中的短路保护元件不仅仅是保护设备和线路，而且是防止间接接触电击的主要单元，其动作时间必须满足本章第二节的要求。

应当指出，由于相-零线回路阻抗的计算和测量都不是很方便，取得单相短路电流的准确数值往往会遇到困难，而接零线路中的保护元件又起着保障人身安全的重要作用，因此，应严格控制保护元件的动作电流。在不致错误切断线路、不影响正常工作的前提下，保护元件的动作电流越小越好。

为了不影响线路正常工作，保护元件应能躲过线路上的最大冲击电流而不动作。如异步电动机的堵转电流高达额定电流的 5~7 倍，保护元件应能躲过电流，不妨碍电动机正常启动。例如，用熔断器保护单台电动机时，熔体的额定电流应为电动机额定电流的 1.5~2.5 倍。

断路器动作很快，应要求其瞬时(或短延时)动作过电流脱扣器的整定电流大于线路上的峰值电流。

GB 50054—2011 规定，如在接零系统中采用熔断器作为短路保护元件，当要求故障持续时间不超过 5s 时，单相短路电流 I_{ss} 与熔体额定电流 I_{FU} 的比值不应小于表 2-11 所列数值；当要求故障持续时间不超过 0.4s 时，单相短路电流 I_{ss} 与熔体额定电流 I_{FU} 的比值不应小于表 2-12 所列数值。

当中性线导电能力不低于相线导电能力时，不必考虑中性线的过电流保护。即使中性线的导电能力低于相线的导电能力，但相线上的短路保护元件能保护中性线或正常情况下流过中性线的电流比相线电流小得多，亦不必考虑中性线的短路保护。

表 2-11　故障持续时间≤5s 时的 I_{ss}/I_{FU} 最小值

熔体额定电流/A	4~10	12~63	80~200	25~500
I_{ss}/I_{FU}	4.5	5.0	6.0	7.0

表 2-12　故障持续时间≤0.4s 时的 I_{ss}/I_{FU} 最小值

熔体额定电流/A	4~10	16~32	40~63	80~200
I_{ss}/I_{FU}	8	9	10	11

如中性线不能被相线上的保护元件保护，可在中性线上装设保护元件。但其动作应当只能断开相线或同时断开相线和中性线，而不能只断开中性线，不断开相线。因此，不允许在有保护作用的零线上装设单极开关或熔断器。例如，在三相四线系统中三相设备的保护零线，以及在有接零要求的单相设备的保护零线上，都不允许装设单极开关或熔断器。如果采用低压断路器，只有当过电流脱扣器动作后能同时切断相线时，才允许在零线上装设过电流脱扣器。

七、保护导体

保护导体断开或缺陷除可能导致触电事故外，还可能导致电气火灾和设备损坏。因此，必须保证保护导体的可靠性。

1. 保护导体的组成

保护导体包括保护接地线、保护接零线和等电位联结线。保护导体分为人工保护导体和自然保护导体。

交流电气设备应优先利用自然导体作保护导体。例如，建筑物的金属结构(梁、柱等)及设计规定的混凝土结构内部的钢筋，生产用的起重机的轨道，配电装置的外壳、走廊、平台、电梯竖井、起重机与升降机的构架，运输皮带的钢梁，电除尘器的构架等金属结构，配线的钢管，电缆的金属构架及铅、铝包皮(通信电缆除外)等均可用作自然保护导体。在低压系统，还可利用不流经可燃液体或气体的金属管道作保护导体。在非爆炸危险环境，如自然保护导体有足够的截面积，可不再另行敷设人工保护导体。

人工保护导体可以采用多芯电缆的芯线、与相线同一护套内的绝缘线、固定敷设的绝缘线或裸导体等。

保护干线(保护导体干线)必须与电源中性点和接地体(工作接地、重复接地)相连。保护支线(保护导体支线)应与保护干线相连。为提高可靠性，保护干线应经两条连接线与接地体连接。

利用母线的外护物作保护导体时，外护物各部分电气连接必须良好，并不会受到机械破坏或化学腐蚀，其导电能力必须符合要求，而且每个预定的分接点应能与其他保护导体连接。利用电缆的外护物或导线的穿管作保护零线时，亦应保证连接良好和有足够的导电能力。利用设备以外的导体作保护零线时，除保证连接可靠、导电能力足够外，还应有防止变形和移动的措施。

利用自来水管作保护导体必须得到供水部门的同意，而且水表及其他可能断开处应予跨接。煤气管等输送可燃气体或液体的管道原则上不得用作保护导体。

为了保持保护导体导电的连续性，所有保护导体，包括有保护作用的 PEN 线上均不得安装单极开关和熔断器；保护导体应有防机械损伤和化学腐蚀的措施；保护导体的接头应便于检查和测试(封装的除外)；可拆开的接头必须是用工具才能拆开的接头；各设备的保护(支线)不得串联连接，即不得用设备的外露导电部分作为保护导体的一部分。此外，还应注意，一般不得在保护导体上接入电气的动作线圈。

2. 保护导体的截面积

为满足导电能力、热稳定性、机械稳定性、耐化学腐蚀的要求，保护导体必须有足够的截面积。

当保护线与相线材料相同时，保护线可以直接按表 2-13 选取，如果保护线与相线材料不同，可按相应的阻抗关系考虑。

表 2-13　保护零线截面选择表

S_L/mm^2	S_{PE}/mm^2	S_L/mm^2	S_{PE}/mm^2
$S_L \leqslant 16$	S_L	$S_L > 35$	$S_L/2$
$16 < S_L \leqslant 35$	16		

除应用电缆芯线或金属护套作保护线外，有机械防护的保护零线不得小于 2.5mm²；没有机械防护的不得小于 4mm²。

兼作工作零线护零线的 PEN 线的最小截面积除应满足不平衡电流的导电要求外，还应满足保护接零可靠性的要求。为此，要求铜质 PEN 线截面积不得小于 10mm²，铝质的不得小于 16mm²，如系电缆芯线，则不得小于 4mm²。

3. 等电位联结

等电位联结指保护导体与建筑物的金属结构、生产用的金属装备以及允许用作保护线的金属管道等用于其他目的的不带电导体之间的联结(包括 IT 系统和 TT 系统中各用电设备金属外壳之间的联结)。

保护导体干线应接向总开关柜。总开关柜内保护导体端子排与自然导体之间的联结称为总等电位联结。总开关柜以下，如采用放射式配电，则保护导体作为支线分别接向用电设备或配电箱(配电箱以下都属于支线)；如采用树干式配电，应从总开关柜上引出保护导体干线，再从该干线向用电设备或配电箱引出保护支线。对于用电设备或配电箱，如其保护接零难以满足速断要求，或为了提高保护接零的可靠性，可将其与自然导体之间再进行联结。这一联结称为局部等电位联结或辅助等电位联结。等电位联结的组成如图 2-19 所示。

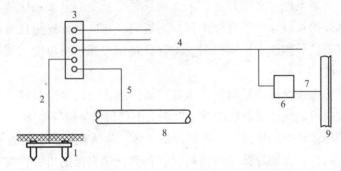

图 2-19　等电位联结

1—接地体；2—接地线；3—保护导体端子排(总等电位连接端子板或接地母排)；4—保护导体(保护干线)；
5—主等电位联结导体；6—装置外露导电部分；7—局部(辅助)等电位联结导体；
8—自然保护导体(水管等)；9—装置以外的接零导体

总等电位联结导体的最小截面不得小于最大保护导体的 1/2，但不得小于 6mm²；如系铜线，也不需大于 25mm²。两台设备之间局部等电位联结导体的最小截面不得小于两台设备保护导体中较小者的截面。设备与设备外导体之间的局部等电位联结线的截面不得小于该设备保护零支线的 1/2。

通过等电位联结可以实现等电位环境。等电位环境内可能的接触电压和跨步电压应限制在安全范围内。采用等电位环境时应采取防止环境边缘处危险跨步电压的措施，并应考虑防止环境内高电位引出和环境外低电位引入的危险。

4. 相-零线回路检测

相-零线回路检测是 TN 系统的主要检测项目，主要包括保护零线完好性、连续性检查和相-零线回路阻抗测量。测量相-零线回路阻抗是为了检验接零系统是否符合规定的速断要求。

（1）相-零线回路阻抗停电测量法

相-零线回路阻抗停电测量接线如图 2-20 所示，开关 Q_{S1} 断开为切除电力电源，Q_{S2} 和其他开关合上以接通试验回路。试验变压器可采用小型电焊变压器(约 65V)或行灯变压器(50V 以下)。试验变压器二次线圈接入电流表后再接向一条相线和保护零线。为了检验熔断器 F_{U1}，应在 a 处使相线与零线短接，测量回路阻抗。为了检验熔断器 F_{U2}，应在线路末端，即在 b 处使相线与零线短接，测量回路阻抗。所测量的阻抗应由电压表读数 U_M 和电流表读数 I_M 直接算出，即

$$Z_S = \frac{U_M}{I_M} \tag{2-38}$$

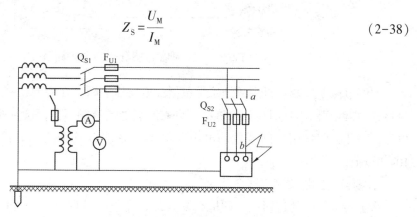

图 2-20　停电测量相-零线回路阻抗

这样测量得到的结果不包括配电变压器的阻抗，计算短路电流时应加上变压器的阻抗。为了减小测量误差，测量应尽量靠近变压器。

如零线上有其他原因产生的不平衡电流流过，这种测量方法将带有一定的误差。对此误差，应设法消除。

为了安全，测量用变压器 T 应采用双线圈变压器。因为测量时带有一定的电压，而零线的分布，特别是自然保护导体的利用，又可能使测量电压延伸到意想不到之处，所以测量前应掌握零线的大致情况。为确保安全，测量中要集中指挥，并设专人联络。

（2）相-零钱回路阻抗不停电测量法

如果现场停电有困难，则只能应用不停电测量法。不停电测量法有辅助负荷法和电压

调整法。当电网电压波动较大时，辅助负荷法测量结果的误差较大。这里仅介绍电压调整法。

电压调整法需要一套电压变换设备，其接线如图 2-21 所示。电压变换设备把线电压变换成相电压。接通开关 S 前，调整电压变换设备，使 a、b 两端电压恰好等于相电压。这时，电压表读数为零。接通开关后，有电流沿相-零线回路和电阻 RP 流通，c、b 两点之间的电压即电阻 RP 上的电压降 U_R，电压表读数 U_M 应为相电压与 U_R 之差，即

$$U_M = U - U_R \tag{2-39}$$

这个电压即消耗在相-零线回路阻抗上的电压降。因此，可求得相-零线回路阻抗为

$$Z_{S0} = \frac{U_M}{I_M} \tag{2-40}$$

式中　I_M——电流表读数，即通过电阻 R_P 的电流。

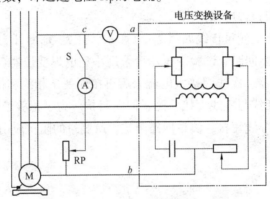

图 2-21　电压调整法测量相-零线回路阻抗

不停电测量法测量得到的结果是包括配电变压器阻抗在内的相-零线回路全阻抗。停电测量相-零线回路阻抗时，如果零线部分有断裂处或接触不良，设备外壳可能呈现不允许的电压，因此，测量用辅助装置的电阻和电感都必须有较高的数值，电阻值和感抗值均在 10kΩ 以上。

5. 零线连续性测试

为了检查零线的连续性，即检查零线是否完整和接触良好，可以采用低压试灯法，其原理如图 2-22 所示。在外加直流或交流低电压作用下，电流经试灯沿 a、b 两点之间的零线构成回路。如果试灯很亮，说明 a、b 两点之间的零线良好；如果试灯不亮、发暗或不稳定，说明 a、b 两点之间的零线断裂或接触不良。试灯也可用电流表代替，用电流表的指示来作判断。外加低压源可用直流电源，也可从双线圈变压器取得交流电源。如果安全条件许可，可适当提高试验电压。必要时，可配用电流互感器测量试验电流。

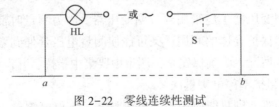

图 2-22　零线连续性测试

第三节　漏电保护与继电保护

漏电保护是利用漏电保护装置来防止电气事故的一种安全技术措施。漏电保护装置又称为剩余电流保护装置或触电保安装置。漏电保护装置主要用于单相电击保护，也用于防止由漏电引起的火灾，还可用于检测和切断各种一相接地故障。漏电保护装置的功能是提供间接接触电击保护，而额定漏电动作电流不大于 30mA 的漏电保护装置，在其他保护措施失效时，也可作为直接接触电击的补充保护。有的漏电保护装置还带有过载保护、过电压和欠电压保护、缺相保护等保护功能。

漏电保护装置主要用于 1000V 以下的低压系统，但作为检测漏电情况，也用于高压系统。

实践证明，漏电保护装置和其他电气安全技术措施配合使用，在防止电气事故方面有显著的作用。本节就漏电保护装置的原理及应用进行介绍。

一、漏电保护装置的原理

电气设备漏电时，将呈现出异常的电流和电压信号。漏电保护装置通过检测此异常电流或异常电压信号，经信号处理，促使执行机构动作，借助开关设备迅速切断电源。根据故障电流动作的漏电保护装置是电流型漏电保护装置，根据故障电压动作的是电压型漏电保护装置。早期的漏电保护装置为电压型漏电保护装置，因其存在结构复杂，受外界干扰动作稳定性差、制造成本高等缺点，已逐步被淘汰，取而代之的是电流型漏电保护装置。电流型漏电保护装置得到了迅速的发展，并占据了主导地位。目前，国内外漏电保护装置的研究生产及有关技术标准均以电流型漏电保护装置为对象。下面主要对电流型漏电保护装置进行介绍。

1. 漏电保护装置的组成

漏电保护装置构成主要有三个基本环节，即检测元件、中间环节(包括放大元件和比较元件)和执行机构。其次，还具有辅助电源和试验装置。

检测元件：它是一个零序电流互感器，被保护主电路的相线和中性线穿过环行铁芯构成的互感器的一次线圈 N_1，均匀缠绕在环行铁芯上的绕组构成了互感器的二次线圈 N_2。检测元件的作用是将漏电电流信号转换为电压或功率信号输出给中间环节。

中间环节：该环节对来自零序电流互感器信号进行处理。中间环节通常包括放大器、比较器、脱扣器(或继电器)等，不同型式的漏电保护装置在中间环节的具体构成上型式各异。

执行机构：该机构用于接收中间环节的指令信号，实施动作，自动切断故障处的电源。执行机构多为带有分励脱扣器的自动开关或交流接触器。

辅助电源：当中间环节为电子式时，辅助电源的作用是提供电子电路工作所需的低压电源。

试验装置：这是对运行中的漏电保护装置进行定期检查时所使用的装置。通常是用一只限流电阻和检查按钮相串联的支路来模拟漏电的路径，以检验装置是否正常动作。

2. 漏电保护装置的工作原理

图 2-23 是某三相四线制供电系统的漏电保护装置的工作原理示意图。图中 TA 为零序

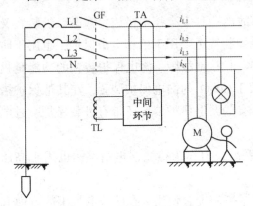

图 2-23　漏电保护器工作原理

电流互感器，GF 为主开关，TL 为主开关的分励脱扣器线圈。下面针对此电路图，对漏电保护装置的整体工作的原理进行说明。在被保护电路工作正常、没有发生漏电或触电的情况下，由基尔霍夫定律可知，通过 TA 一次侧电流的相量和等于零，即

$$\dot{I}_{L1} + \dot{I}_{L2} + \dot{I}_{L3} = 0 \qquad (2-41)$$

这使得 TA 铁芯中磁通的相量和也为零。TA 二次侧不产生感应电动势。漏电保护装置不动作，系统保持正常供电。当被保护电路发生漏电或有人触电时，三相电流的平衡遭到破坏，出现零序电流，即

$$\dot{I}_{L1} + \dot{I}_{L2} + \dot{I}_{L3} = \dot{I}_{N} \qquad (2-42)$$

这零序电流是故障时流经人体，或流经故障接地点流入地下，或经保护导体返回电源的电流。由于漏电电流的存在，通过 TA 一次侧各相负载电流的相量和不再等于零，即产生了剩余电流。剩余电流是零序电流的一部分，这电流就导致了 TA 铁芯中的磁通相量和也不再为零，即在铁芯中出现了交变磁通。在此交变磁通作用下，TA 二次侧线圈就有感应电动势产生。此漏电信号经中间环节进行处理和比较，当达到预定值时，使主开关的分励脱扣器线圈 TL 通电，驱动主开关 GF 自动跳闸，迅速切断被保护电路的供电电源，从而实现保护。

3. 漏电保护装置的分类

漏电保护装置的种类很多，可以按照不同的方式分类。

（1）按漏电保护装置中间环节的结构特点分类

① 电磁式漏电保护装置　其中间环节为电磁元件，有电磁脱扣器和灵敏继电器两种型式。电磁式漏电保护装置因全部采用电磁元件，使得其耐过电流和过电压冲击的能力较强；由于没有电子放大环节而无需辅助电源，当主电路缺相时仍能起漏电保护作用。但其不足之处是灵敏度不高，额定漏电动作电流一般只能设计到 40~50mA，且制造工艺复杂，价格较高。

② 电子式漏电保护装置　其中间环节使用了由电子元件构成的电子电路，有的是分立元件电路，也有的是集成电路。中间环节的电子电路用来对漏电信号进行放大、处理和比较。它的主要优点是灵敏度高，其额定漏电动作电流不难设计到 6mA；动作电流整定误差小，动作准确；容易取得动作延时，动作电流和动作时间容易调节，便于实现分级保护；利用电子器件的机动性，容易设计出多功能的保护器；对各元件的要求不高，工艺制作比较简单。但其不足之处是应用元件较多，可靠性较低；电子元件承受冲击能力较弱，抗过电流和过电压的能力较差；当主电路缺相时，电子式漏电保护装置可能会由于失去辅助电

源而丧失保护功能。

（2）按结构特征分类

① 开关型漏电保护装置　它是一种将零序电流互感器、中间环节和主开关组合安装在同一机壳内的开关电气，通常称为漏电开关或漏电断路器。其特点是：当检测到触电、漏电后，保护器本身即可直接切断被保护主电路的供电电源。这种保护器有的还兼有短路保护及过载保护功能。

② 组合型漏电保护装置　它是一种由漏电继电器和主开关通过电气连接组合而成的漏电保护装置。当发生触电、漏电故障时，由漏电继电器进行信号检测、处理和比较，通过其脱扣器或继电器动作，发出报警信号；也可通过控制触点去操作主开关切断供电电源。漏电继电器本身不具备直接断开主电路的功能。

（3）按安装方式分类

① 固定位置安装、固定接线方式的漏电保护装置。

② 带有电缆的可移动使用的漏电保护装置。

（4）按级数和线数分类

按照主开关的极数和穿过零序电流互感器的线数可将漏电保护装置分为：单极二线漏电保护装置、二极漏电保护装置、二极三线漏电保护装置、三极漏电保护装置、三极四线漏电保护装置和四极漏电保护装置。其中，单极二线漏电保护装置、二极三线漏电保护装置、三极四线漏电保护装置均有一根直接穿过零序电流互感器而不能被主开关断开的中性线。

（5）按运行方式分类

① 不需要辅助电源的漏电保护装置。

② 需要辅助电源的漏电保护装置。此类中又分为辅助电源中断时可自动切断的漏电保护装置和辅助电源中断时不可自动切断的漏电保护装置。

（6）按动作时间分类

按动作时间可将漏电保护装置分为：快速动作型漏电保护装置、延时型漏电保护装置和反时限型漏电保护装置。

（7）按动作灵敏度分类

按照动作灵敏度可将漏电保护装置分为：高灵敏度型漏电保护装置、中灵敏度型漏电保护装置和低灵敏度型漏电保护装置。

4. 漏电保护装置的主要技术参数

（1）动作参数

动作参数是漏电保护装置最基本的技术参数，包括漏电动作电流和漏电动作时间。

① 额定漏电动作电流（$I_{\Delta n}$）　它是指在规定的条件下，漏电保护装置必须动作的漏电动作电流值。该值反映了漏电保护装置的灵敏度。我国标准规定电流型漏电保护装置的额定漏电动作电流值为：6mA、10mA、（15mA）、30mA、（50mA）、（75mA）、100mA、（200mA）、300mA、500mA、1000mA、3000mA、5000mA、10000mA、20000mA 共 15 个等级（带括号的值不推荐优先采用）。其中，30mA 及其 30mA 以下者属于高灵敏度，主要用于防止各种人身触电事故；30mA 以上至 1000mA 者属于中灵敏度，用于防止触电事故和漏电

火灾；1000mA 以上者属低灵敏度，用于防止漏电火灾和监视一相接地事故。

② 额定漏电不动作电流（$I_{\Delta n0}$）　它是指在规定的条件下，漏电保护装置必须不动作的漏电不动作电流值。为了避免误动作，漏电保护装置在额定不动作电流不得低于额定动电流的 1/2。

③ 漏电动作分断时间　它是指从突然施加漏电动作电流开始到被保护电路完全被切断为止的全部时间。为适应人身触电保护和分级保护的需要，漏电保护装置有快速型、延时型和反时限型三种。快速型适用于单级保护，用于直接接触电击防护时必须选用快速型的漏电保护装置。延时型漏电保护装置人为地设置了延时，主要用于分级保护的首端。反时限型漏电保护装置是配合人体安全电流–时间曲线而设计的，其特点是漏电电流越大，则对应的动作时间越小，呈现反时限动作特性。快速型漏电保护装置动作时间与动作电流的乘积不应超过 30mA·s。我国标准规定漏电保护装置的动作时间见表 2-14，表中额定电流≥40A的一栏适用于组合型漏电保护装置。

表 2-14　漏电保护装置的动作时间

额定动作电流 $I_{\Delta n}$/mA	额定电流/A	动作时间/s			
		$I_{\Delta n}$	$2I_{\Delta n}$	0.5A	$5I_{\Delta n}$
≤30	任意值	0.2	0.1	0.04	—
>30	任意值	0.2	0.1	—	0.04
	≥40	0.2	—	—	0.15

延时型漏电保护装置延时时间的优选值为：0.2s、0.4s、0.8s、1s、1.5s 和 2s。采用 3 级保护者，最上一级动作时间也不宜超过 1s。

（2）其他技术参数

漏电保护装置的其他技术参数的额定值主要有：

① 额定频率为 50Hz。

② 额定电压为 220V 或 380V。

③ 额定电流（I_n）为 6A、10A、16A、20A、25A、32A、40A、50A、（60A）、63A、（80A）、100A、（125A）、160A、200A、250A（带括号值不推荐优先采用）。

（3）接通分断能力

漏电保护开关的额定接通分断能力应符合表 2-15 的规定。

表 2-15　漏电保护开关的分断能力

额定动作电流 $I_{\Delta n}$/mA	接通分断电流/A	额定动作电流 $_{\Delta n}$/mA	接通分断电流/A
$I_{\Delta n}$≤10	≥300	100<$I_{\Delta n}$≤150	≥1500
10<$I_{\Delta n}$≤50	≥500	150<$I_{\Delta n}$≤200	≥2000
50<$I_{\Delta n}$≤100	≥1000	200<$I_{\Delta n}$≤500	≥3000

二、漏电保护装置的应用

1. 漏电保护装置的选用

选用漏电保护装置应首先根据保护对象的不同要求而进行选型，既要保证在技术上有效，还应考虑经济上的合理性。不合理的选型不仅达不到保护目的，还会造成漏电保护装置的拒动作或误动作。正确合理地选用漏电保护装置，是实施漏电保护措施的关键。

（1）动作性能参数的选择

① 防止人身触电事故　用于直接接触电击防护的漏电保护装置应选用额定动作电流为30mA及其以下的高灵敏度、快速型漏电保护装置。在浴室、游泳池、隧道等场所，漏电保护装置的额定动作不宜超过10mA。在触电后，可能导致二次事故的场合，应选用额定动作电流为6mA的快速型漏电保护装置。

漏电保护装置用于间接接触电击防护时，着眼于通过自动切断电源，消除电气设备发生绝缘损坏时因其外露可导电部分持续带有危险电压而产生触电的危险。例如，对于固定式的电动机设备、室外架空线路等，应选用额定动作电流为30mA及其以上的漏电保护装置。

② 防止火灾　对木质灰浆结构的一般住宅和规模小的建筑物，考虑其供电量小、泄漏电流小的特点，并兼顾到电击防护，可选用额定动作电流为30mA及其以下的漏电保护装置。对除住宅以外的中等规模的建筑物，分支回路可选用额定动作电流为30mA及其以下的漏电保护装置；主干线可选用额定动作电流为200mA以下的漏电保护装置。对钢筋混凝土类建筑，内装材料为木质时，可选用200mA以下的漏电保护装置；内装材料为不燃物时，应区别情况，可选用200mA到数安的漏电保护装置。

③ 防止电气设备烧毁　选择数安的电流作为额定动作电流的上限，一般不会造成电气设备的烧毁，因此，防止电气设备烧毁所考虑的主要是防止触电事故的需要和满足电网供电可靠性问题。通常选用100mA到数安的漏电保护装置。

（2）其他性能的选择

对于连接户外架空线路的电气设备，应选用冲击电压不动作型的漏电保护装置。对于不允许停转的电动机，应选用漏电报警方式，而不是漏电切断方式的漏电保护装置。对于照明线路，宜根据泄漏电流的大小和分布，采用分级保护的方式。支线上用高灵敏度的漏电保护装置，干线上选用中灵敏度的漏电保护装置。

漏电保护装置的极线数应根据被保护电气设备的供电方式来进行选择：单相220V电源供电的电气设备应选用二极或单极二线式漏电保护装置；三相三线380V电源供电的电气设备应选用三极式漏电保护装置；三相四线220/380V电源供电的电气设备应选用四极或三极四线式漏电保护装置。漏电保护装置的额定电压、额定电流、分断能力等性能指标应与线路条件相适应。漏电保护装置的类型应与供电线路、供电方式、系统接地类型和用电设备特征相适应。

2. 漏电保护装置的安装

（1）需要安装漏电保护装置的场所

带金属外壳的Ⅰ类设备和手持式电动工具；安装在潮湿或强腐蚀等恶劣场所的电气设

备；建筑施工工地的电气施工机械设备；临时性电气设备；宾馆类的客房内的插座；触电危险性较大的民用建筑物内的插座；游泳池、喷水池或浴室类场所的水中照明设备；安装在水中的供电线路和电气设备，以及医院中直接接触人体的电气医疗设备(胸腔手术室除外)等均应安装漏电保护装置。

对于公共场所的通道照明及应急照明电源，消防用电梯及确保公共场所安全的电气设备的电源，消防设备(如火灾报警装置、消防水泵、消防通道照明等)的电源，防盗报警装置的电源，以及其他不允许突然停电的场所或电气装置的电源，若在发生漏电时上述电源被立即切断，将会造成严重事故或重大经济损失。因此，在上述情况下，应装设不切断电源的漏电报警装置。

(2) 不需要安装漏电保护装置的设备或场所

使用安全电压供电的电气设备；一般环境情况下使用的具有双重绝缘或加强绝缘的电气设备；使用隔离变压器供电的电气设备；在采用了不接地的局部等电位联结安全措施的场所中使用的电气设备，以及其他没有间接接触电击危险场所的电气设备。

(3) 漏电保护装置的安装要求

漏电保护装置的安装应符合生产厂家产品说明书的要求，应考虑供电线路、供电方式、系统接地类型和用电设备特征等因素。漏电保护装置的额定电压、额定电流、额定分断能力、极数、环境条件以及额定漏电动作电流和分断时间，在满足被保护供电线路和设备的运行要求时，还必须满足安全要求。安装漏电保护装置之前，应检查电气线路和电气设备的泄漏电流值及绝缘电阻值。所选用漏电保护装置的额定不动作电流应不小于电气线路和设备正常泄漏电流最大值的2倍。当电气线路或设备的泄漏电流大于允许值时，必须更换绝缘良好的电气线路或设备。安装漏电保护装置不得拆除或放弃原有的安全防护措施，漏电保护装置只能作为电气安全防护系统中的附加保护措施。漏电保护装置标有电源侧和负载侧，安装时必须加以区别，按照规定接线，不得接反。如果接反，会导致电子式漏电保护装置的脱扣线圈无法随电源切断而断电，以致长时间通电而烧毁。

安装漏电保护装置时，必须严格区分中性线和保护线。使用三极四线式和四极四线式漏电保护装置时，中性线应接入漏电保护装置。经过漏电保护装置的中性线不得作为保护线、不得重复接地或连接设备外露可导部分。保护线不得接入漏电保护装置。漏电保护装置安装完毕后应操作试验按钮试验3次，带负载分合3次，确认动作正常后，才能投入使用。

3. 漏电保护装置的运行

(1) 漏电保护装置的运行管理

为了确保漏电保护装置的正常运行，必须加强运行管理。对使用中的漏电保护装置应定期用试验其可靠性。

为检验漏电保护装置使用中动作特性的变化，应定期对其动作特性(包括漏电动作电流值、漏电不动作电流值及动作时间)进行试验。

运行中漏电保护器跳闸后，应认真检查其动作原因，排除故障后再合闸送电。

(2) 漏电保护装置的误动作和拒动作分析

误动作。它是指线路或设备未发生预期的触电或漏电时漏电保护装置产生的动作。误动作的原因主要来自两方面：一方面是由漏电保护装置本身的原因引起的；另一方面是由来自线路的原因而引起的。由漏电保护装置本身引起误动作的主要原因是质量问题。如装置在设计上存在缺陷，选用元件质量不良，装配质量差，屏蔽不良等，均会降低保护器的稳定性和平衡性，使可靠性下降，从而导致误动作。由线路原因引起误动作的原因主要有：

① 接线错误　例如，保护装置后方的零线与其他零线连接或接地，或保护装置的后方的相线与其他支路的同相相线连接，或负载跨接在保护装置的电源侧和负载侧，则接通负载时，都可能造成保护装置的误动作。

② 绝缘恶化　保护装置后方一相或两相对地绝缘破坏，或对地绝缘不对称，都将产生不平衡的泄漏电流，从而引发保护装置的误动作。

③ 冲击过电压　迅速分断低压感性负载时，可能产生20倍额定电压的冲击过电压，冲击过电压将产生较大的不平衡冲击泄漏电流，从而导致保护装置的误动作。

④ 不同步合闸　不同步合闸时，先于其他相合闸的一相可能产生足够大的泄漏电流，从而使保护装置误动作。

⑤ 大型设备启动　大型设备在启动时，启动的堵转电流很大。如果漏电保护装置内的零序电流互感器的平衡特性不好，则在大型设备启动的大电流作用下，零序电流互感器一次绕组的漏磁可将造成保护装置的误动作。

⑥ 附加磁场　如果保护装置屏蔽不好，或附近装有流经大电流的导体，或装有磁性元件或较大的导磁体，均可能在零序电流互感器铁芯中产生附加磁通，因此而导致保护装置的误动作。此外，偏离使用条件，例如环境温度、相对湿度、机械振动等超过保护装置的设计条件时，都可造成保护装置的误动作。

拒动作。它是指线路或设备已发生预期的触电或漏电而漏电保护装置却不产生预期的动作。拒动作较误动作少见，然而拒动作造成的危险性比误动作大。造成拒动作的主要原因有：

① 接线错误　错将保护线也接入漏电保护装置，从而导致拒动作。

② 动作电流选择不当　额定动作电流选择过大或整定过大，从而造成保护装置的拒动作。

③ 线路绝缘阻抗降低或线路太长　由于部分电击电流不沿配电网工作接地或保护装置前方的绝缘阻抗而沿保护装置后方的绝缘阻抗流经零序电流互感器返回电源，从而导致保护装置的拒动作。此外，产品质量低劣，例如零序电流互感器二次线圈断线、脱扣元件粘连等各种各样的漏电保护装置内部故障、缺陷均可造成保护装置的拒动作。

第四节　安全接地

接地装置是接地体(极)和接地线的总称。运行中电气设备的接地装置应当始终保持良好状态。

一、自然接地体和人工接地体

自然接地体是用于其他目的，且与土壤保持紧密接触的金属导体。例如，埋设在地下的金属管道(有可燃或爆炸性介质的管道除外)、金属井管，与大地有可靠连接的建筑物的金属结构、水工构筑物及类似构筑物的金属管、桩等自然导体均可用作自然接地体。利用自然接地体不但可以节省钢材和施工费用，还可以降低接地电阻和等化地面及设备间的电位。如果有条件，应当优先利用自然接地体。当自然接地体的接地电阻符合要求时，可不敷设人工接地体(发电厂和变电所除外)。在利用自然接地体的情况下，应考虑到自然接地体拆装或检修时，接地体被断开，断口处出现的电位差及接地电阻发生变化的可能性。自然接地体至少应有两根导体在不同地点与接地网相连(线路杆塔除外)。利用自来水管及电缆的铅、铝包皮作接地体时，必须取得主管部门同意，以便互相配合施工和检修。

人工接地体可采用钢管、角钢、圆钢或废钢铁等材料制成。人工接地体宜采用垂直接地体，多岩石地区可采用水平接地体。垂直埋设的接地体可采用直径为 40~50mm 的钢管或 40mm×40mm×4mm 至 50mm×50mm×5mm 的角钢。垂直接地体可以成排布置，也可以作环形布置。水平埋设的接地体可采用 40mm×4mm 的扁钢或直径为 16mm 的圆钢。水平接地体多呈放射形布置，也可成排布置或环形布置。变电所经常采用以水平接地体为主的复合接地体，即人工接地网。复合接地体的外缘应闭合，并做成圆弧形。

为了保证足够的机械强度，并考虑到防腐蚀的要求，钢质接地体的最小尺寸见表 2-16。电力线路杆塔接地体引出线应镀锌，截面积不得小于 $50mm^2$。

表 2-16   钢质接地体和接地线的最小尺寸

材料种类		地上		地下	
		室内	室外	交流	直流
圆钢直径/mm		6	8	10	12
扁钢	截面/mm^2	60	100	100	100
	厚度/mm	3	4	4	6
角钢厚度/mm		2.0	2.5	4.0	6.0
钢管管壁厚度/mm		2.5	2.5	3.5	4.5

交流电气设备应优先利用自然导体作接地线。在非爆炸危险环境，如自然接地线有足够的截面积，可不再另行敷设人工接地线。如果车间电气设备较多，宜敷设接地干线。各电气设备外壳分别与接地干线连接，而接地干线经两条连接线与接地体连接。各电气设备的接地支线应单独与接地干线或接地体相连，不应串联连接。接地线的最小尺寸亦不得小于表 2-16 规定的数值。低压电气设备外露接地线的截面积不得小于表 2-17 所列的数值。选用时，一般应比表中数值选得大一些。接地线截面应与相线载流量相适应。

表 2-17   低压电气设备外露铜、铝接地线截面积 mm^2

材料种类	铜	铝
明设的裸导线	4	6
绝缘导线	1.5	2.5
电缆接地芯或与相线包在同一保护套内的多芯导线的接地芯	1.0	1.5

接地线的涂色和标志应符合国家标准。非经允许，接地线不得作其他电气回路使用。

不得用蛇皮管、管道保温层的金属外皮或金属网以及电缆的金属护层作接地线。

降低接地电阻的施工法分为高土壤电阻率地区和冻土地区。

（1）高土壤电阻率地区

在高土壤电阻率地区，可采用下列各种方法降低接地电阻。

① 外引接地法。将接地体引至附近的水井、泉眼、水沟、河边、水库边、大树下等土壤电阻率较低的地方，或者敷设水下接地网，以降低接地电阻。外引接地装置应避开人行道，以防跨步电压电击；穿过公路的外引线，埋设深度不应小于0.8m。

外引接地对于工频接地电流是有效的。对于冲击接地电流或高频接地电流，由于外引接地线本身感抗急剧增加，可能达不到预期的目的。

② 接地体延长法。延长水平接地体，增加其与土壤的接触面积，可以降低接地电阻。但采用这种方法同样应当注意外引接地法可能遇到的问题。

③ 深埋法。在不能用增大接地网水平尺寸的方法来降低流散电阻的情况下，如果周围土壤电阻率不均匀，可在土壤电阻率较低的地方深埋接地体以减小接地电阻。深埋接地体具有流散电阻稳定，受地面施工影响小，地面跨步电动势低，便于土壤化学处理等优点。

④ 化学处理法。这种方法是在接地周围置换或加入低电阻率的固体或液体材料，以降低流散电阻。

采用固体材料置换时，可以开挖如图2-24所示的人工接地坑或人工接地沟。为保证施工质量，应将置换材料捣碎，并保持25%～30%的含水量；填入前应给坑（沟）壁洒水，以保证置换材料与坑（沟）壁之间接触良好；填入时应分层穷实。此外，还应注意避开在冰冻季节施工，回填时上端宜填入一层黏土，所用接地体直径应适当加大。应用这种施工方法时，可以采用氯化钙、电石渣、氧化铸渣、氯化纳（食盐）、烧碱、木炭、黏土等多种废渣作为置换材料。所用材料应当是电阻率低、不易流失、性能稳定、易于吸收和保持水分、腐蚀性弱、施工方便和价格低廉的材料。

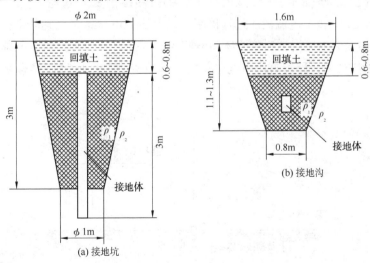

图 2-24　人工接地坑和接地沟

⑤ 换土法。这是指给接地坑内换上低电阻土壤以降低接地电阻的方法。这种方法可用于多岩石地区。

（2）冻土地区

在冻土地区，为提高接地质量，可以采用下列各种措施：

① 将接地体敷设在融化地带或融化地带的水池、水坑中；

② 敷设深钻式接地体，或充分利用井管或其他深埋在地下的金属构件作接地体；

③ 在房屋融化盘内敷设接地体；

④ 除深埋式接地体外，再敷设深度为 0.5m 的延长接地体，以便在夏季地层表面化冻时起流散作用；

⑤ 在接地体周围人工处理土壤，以降低冻结温度和土壤电阻率。

二、接地测量

各种接地装置的接地电阻应当定期测量，以检查其可靠性，一般应当在雨季前或其他土壤最干燥的季节测量。雨天一般不应测量接地电阻，雷雨天不得测量防雷装置的接地电阻。对于易于受热、受腐蚀的接地装置应适当缩短测量周期。凡新安装或设备大修后的接地装置，均应测量接地电阻。

接地电阻可用电流表-电压表法测量或接地电阻测量仪法测量。此处仅介绍接地电阻测量仪法。最常见的接地电阻测量仪是电位差计型接地电阻测量仪。这种接地电阻测量仪本身能产生交变的接地电流，不需外加电源，电流极和电压极也是配套的，使用简单，携带方便，而且抗干扰性能较好，因此应用十分广泛。

这种测量仪器的本体由手摇发电机(或电子交流电源)和电位差计式测量机构组成，其主要附件是三条测量电线和两支辅助测量电极。测量仪有 E、P、C 三个接线端子或 C2、P2、P1、C1 四个接线端子。测量时，在离被测接地体一定的距离向地下打入电流极和电压极。测量接线如图 2-25 所示，E 端或 C2、P2 端并接后接于被测接地体，P 端或 P1 端接于电压极，C 端或 C1 端接于电流极。选好倍率，以大约 120r/min 的转速转动摇把时，即可产生 110~115Hz 的交流电流沿被测接地体和电流极构成回路；同时，调节电位器旋钮，使仪表指针保持在中心位置，即可直接由电位器旋钮的位置(刻度盘读数)结合所选倍率读出被测接地电阻值。

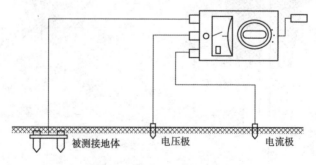

图 2-25　接地电阻测量仪外部接线

测量仪内部接线如图 2-26 所示。在测量过程中，当电位差计取得平衡，检流计指针指向中心位置时，B 点与 P 点(或 P1 点)的电位相等，即 $U_{E-P}=U_{E-B}$(或 $U_{C2P2-P1}=U_{C2P2-B}$)。由此不难得到

$$I_1 R_E = I_2 R_{0-B} \qquad\qquad (2-43)$$

如电流互感器的变流比为 $K_I=I_1/I_2$，则

$$R_E = \frac{I_2}{I_1} R_{0-B} = \frac{R_{0-B}}{K_I} \qquad\qquad (2-44)$$

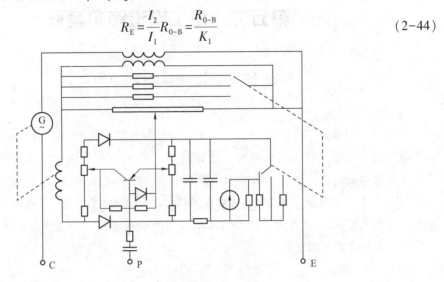

图 2-26　接地电阻测量仪内部接线

因为 K_I 为仪器给定的某一固定值，所以，可以直接由 R_{0-B} 按比例给出 R_1。

如被测接地电阻很小，且接线很长，接线电阻可能带来较大的误差时，应将仪器上的 C2、P2 端子拆开，分别接向被测接地体。

测量接地电阻，均应将被测接地体与其他接地体分开，以保证测量的正确性。测量接地电阻应尽可能把测量回路同电力网分开，以有利于测量的安全，也有利于消除杂散电流引起的误差，还能防止将测量电压反馈到与被测接地体连接的其他导体上而引起的事故。

测量电极间的连线应避免与邻近的高压架空线路平行，以防止感应电压的危险。测量电极的排列应避免与地下金属管道平行，以保证测量结果的真实性。

三、接地装置的检查和维护

对接地装置进行定期检查的主要内容有：各部位连接是否牢固，有无松动，有无脱焊，有无严重锈蚀，接地线有无机械损伤或化学腐蚀，涂漆有无脱落，人工接地体周围有无堆放强烈腐蚀性物质，地面以下 50cm 以内接地线的腐蚀和锈蚀情况如何，接地电阻是否合格。

对接地装置进行定期检查的周期为：变、配电站接地装置，每年检查 1 次，并于干燥季节每年测量 1 次接地电阻；对车间电气设备的接地装置，每 2 年检查 1 次，并于干燥季节每年测量 1 次接地电阻；防雷接地装置，每年雨季前检查 1 次；避雷针的接地装置，每 5 年测量 1 次接地电阻；手持电动工具的接零线或接地线，每次使用前进行检查；有腐蚀性

的土壤内的接地装置，每5年局部挖开检查1次。

应对接地装置进行维修的情况有：焊接连接处开焊，螺丝连接处松动，接地线有机械损伤、断股或有严重锈蚀、腐蚀，锈蚀或腐蚀30%以上者应予更换，接地体露出地面，接地电阻超过规定值。

第五节　化工电击防护案例

【案例一】　电弧光烧伤人事故

(1) 事故经过

1994年4月6日下午3时许，某厂变电站运行值班员接班后，312油开关大修负责人提出申请要结束检修工作，而值班长临时提出要试合一下312油开关上方的3121隔离刀闸，检查该刀闸贴合情况。于是，值班长在没有拆开312油开关与3121隔离刀闸之间的接地保护线的情况下，擅自摘下了3121隔离刀闸操作把柄上的"已接地"警告牌和挂锁，进行合闸操作。突然"轰"的一声巨响，强烈的弧光迎面扑向蹲在312油开关前的大修负责人和实习值班员，2人被弧光严重灼伤。

(2) 原因分析

本来3121隔离刀闸高出人头约2m，而且有铁柜遮挡，其弧光不应烧着人，可为什么却把人烧伤了呢？原来，烧伤人的电弧光不是3121隔离刀闸的电弧光，而是两根接地线烧坏时产生的电弧光。两根接地线是裸露铜丝绞合线，操作员用卡钳卡住连接在设备上时，致使一股线接触不良，另一股绞合线还断了几根铜丝。所以，当违章操作时，强大的电流造成短路，不但烧坏了3121隔离刀闸，而且其中一股接地线接触不良处震动脱落发生强烈电弧光，另一股绞合线铜丝断开处发生强烈电弧光，两股接地线瞬间弧光特别强烈，严重烧伤近处的2人。造成这起事故的原因是临时增加工作内容并擅自操作，违反基本操作规程。

(3) 防范措施

① 交接班时以及交接班前后15min内一般不要进行重要操作。

② 将警示牌"已接地"换成更明确的表述："已接地，严禁合闸"。严格遵守规章制度，绝对禁止带地线合闸。

③ 接地保护线的作用就在于，当发生触电事故时起到接地短路作用，从而保障人不受到伤害。所以，接地线质量要好，容量要够，连接要牢靠。

【案例二】　刀闸误合引发的事故

(1) 事故经过

1996年1月31日上午，在某热电厂高压配电室检修508号油开关过程中，电工曲某下蹲时，臀部无意中碰到了508号油开关上面编号为5081的隔离刀闸的传力拐臂杆，导致5081隔离刀闸动、静触头接触，刀闸被误合，使该工厂电力系统502、500油开关由于"过流保护"装置动作而跳闸，6kV高压二段母线和部分380V母线均失电，2号、3号锅炉停止工作40多分钟，1号发电机停止工作1h。

(2) 原因分析

油开关检修时断路器必须是断开的，油开关上面的隔离刀闸是拉开的，还必须在油开关与隔离刀闸之间的部件上可靠连接接地保护短路线，要求隔离刀闸的传力拐臂杆上插入插销，而且要加锁(防止被误动)。造成这起事故的原因是，工作人员违反规定没有装入插销，更不用说上锁，所以曲某臂部无意之中碰上了5081隔离刀闸的传力拐臂杆，导致5081隔离刀闸动、静触头接触，静触头与母线连接带电，于是，强大的电流通过隔离刀闸动、静触头，再流经接地保护短路线，输入大地，形成短路放电，导致该电气系列的502、500油开关由于"过流保护"装置动作而跳闸。

第三章 用电设备的环境条件

电气设备多种多样，如何安全地使用各类设备是工作人员必备的专业技能，否则稍有不慎便会酿成触电事故。本章从用电设备使用的环境条件切入，介绍手持电动工具、移动式电气设备及其工作原理和使用模式；之后，讲述了电动机的安全安装要求、电气接线的安全技术、安全运行要求。

工作环境或生产厂房可按多种方式分类。按照电击的危险程度，用电环境分为三类：无较大危险的环境、有较大危险的环境和特别危险的环境。

（1）无较大危险的环境

正常情况下有绝缘地板、没有接地导体或接地导体很少的干燥、无尘环境，属于无较大危险的环境。

（2）有较大危险的环境

下列环境均属于有较大危险的环境：

① 空气相对湿度经常超过75%的潮湿环境；

② 环境温度经常或昼夜间周期性地超过35℃的炎热环境；

③ 生产过程中抹出工艺性导电粉尘（如煤尘、金属尘等）并沉积在导体上或进入机器、仪器内的环境；

④ 有金属、泥土、钢筋混凝土、砖等导电性地板或地面的环境；

⑤ 工作人员同时接触接地的金属构架、金属结构等，又接触电气设备金属壳体的环境。

（3）特别危险的环境

下列环境均属于特别危险的环境：

① 室内天花板、墙壁、地板等各种物体都潮湿，空气相对湿度接近100%的特别潮湿的环境；

② 室内经常或长时间存在腐蚀性蒸气、气体、液体等化学活性介质或有机介质的环境；

③ 具有两种及两种以上有较大危险环境特征的环境。

第一节 手持式电动工具和移动式电气设备

一、手持式电动工具

手持式电动工具是指工作人员在工作中手持操作或可以手动移动的专用工器具。比如施工中常用的电钻、曲线锯、斜切锯、扳手、电焊钳等。

1. 手持电动工具的分类

电动工具按其触电保护分为Ⅰ类、Ⅱ类、Ⅲ类。

Ⅰ类工具在防止触电保护方面不仅依靠基本绝缘，而且还包含一个附加安全预防措施。其方法是将可触及的可导电零件与已安装的固定线路中的保护（接地）导线连接起来，因此这类工具使用时一定要进行接地或接零，最好装设漏电保护器。

Ⅱ类工具在防止触电的保护方面不仅依靠基本绝缘，而且它还提供双重绝缘或加强绝缘的附加安全预防措施和设有保护接地或依赖安装条件的措施。即使用时不必接地或接零。

Ⅲ类工具在防止触电保护方面依靠由安全特低供电和在工具内部不会产生比安全特低电压高的电压。其额定电压不超过50V，一般为36V，故工作更加安全可靠。

2. 手持电动工具安全使用的基本要求

Ⅰ类手持电动工具的额定电压超过50V，属于非安全电压，所以必须做接地或接零保护，同时还必须接漏电保护器以保安全。

Ⅱ类手持电动工具的额定电压超过50V，但它采用了双重绝缘或加强绝缘的附加安全措施。双重绝缘是指除了工作绝缘以外，还有一层独立的保护绝缘，当工作绝缘损坏时，操作人员仍与带电体隔离，所以不会触电。Ⅱ类手持电动工具可以不必做接地或接零保护。Ⅱ类手持电动工具的铭牌上有一个"回"字。

Ⅲ类手持电动工具是采用安全电压的工具，它需要有一个隔离良好的双绕组变压器供电，变压器副边额定电压不超过50V。所以Ⅲ类手持电动工具也不必做接地或接零保护的，但一定要安装漏电保护器。

3. 手持电动工具安全技术要求

手持电动工具的开关箱内必须安装隔离开关、短路保护、过负荷保护和漏电保护器。

手持电动工具的负荷线，必须选择无接头的多股铜芯橡皮护套软电缆。其性能应符合GB/T 5013—2008《额定电压450/750V及以下橡皮绝缘电缆》的要求。其中绿/黄双色线在任何情况下只能用作保护线。

施工现场优先选用Ⅱ类手持电动工具，并应装设额定动作电流不大于15mA，额定漏电动作时间小于0.1s的漏电保护器。

特殊潮湿环境场所作业安全技术要求：

① 开关箱内必须装设隔离开关。

② 在露天或潮湿环境的场所必须使用Ⅱ类手持电动工具。

③ 特殊潮湿环境场所电气设备开关箱内的漏电保护器应选用防溅型的，其额定漏电动作电流应小于15mA，额定漏电动作时间不大于0.1s。

④ 在狭窄场所施工，优先使用带隔离变压器的Ⅲ类手持电动工具。如果选用Ⅱ类手持电动工具必须装设防溅型的漏电保护器，把隔离变压器或漏电保护器装在狭窄场所外边并应设专人看护。

⑤ 手持电动工具的负荷线应采用耐气候型的橡皮护套铜芯软电缆并不得有接头。

⑥ 手持式电动工具的外壳、手柄、负荷线二插头、开关等必须完好无损，使用前要做空载检查运转正常方可使用。

4. 注意事项

手持电动工具在使用中，除了根据各种不同工具的特点、作业对象和使用要求进行操作外，还应共同注意以下事项：

① 为了保证安全，应尽量使用Ⅱ类（或Ⅲ类）电动工具，当使用Ⅰ类工具时，必须采用其他安全保护措施，如加装漏电保护器、安全隔离变压器等。条件未具备时，应有牢固可靠的保护接地装置，同时，使用者必须戴绝缘手套、穿绝缘鞋或站在绝缘垫上。

② 使用前应先检查电源电压是否和电动工具铭牌上所规定的额定电压相符。长期搁置未用的电动工具，使用前还必须用500V兆欧表测定绕阻与机壳之间的绝缘电阻值，应不得小于7MΩ，否则必须进行干燥处理。

③ 操作人员应了解所用电动工具的性能和主要结构，操作时要思想集中，站稳，使身体保持平衡号并不得穿宽大的衣服、不戴纱手套，以免卷入工具的旋转部分。

④ 使用电动工具时，操作者所使用的压力不能超过电动工具所允许的限度，切忌单纯求快而用力过大，致使电机因超负荷运转而损坏。另外，电动工具连接使用的时间也不宜过长，否则微型电机容易过热损坏，甚至烧毁。一般电动工具在使用 2h 左右即需停止操作，待其自然冷却后再行使用。

⑤ 电动工具在使用中不得任意调换插头，更不能不用插头，而将导线直接插入插座内。当电动工具不用或需调换工作头时，应及时拔下插头，但不能拉着电源线拔下插头。插插头时，开关应在断开位置，以防突然启动。

⑥ 使用过程中要经常检查，如发现绝缘损坏，电源线或电缆护套破裂，接地线脱落，插头插座开裂，接触不良以及断续运转等故障时，应立即修理，否则不得使用。移动电动工具时，必须握持工具的手柄，不能用拖拉橡皮软线来搬动工具，并随时注意防止橡皮软线擦破，割断和轧坏现象，以免造成人身事故。

⑦ 电动工具不适宜在含有易燃、易爆或腐蚀性气体及潮湿等特殊环境中使用，并应存放于干燥、清洁和没有腐蚀柱气体的环境中。对于非金属壳体的电机、电气，在存放和使用时应避免与汽油等溶剂接触。

二、移动式电气设备

移动式电气设备包括蛤蟆夯、振捣器、水磨石磨平机、电焊机设备等电气设备。

1. 移动式电气设备要求

① 工具在使用前，操作者应认真阅读产品使用说明书或安全操作规程，详细了解工具的性能和掌握正确使用的方法。

② 在一般作业场所，应尽可能使用Ⅱ类工具，使用Ⅰ类工具时还应采取漏电保护器、隔离变压器等保护措施。

③ 在潮湿作业场所或金属构架上等导电性能良好的作业场所，应使用Ⅱ类或Ⅲ类工具。

④ 在锅炉、金属容器、管道内等作业场所，应使用Ⅲ类工具，或装设漏电保护器的Ⅱ类工具。Ⅲ类工具的安全隔离变压器，Ⅱ类工具的漏电保护器及Ⅱ类、Ⅲ类工具的控制箱

和电源连接器等必须放在作业场所的外面，在狭窄作业场所应有人在外监护。

⑤ 在湿热、雨雪等作业环境，应使用具有相应防护等级的工具。

⑥ Ⅰ类工具电源线中的黄绿双色线在任何情况下只能用作保护线。

⑦ 工具的电源线不得任意接长或拆换。当电源离工具操作点距离较远而电源线长度不够时，应采用耦合器进行连接。

⑧ 工具电源线上的插头不得任意拆除或调换。

⑨ 插头、插座中的接地极在任何情况下只能单独连接保护线。严禁在插头、插座内用导线直接将接地极与中性线连接起来。

⑩ 工具的危险运动零、部件的防护装置(如防护罩、盖)等不得任意拆卸。

2. 电焊机

(1)电焊机种类

电焊机包括交流弧焊机、直流弧焊机、氢弧焊机、二氧化碳气体保护焊机、对焊机、点焊机、缝焊机、超声波焊机和激光焊机等。

(2)交流弧焊机安全要求

电焊机种类较多，人们日常生活中接触最多的电焊机是交流弧焊机。此处主要介绍交流弧焊机使用的安全要求，其他电焊机可参考。

交流弧焊机的一次额定电压为380V、二次空载电压为70V左右、二次额定工作电压为30V左右、二次工作电流达数十至数百安、电弧温度高达6000℃。由其工作参数可知，交流弧焊机的火灾危险和电击危险部比较大。安装和使用交流弧焊机应注意以下问题：

① 安装前应检查弧焊机是否完好；绝缘电阻是否合格(一次绝缘电阻不应低于$1M\Omega$、二次绝缘电阻不应低于$0.5M\Omega$)。

② 弧焊机应与安装环境条件相适应，弧焊机应安装在干燥、通风良好处；不应安装在易燃易爆环境、有腐蚀性气体的环境、有严重尘垢的环境或剧烈振动的环境，并应避开高温、水池处。室外使用的弧焊机应采取防雨雪、防尘土的措施。工作地点远离易燃易爆物品，下方有可燃物品时应采取适当安全措施。

③ 弧焊机一次额定电压应与电源电压相符合、接线应正确、应经端子排接线；多台焊机尽量均匀地分接于三相电源，以尽量保持三相平衡。

④ 弧焊机一次侧熔断器熔体的额定电流略大于弧焊机的额定电流即可；但熔体的额定电流应小于电源线导线的许用电流。

⑤ 二次线长度一般不应超过20~30m，否则，应验算电压损失。

⑥ 弧焊机外壳应当接零(或接地)。

⑦ 弧焊机二次侧焊钳连接线不得接零(或接地)、二次侧的另一条线也只能一点接零(或接地)，以防止部分焊接电流经其他导体构成回路。

⑧ 移动焊机必须停电进行。

为了防止运行中的弧焊机熄弧时70V左右的二次电压带来电击的危险，可以装设空载自动断电安全装置。这种装置还能减少弧焊机的无功损耗。

第二节　电动机

一、电动机的安装环境要求

① 通风良好(防止电机过热,烧毁,必要时可加换气扇或通风设备来改善通风条件)。

② 不潮湿(防止绝缘电阻降低,漏电可能性增大,生锈腐蚀。易导致金属间接触不良,接地回路电阻增大甚至断开,危机电动机安全运行;提高防护等级;采取必要防潮措施,如垫高安装基础,加装吸湿机等)。

③ 灰尘少(防止绕组吸附灰尘,散热条件变坏,绝缘性能下降;选择清洁环境;提高防护等级;采取其他防尘措施)。

④ 环境温度低(防止缩短工作寿命;通常规定电动机绝缘的最高工作温度为40℃,高于40℃时应降低定额使用;特殊用途电动机除外;更不能置于其他设备热排气流中;机壳温度一般比绕组温度低20~25℃)。

⑤ 操作和维护方便(防止操作不方便情况下,容易引起工作失误或疏忽而导致故障)。

⑥ 安装基础要求:

a. 较强机械强度,不易变形;

b. 固定牢靠,保持电机在规定位置和状态而不产生位移;

c. 抑制振动传递。

二、电动机机械安装安全要求

这方面涉及电动机的安装型式、安装尺寸和电动机的传动方式、机械联接件等方面的问题。

① 安装型式:应根据负载机械情况适当选用。GB/T 997—2008《旋转电机结构型式、安装型式及接线盒位置的分类》提供技术规范。

立式:带凸缘,带底脚等型式;

卧式:带凸缘等型式。

② 安装尺寸:通常采用标准尺寸。用户可向生产厂家订制特殊尺寸的电动机。GB/T 4772—1999《旋转电机尺寸和输出功率等级》及相关标准中有规定。

③ 电动机的传动方式应根据负载机械情况来选定。

直接传动:使用联轴器将电动机与工作机械直接联接起来的传动,优先选择。效率高,设备简单,运行可靠。注意保证联轴器与轴的轴线在一条直线上,防止变形,折断;需校验联轴器的机械平衡,防止机组异常振动;联轴器与轴之间不能有多余间隙,防止配合松动与轴键变形折断;键与键槽不应有间隙,定位螺钉应充分拧紧固定;应尽量选用弹性联轴器,减轻两轴安装误差产生的不良误差。

齿轮传动:适用于传动比可变的传动场合。齿轮变速装置与负载机械之间也需要联轴器来联接。

皮带传动：适用于传动比可变的传动场合。两皮带轮轴线应平行且皮带轮宽度的中心线应重合，应校验皮带轮的机械平衡来避免振动；皮带轮与轴的间隙不能太大；皮带长度适当，以免传动困难或打滑；三角带与皮带轮应有正确接触；增设防护设施。

机械联接件：主要为螺纹联接件、铆钉联接件。用来把电动机固定，或把机械部件联接成整体，或用来联接导体形成电气通路。要求机械强度高，防止各种机械力作用下产生塑性变形；不采用软性或易于发生缓慢塑性变形的金属材料来制作，需考虑联接部位的温度、受力情况，应有良好的耐热性抗腐蚀性；联接应牢固可靠，防止松动，螺钉足够长度，使用弹簧垫圈，双螺母等有助于防止松动。

三、电动机电气接线的安全技术

涉及供电线路导线的合理选择，供电线路的正确布设，安装接地布置及按电动机接线图正确接线等内容。

（1）供电线路导线的选择

电动机的供电线路有室内（有绝缘外皮的导线）、室外（室外架空线常采用裸导线）两类。正确选择导线有助于防止过热和电能损失。除符合电线电缆行业的有关国家标准或行业标准外，还应注意以下几个方面：

① 电气性能：与导线材料及外皮绝缘材料的性质有关。

注意：导线的允许电流不小于正常运行时的电流安全值。不仅大于电动机的额定电流，而且还应大于线路中熔断器的额定电流。导线的额定电压不低于电动机的额定电压。否则，导线绝缘性能会变坏。导线的电压降（电压损失）可能导致电动机实际工作电压低于其额定电压值，使电动机启动困难，过载等。应给予限制。导线绝缘材料的性能（工作温度，耐热性，耐腐蚀性，阻燃性）。阻燃绝缘导线有很强的阻燃能力，优良的介电性能和耐热，耐腐蚀性能，是提高安全质量的较理想的导线。

② 机械性能（机械强度，柔软性两方面）：机械强度取决于导线的材料性质和最小截面积。

理论上，应根据导线通常可能遇到的最大外界机械拉力来计算导线所需机械强度。柔软性取决于导线的材料及线芯的结构形式（主要是线芯根数及绞合方式）。铜的柔软性比铝好。电动机接线柱上的引出线应尽可能选用柔软性好的绝缘导线。固定布设且弯曲较少的线路可采用铝导线。

③ 导线连接（影响供电线路运行安全的一个重要因素，常被忽视或不被重视）。

导线接头：是线路的薄弱环节，易发生故障。应尽量减少接头数，减小接触电阻，机械强度不应低于导线的80%，绝缘强度不应降低。

导线的接线端子：（由用户自行连接供电线路的电动机都设有外接导线的接线端子，通常采用螺栓端子形式）应有良好导电性能和足够的机械强度两个方面。使用中注意端子锈蚀情况。端子不用于固定其他任何零件；适当压力夹紧导线；配有 TO 型压接端头或弓形垫圈。

（2）布线

室外（架空拉线）、室内或室外沿建筑物墙壁（木槽板、塑料槽板、瓷夹板、瓷柱、瓷瓶、穿钢管、塑料管布线及沿钢索等)布线。

注意：墙板布线，穿管布设的绝缘导线不能有接头；穿钢管布设的三相导线应置于同一钢管内，不允许每相导线分别穿管布设。

布线路径：因地制宜，合理设计，选择短路经，避免路径上可能存在的安全隐患，如外力作用，潮湿(包括热空气冷凝)，某个热源发热等。

（3）接地和接零

接地和接零是保证电气设备乃至电力系统正常运行和人身安全的重要防护措施。当电动机绝缘老化或被击穿时其金属外壳就可能带有危险电压进而引发触电事故。

接地：将正常情况下不带电的机壳用接地装置与大地可靠连接，适用于三相三线制中性点不接地的电网系统中。

接零：将机壳与中性点直接接地系统中的电网零线紧密地连接起来，适用于电网中性点直接接地的低压电网系统中。[注意：同一系统中，不允许一些电气设备保护接零，而另一些电气设备保护接地；对电动机，电网中性点接地时，不能只采用保护接地；中性点接地的电网系统，重复接地(同时采用两种方式)可以克服单独保护接地或保护接零的不足，加强安全保护功能]。

接地装置(包括以上两种)在电动机中安全标准的具体要求：

① 电动机的保护接地装置应符合国家标准 GB 775—2008；只有其电压对人体安全不够成为威胁或其绝缘保护极其可靠的情况下，才可不采用。

② 电动机机壳与保护接地装置之间应永久、可靠、良好的电气连接(即使当电动机在设备底座上移动时，保护接地导体仍应可靠连接)。

③ 采用端子连接接地导线时，端子应满足接线端子的安全要求。其连接必须可靠，无工具不足以将其松开；此端子不能兼作它用。

④ 保护接地导体应有足够韧性能承受电动机振动应力并应有适当安全措施。

⑤ 接地导体与端子及其连接装置的材料应具有相容性，应是电的良导体，抗电腐蚀。黑色金属应电镀或有效防锈。

⑥ 接地连接应确实贯穿油漆等非导电性涂层，采用冷压接地或其他等效手段，不用铰接和锡焊。接地线必须用整线，中间不能有接头。

⑦ 端子的螺钉和接地导体应有足够截面积，接地导体截面积应符合国家标准 GB 755—2008 规定。

⑧ 接线装置若为接地端子，应有接地标志；若为接地软线，应是黄绿双色的绝缘线。

四、电动机安全运行要求

电动机的发热与允许温升，发热与电机可变损耗(铜耗，与功率有关)、不变损耗(铁耗、机械耗等与功率无关)、环境温度、散热能力有关。电机允许温升还与绝缘材料有直接关系。电动机内耐热能力最弱的部分是绝缘材料，其允许温度有限度，在此限度下，其物理化学机械电气等各方面的性能都较稳定，工作寿命一般为 20 年；超过此限度，其机械强度和绝缘性能很快降低，寿命大大缩短，甚至烧毁。绝缘材料允许温升，就是电动机的允许温升；绝缘材料寿命，一般也就是电动机的寿命。

GB 755—2008 中规定，电机运行地点的环境温度不应超过 40℃，设计电机时也规定取 40℃为我国的标准环境温度。这样，电机的最高温升等于绝缘材料的最高允许温度与 40℃ 的差值，见表 3-1。

表 3-1　电机绝缘材料的最高温度与温升

绝缘等级	A	E	B	F	H
最高允许温度/℃	105	120	130	155	180
最高允许温升/℃	65	80	90	115	140

电动机应按 GB 755—2008 和产品标准规定的环境条件运行。电动机绕组，铁心，换向器，集电环的温升与轴承的温度限值，测量方法和修正值应按 GB 755—2008 中第 5 章的规定执行；电动机运行中的额定温升，应按厂家的电动机铭牌温升值的规定。应保证在任何运行方式下，均不超过其温升限值。

1. 电源有扰动时的安全要求

电动机的运行性能与电源质量有关。影响电源质量的三种不正常因素是电压波动、电压畸变和供电短时中断。电压波动：正常运行时一般允许电源电压在一定范围内波动（如 $+10\% \sim -5\%$），可保持动机出力不变和正常运行。过载供电线路可导致电源电压降低，启动大容量重载电动机可能造成短时电压降低。过高或过低的电压可能导致用电设备的损坏，甚至会使设备监控系统产生误操作。

对电动机，运行电压超过允许范围时可能产生下列危害：

① 启动时，电源电压下降过多，启动缓慢甚至不能启动。对异步电动机，启动转矩与电压的平方成正比。电压降低 10%，启动转矩降低 20%。

② 运行中，电压低负载不变时，转速会下降（甚至停转），电动机电流会增大，电机过热，影响寿命，甚至烧毁。电压畸变：指电压波形偏离了正常的正弦波。常见波形尖峰，电压出现电噪声干扰。

③ 电压波形尖峰

指超出正常电压的短时冲击。低能量的小尖峰主要来自感性负载的开关，为工厂常见现象。较大尖峰主要由闪击放电在电源线上传输产生。持续时间极短暂，峰值可达 5~10 倍正常电压。它可能使控制装置中存储的数据丢失或造成误操作，也可能立即造成设备的损害或进而产生难以查知的随机损害。

④ 电噪声（目前较为常见的一种电源扰动形式，纠正可能也较容易。但对它检测有一定难度）。幅度较低的电压尖峰会造成电噪声干扰。无线电波的发射，计算机，商用机器等乃至接触不良的电联接都会产生电噪声。它会造成计算机误动作，控制设备各部件之间的相互电磁作用可能产生足够大的电噪声，从而导致运行错误。尽管大多设备中装有滤波器，仍应避免在电噪声严重的环境中工作。

⑤ 供电短时中断仅仅 5ms 的短时完全中断就可能停止一些敏感电气设备的工作。对使用者，麻烦是控制装置中存储的数据丢失或需要时间重新编写程序。

2. 电压不对称时的安全要求

交流电压三相不对称可能由三相负载大小负载不相等，变压器三相抽头设置不一致，线路联接不良等因素引起。

三相不对称对电机的危害：

① 电动机输出转矩下降，甚至停转。启动时严重不对称会导致不能启动，同时绕组中电流较大。

② 会使电动机一或两相绕组电流增大，过热，缩短寿命。

③ 运行中振动增加，产生噪声。通常要求电动机额定状况时，不对称率不能超过5%，即：（最大电压−平均电压）/平均电压×100%≤5%。

3. 频率变动时的安全要求

电源电压为额定电压时，频率过高会使定子电流增大，输出转矩减小，重载时电机会停转。频率过低会使定子电流增大，电机损耗增大，转速下降，影响电动机的通风冷却。通常要求电动机的电源频率的变动范围不超过1%。当电网质量较差时，电压和频率的偏差往往超过上述范围要求。所以，选择和使用电动机时应充分了解电网质量。

4. 电动机启动的安全要求

启动时要求启动转矩足够大；启动电流不太大。启动电流太大会带来两种危害：电网容量不够大时，使电网电压显著减小，启动转矩减小；影响其他电气设备正常使用。三相异步电动机直接启动时，一般启动电流为额定电流值的4~7倍。一般情况下，对经常启动的电动机启动电流引起的电压降不超过10%，不经常启动的在15%以内，就允许采用直接启动。降压启动只适用于启动转矩要求不高的情况；如要求启动电流小，启动转矩大，就需要启动性能好的异步机，深槽式，双笼式异步机，绕线式异步机常用。

5. 电动机机械部件的安全运行要求

包括机械部件材料，结构，机械强度，防锈蚀等方面的要求；滚动轴承中润滑剂起散发热量(温度高，润滑剂性能下降)的作用；防锈蚀，防止异物进入；滑动轴承优先选择使用石油精练高级润滑油；使用过多润滑剂是造成绝缘故障的最常见原因之一；电动机稳定运行时，轴承允许最高温升(标准环境温度为40%时)规定为滑动轴承40℃，滚动轴承60℃；温度每升高约14℃，润滑剂使用寿命减少一半。

第四章 电气环境安全

一般来说，化工企业涉及大量易燃易爆、有毒有害物质，并在工艺生产流程中存在数量众多的高温高压设备。静电是企业常见的"点火源"，一旦在易燃物品积聚的场所产生静电，将会引发火灾、爆炸等严重事故，危害企业及周边人员安全，并造成财产损失几环境污染。因此，如何消除静电是企业面临的重要任务。本章讲述电气火灾及爆炸的预防原理、方法，静电的产生与消除，以及电磁污染与电磁兼容等内容，最后列举了化工电气防火防爆事故案例，并进行分析。

第一节 电气火灾及爆炸的预防

火灾和爆炸事故往往是重大的人身事故和设备事故。电气火灾和爆炸事故在火灾和爆炸事故中占有很大比例，引起火灾的电气原因是仅次于明火的第二位原因。从近年来火灾统计来看，电气火灾在全国总火灾中具有增多的趋势。

一、电气火灾形成机理

电气火灾和爆炸在火灾、爆炸事故中占有很大的比例。如线路、电动机、开关等电气设备都可能引起火灾。变压器等带油电气设备除了可能发生火灾，还有爆炸的危险。造成电气火灾与爆炸的原因很多。除设备缺陷、安装不当等设计和施工方面的原因外，电流产生的热量和火花或电弧是引发火灾和爆炸事故的直接原因。

1. 过热

电气设备过热主要是由电流产生的热量造成的。导体的电阻虽然很小，但其电阻总是客观存在的。因此，电流通过导体时要消耗一定的电能，这部分电能转化为热能，使导体温度升高，并使其周围的其他材料受热。对于电动机和变压器等带有铁磁材料的电气设备，除电流通过导体产生的热量外，还有在铁磁材料中产生的热量。因此，这类电气设备的铁芯也是一个热源。而当电气设备的绝缘性能降低时，通过绝缘材料的泄漏电流增加，可能导致绝缘材料温度升高。

由上面的分析可知，电气设备运行时总是要发热的，但是，设计、施工正确及运行正常的电气设备，其最高温度和其与周围环境温差（即最高温升）都不会超过某一允许范围。例如：裸导线和塑料绝缘线的最高温度一般不超过70℃。也就是说，电气设备正常的发热是允许的。但当电气设备的正常运行遭到破坏时，发热量要增加，温度升高，达到一定条件，可能引起火灾。

引起电气设备过热的不正常运行大体包括以下几种情况：

① 短路　发生短路时，线路中的电流增加为正常时的几倍甚至几十倍，使设备温度急剧上升，大大超过允许范围。如果温度达到可燃物的自燃点，即引起燃烧，从而导致火灾。

以下是引起短路的几种常见情况：电气设备的绝缘老化变质，或受到高温、潮湿或腐蚀的作用失去绝缘能力；绝缘导线直接缠绕、勾挂在铁钉或铁丝上时，由于磨损和铁锈蚀，使绝缘破坏；设备安装不当或工作疏忽，使电气设备的绝缘受到机械损伤；雷击等过电压的作用，电气设备的绝缘可能遭到击穿；在安装和检修工作中，由于接线和操作的错误等。

② 过载　过载会引起电气设备发热，造成过载的原因大体上有以下两种情况：一是设计时选用线路或设备不合理，以至在额定负载下产生过热；二是使用不合理，即线路或设备的负载超过额定值，或连续使用时间过长，超过线路或设备的设计能力，由此造成过热。

③ 接触不良　接触部分是发生过热的一个重点部位，易造成局部发热、烧毁。有下列几种情况易引起接触不良：不可拆卸的接头连接不牢、焊接不良或接头处混有杂质，都会增加接触电阻而导致接头过热；可拆卸的接头连接不紧密或由于震动变松，也会导致接头发热；活动触头，如闸刀开关的触头、插头的触头、灯泡与灯座的接触处等活动触头，如果没有足够的接触压力或接触表面粗糙不平，会导致触头过热；对于铜铝接头，由于铜和铝电性不同，接头处易因电解作用而腐蚀，从而导致接头过热。

④ 铁芯发热　变压器、电动机等设备的铁芯，如果铁芯绝缘损坏或承受长时间过电压，涡流损耗和磁滞损耗将增加，使设备过热。

⑤ 散热不良　各种电气设备在设计和安装时都要考虑有一定的散热或通风措施，如果这些部分受到破坏，就会造成设备过热。

此外，电炉等直接利用电流的热量进行工作的电气设备，工作温度都比较高，如安置或使用不当，均可能引起火灾。

2. 电火花和电弧

一般电火花的温度都很高，特别是电弧，温度可高达 $3000 \sim 6000\,^{\circ}\mathrm{C}$，因此，电火花和电弧不仅能引起可燃物燃烧，还能使金属熔化、飞溅，构成危险的火源。在有爆炸危险的场所，电火花和电弧更是引起火灾和爆炸的一个十分危险的因素。

电火花大体包括工作火花和事故火花两类。

工作火花是指电气设备正常工作时或正常操作过程中产生的。如开关或接触器开合时产生的火花、插销拔出或插入时的火花等。

事故火花是线路或设备发生故障时出现的。如发生短路或接地时出现的火花、绝缘损坏时出现的闪光、导线连接松脱时的火花、保险丝熔断时的火花、过电压放电火花、静电火花以及修理工作中错误操作引起的火花等。

此外，还有因碰撞引起的机械性质的火花；灯泡破碎时，炽热的灯丝有类似火花的危险性质。

二、电气火灾爆炸防护措施

1. 火灾爆炸危险环境电气设备的选用

在火灾爆炸危险环境使用的电气设备，在运行过程中，必须具备不引燃周围爆炸性混合物的性能。满足要求的电气设备有隔爆型、增安型、本质安全型、正压型、充油型、充砂型、无火花型、浇封型、粉尘防爆型和防爆特殊型等。

(1) 隔爆型电气设备(d)

具有隔爆外壳的电气设备，把能点燃爆炸性混合物的部件封闭在外壳内，该外壳能承受内部爆炸性混合物的爆炸压力，并阻止其周围的爆炸性混合物传爆。

(2) 增安型电气设备(e)

正常运行条件下，不会产生点燃爆炸性混合物的火花或危险温度，并在结构上采取措施，提高其安全程度，以避免在正常和规定过载条件下出现点燃现象。

(3) 本质安全型电气设备(i_a、i_b)

在正常运行或在标准试验条件下所产生的火花或热效应均不能点燃爆炸性混合物。

(4) 正压型电气设备(p)

具有保护外壳，且壳内充有保护气体，其压力全部或某些带电部件浸在油中，使之不能点燃油面以上或外壳周围的爆炸性混合物。

(5) 充油型电气设备(o)

全部或某些带电部件浸在油中，使之不能点燃油面以上或外壳周围的爆炸性混合物。

(6) 充砂型电气设备(q)

外壳内充填细颗粒材料，以便在规定使用条件下，外壳内产生的电弧、火焰传播，壳壁或颗粒材料表面的过热温度，均不能点燃周围的爆炸性混合物。

(7) 无火花型电气设备(n)

在正常运行时，不会出现电弧或火花，也不产生能点燃周围爆炸性混合物的高温表面或灼热点，且一般不会产生有点燃作用的故障。

(8) 浇封型电气设备(m)

整台设备或其中的某些部分浇封在浇封剂中，在正常运行和认可的过载或认可的故障下不能点燃周围的爆炸性混合物。

(9) 粉尘防爆型电气设备(D)

为了防止爆炸性粉尘进入设备内部，外壳的接合面应紧固严密，并加封垫圈，转动轴与轴孔间要加防尘密封。粉尘沉积有增温引燃作用，所以要求设备的外壳表面光滑、无裂缝、无凹坑或沟槽，并且有足够的强度。

(10) 防爆特殊型电气设备(s)

这类设备是指结构式不属于上述各种类型的防爆电气设备，由主管部门制定暂行规定，送劳动部门备案，并经指定的鉴定单位检验后，按特殊电气设备 s 型处置。

在爆炸危险区域，应按危险区域的类别和等级，并考虑到电气设备的类型和使用条件，按表4-1~表4-6选用相应的电气设备。

表 4-1　旋转电机防爆结构的选型

电气设备	爆炸危险区域						
	1区			2区			
	隔爆型(d)	正压型(p)	增安型(e)	隔爆型(d)	正压型(p)	增安型(e)	无火花型(n)
鼠笼型感应电动机	○	○	△	○	○	○	○
绕线型感应电动机	△	△		○	○	○	×
同步电动机	○	○	×	○	○	○	○
异步电动机	△	△		○	○		
电磁滑差离合器（无电刷）	○	△		○	○	○	△

注：○—适用；△—慎用；×—不适用。

1. 绕线型感应电动机及同步电动机采用增安型时，其主体是增安型防爆结构，发生电火花的部分是隔爆或正压型防爆结构。

2. 无火花型电动机在通风不良及室内具有比空气密度大的易燃物质区域内慎用。

表 4-2　低压变压器类防爆结构的选型

电气设备	爆炸危险区域						
	1区			2区			
	隔爆型(d)	正压型(p)	增安型(e)	隔爆型(d)	正压型(p)	增安型(e)	无火花型(n)
变压器(包括启动用)	△	△	×	○	○	○	○
电抗线圈(包括启动用)	△	△	×	○	○	○	○
仪表用互感器	△		×			○	○

注：○—适用；△—慎用；×—不适用。

表 4-3　低压开关和控制器类防爆结构的选型

电气设备	爆炸危险区域										
	0区	1区					2区				
	本质安全型(i_a)	本质安全型(i_a、i_b)	隔爆型(d)	正压型(p)	充油型(o)	增安型(e)	本质安全型(i_a、i_b)	隔爆型(d)	正压型(p)	充油型(o)	增安型(e)
刀开关、熔断器			○					○			
熔断器			△					○			
控制开关及按钮	○	○	○		○		○	○		○	
电抗启动器和启动补偿器							○				○
启动用金属电阻器			△	△		×		○			○

电气设备	爆炸危险区域										
	0区	1区					2区				
	本质安全型(i$_a$)	本质安全型(i$_a$、i$_b$)	隔爆型(d)	正压型(p)	充油型(o)	增安型(e)	本质安全型(i$_a$、i$_b$)	隔爆型(d)	正压型(p)	充油型(o)	增安型(e)
电磁阀用电磁铁			○			×	○				○
电磁摩擦控制器			△			×	○				△
操作箱、柱			○	○				○	○		
控制盘			△	△				○	○		
配电盘			△					○			

注：○—适用；△—慎用；×—不适用。

1. 电抗软启动和启动补偿器采用增安型时，是指将防爆结构的启动运转开关操作部件与增安型防爆结构的电抗线圈或单绕组变压器组成一体的结构。

2. 电磁摩擦制动器采用隔爆型时，是指将制动片、滚筒等机械部分也装入隔爆壳体内。

3. 在2区内电气设备采用隔爆型时，是指除隔爆型外，也包括主要有火花部分为隔爆结构而其外壳为增安型的混合结构。

表4-4 灯具类防爆结构的选型

电气设备	爆炸危险区域			
	1区		2区	
	隔爆型(d)	增安型(e)	隔爆型(d)	增安型(e)
固定式灯	○	×	○	○
移动式灯	△		○	
便携式电池灯	○		○	
指示灯类	○	×	○	
镇流器	○	△	○	○

注：○—适用；△—慎用；×—不适用。

表4-5 信号、报警装置等电气设备防爆结构的选型

电气设备	爆炸危险区域								
	0区		1区			2区			
	本质安全型(i$_a$)	本质安全型(i$_a$、i$_b$)	隔爆型(d)	正压型(p)	增安型(e)	本质安全型(i$_a$、i$_b$)	隔爆型(d)	正压型(p)	增安型(e)
信号、报警装置	○	○	○	○	○	○	○	○	○
插接装置			○				○		
接线箱(盒)			○		△		○		
电气测量仪表	○	○			×	○	○	○	

注：○—适用；△—慎用；×—不适用。

表 4-6　粉尘防爆电气设备的选型

粉尘种类		危险场所	
		10 区	11 区
爆炸性粉尘		DT	DT
可燃性粉尘	导电粉尘	DT	DT
	非导电粉尘	DT	DT

注：粉尘爆炸电气设备外壳按其限制粉尘进入设备的能力分为两类。

① 尘密外壳：外壳防护等级为 IP6X，标志为 DT；

② 防尘外壳：外壳防护等级为 IP5X，标志为 DP。

在爆炸危险区域选用电气设备时，应尽量将电气设备（包括电气线路），特别是在运行时能发生火花的电气设备（如开关设备），装设在爆炸危险区域之外。如必须装设在爆炸危险区域内时，应装设在危险性较小的地点。如果与爆炸危险场所隔开的话，就可选用较低等级的防爆设备，乃至选用一般常用电气设备。

在爆炸危险区域采用非防爆型电气设备时，应采取隔墙机械传动。安装电气设备的房间，应采用非燃体的墙和危险区域隔开。穿过隔墙的传动轴应有填料或等同效果的密封措施。安装电气设备房间的出口应通向既无爆炸又无火灾危险的区域，如与危险区域必须相通时，则必须采取正压措施。

在火灾危险区域，应根据区域等级和使用条件，按表 4-7 选用电气设备。

表 4-7　火灾危险区域电气设备防护结构的选型

电气设备		火灾危险区域		
		21 区	22 区	23 区
电机	固定安装	IP44	IP54	IP21
	移动式、携带式	IP54		IP54
电气和仪表	固定安装	充油型 IP54 IP44	IP54	IP44
	移动式、携带式	IP54		IP44
照明灯具	固定安装	IP2X		
	移动式、携带式		IP5X	IP2X
配电装置		IP5X		
接线盒				

注：1. 在火灾危险环境 21 区内固定安装的正常运行时有滑环等火花部件的电机，不宜采用 IP44 结构。

2. 在火灾危险环境 23 区内固定安装的正常运行时有滑环等火花部件的电机，不宜采用 IP21 结构，而应采用 IP44 型。

3. 在火灾危险环境 21 区固定安装的正常运行时有火花部件的电气和仪表，不宜采用 IP44 型。

4. 移动式和携带式照明灯具的玻璃罩，应由金属网保护。

5. 表中防护等级的标识应符合 GB 4208—2008《外壳防护等级（IP 代码）》的规定。

2. 电气线路的选择

在危险区域使用的电力电缆或导线，除应遵守一般安全要求外，还应符合防火防爆要求。在火灾爆炸危险区域使用铝导线时，其接头和封端应采用压接、熔接或钎焊，当与电气设备（照明灯具除外）连接时，应采用铜铝过渡接头。在火灾爆炸危险区域使用的绝缘导线和电缆，其额定电压不得低于电网的额定电压，且不能低于 500V，电缆线路不应有中间接头。在爆炸危险区域应采用铠装电缆，应有足够的机械强度。在架空桥架上敷设时应采用阻燃电缆。爆炸危险区域，电缆配线技术要求列于表 4-8 中，供选用时参考。

表 4-8　爆炸危险环境电缆和绝缘导线线芯最小截面　　　　　　　mm²

爆炸危险环境	铜			铝		
	电力	控制	照明	电力	控制	照明
1 区	2.5	2.5	2.5	×	×	×
2 区	1.5	1.5	1.5	4	×	2.5
10 区	2.5	2.5	2.5	×	×	×
11 区	1.5	1.5	1.5	2.5	2.5	2.5

注：表中符号"×"表示不适用。

电气线路的敷设方式、路径，应符合设计规定，当设计无明确规定时，应符合下列要求：

① 电气线路，应在爆炸危险性较小的环境或远离释放源的地方敷设。

② 当易燃物质密度大于空气密度时，电气线路应在较高处敷设；当易燃物质比空气轻时，电气线路宜在较低处或电缆沟敷设。架空时宜采用电缆桥架，电缆沟敷设时应充砂，并应有排水设施；装置内的电缆沟，应有防止可燃气体积聚或含有可燃液体污水进入沟内的措施。电缆沟通入变配电室、控制室的墙洞处，应严格密封。

③ 当电气线路沿输送可燃气体或易燃液体的管道栈桥敷设时，管道内的易燃物质比空气重时，电气线路应敷设在管道的上方；管道内的易燃物质比空气轻时，电气线路应敷设在管道的正下方两侧。

④ 敷设电气线路时宜避开可能受到机械损伤、振动、腐蚀以及可能受热的地方；当不能避开时，应采取预防措施。

⑤ 爆炸危险环境内采用的低压电缆和绝缘导线，其额定电压必须高于线路的工作电压，且不得低于 500V，绝缘导线必须敷设于钢管内，严禁采用绝缘导线明敷设。电气工作中性线绝缘层的额定电压，应与相电压相同，并应在同一护套或钢管内敷设。

⑥ 敷设电气线路的沟道、电缆线钢管，在穿过不同区域之间的墙或楼板处的孔洞时，应采用非燃性材料严密封塞。

⑦ 电气线路使用的接线盒、分线盒、活接头、隔离密封件等连接件的选型，应符合 GB 50058—2014《爆炸危险环境电力装置设计规范》的规定。

⑧ 导线或电缆的连接，应采用有防松措施的螺栓固定，或压接、钎焊、熔焊，但不得绕接。铝芯与电气设备的连接，应装设可靠的铜-铝过渡接头等措施。

⑨ 爆炸危险环境处本质安全电路外，采用的电缆或绝缘导线，其铜铝线芯最小截面应符合表 4-8 的规定。

⑩ 10kV 及以下架空线路严禁跨越爆炸性气体环境；架空线路与爆炸性气体环境的水平距离，不应小于塔高度的 1.5 倍。当在水平距离小于规定而无法躲开的特殊情况下，必须采取有效的保护措施。

3. 合理布置电气设备

合理布置爆炸危险区域的电气设备，是防火防爆的重要措施之一。应重点考虑以下几点：

① 室外变配电站与建筑物、堆场、储罐的防火间距应满足 GB 50016—2014《建筑设计防火规范》的规定，防火间距见表 4-9。

② 装置的变配电室应满足 GB 50160—2008《石油化工企业设计防火规范》的规定。

装置的变、配电室应布置在装置的一侧，位于爆炸危险区域范围以外，并且位于甲类设备全年最小频率风向的下风侧。在可能散发比空气密度大的可燃气体的装置内，变、配电室的室内地面应比室外地坪高 0.6m 以上。

③ GB 50058—2014《爆炸和火灾危险环境电力装置设计规范》还规定：10kV 以下的变、配电室，不应设在爆炸和火灾危险场所的下风向。变、配电室与建筑物相毗连时，其隔墙应是非燃烧材料；毗连的变、配电室的门应向外开，并通向无火灾爆炸危险场所方向。

表 4-9　　室外变配电站与建筑物、堆场、储罐的防火间距　　　　　　　m

建筑物、堆场储罐名称	变压器总油重		
	<10t	10~50t	>50t
民用建筑	15~25	20~30	25~35
丙、丁、戊类生产厂房和库房	12~20	15~25	20~30
甲、乙类生产厂房	25		
甲类库房	25~40		
稻草、麦秸、芦苇等易燃材料堆物	50		
可燃液体储罐	24~50		
液化石油气储罐	45~120		
湿式可燃气体储罐	20~35		
湿式氧气储罐	20~30		

注：1. 防火间距应从距建筑物、堆场、储罐最近的变压器外壁算起，但室外变、配电架构距堆场、储罐和甲、乙类的厂房不宜小于 25m，距其他建筑物不宜小于 10m。

2. 室外变配电站，是指电力系统电压为 35500kV，每台变压器容量在 10000kW 以上的室外变配电站，以及工业企业的变压器总油重超过 5t 的室外变配电站。

3. 发电厂内的主变压器，其油量可按单台确定。

4. 干式可燃气体储罐的防火间距应按本表湿式可燃气体储罐增加 25%。

10kV 以下的架空线，严禁跨越火灾或爆炸危险区域。当线路与火灾或爆炸危险场所接近时，其水平距离不应小于杆高的 1.5 倍。

4. 接地

爆炸危险区域的接地(或接零)要比一般场所要求高，应注意以下几个方面：

① 在导电不良的地面处，交流电压 380V 及以下和直流额定电压在 400V 及其以下的电气设备外壳应接地。

② 在干燥环境，交流额定电压为 127V 及其以下，直流电压为 110V 及其以下的电气设

备金属外壳应接地。

③ 安装在已接地的金属结构上的电气设备应接地。

④ 在爆炸危险环境内,电气设备的金属外壳应可靠接地。爆炸性气体环境 1 区内的所有电气设备、爆炸性气体环境 2 区内除照明灯具以外的其他电气设备、爆炸性粉尘环境 10 区内的所有电气设备,应采用专门的接地线。该接地线若与相线敷设在同一保护管内时应具有与相线相等的绝缘。此时,爆炸性危险环境内电缆的金属外皮及金属管线等只作为辅助接地线。爆炸性气体环境 2 区内的照明灯具及其爆炸性粉尘环境 11 区内的所有电气设备,可利用有可靠电气连接的金属管线或金属构件作为接地线,但不得利用输送爆炸危险物质的管道。

⑤ 为了提高接地的可靠性,接地干线宜在爆炸危险区域不同方向且不少于两处与接地体连接。

⑥ 单项设备的工作零线应与保护零线分开。相线和工作零线均装设短路保护装置,并装设双极闸刀开关操作相线和工作零线。

⑦ 在爆炸危险区域,如采用变压器低压中性点接地的保护接零系统,为了提高可靠性,缩短短路故障持续时间,系统的单相短路电流应大一些,最小单相短路电流不得小于该线路熔断器额定电流的 5 倍或自动开关瞬时(或延时)动作电流脱扣器整定电流的 1.5 倍。

⑧ 在爆炸危险区域,如采用不接地系统供电,必须装配能发出信号的绝缘监视器。

⑨ 电气设备的接地装置与防止直接雷击的独立避雷针的接地装置应分开设置,与装设在建筑物上防止直接雷击的避雷针的接地装置可合并设置,与防止雷电感应的接地装置亦可合并设置。接地电阻值应取其中最小值。

5. 保证安全供电的措施

安全供电是保证石油化工企业"安、稳、长、满、优"生产的重要环节。严密的组织措施和完善的技术措施是实现安全供电的有效措施。

组织措施的主要内容有:

① 操作票证制度;

② 工作票证制度;

③ 工作许可制度;

④ 工作监护制度;

⑤ 工作间断、转换和终结制度;

⑥ 设备定期切换、试验、维护管理制度;

⑦ 巡回检查制度,等。

技术措施的主要内容有:

① 停、送电联络签;

② 验电操作程序;

③ 停电检修安全技术措施;

④ 带电与停电设备的隔离措施;

⑤ 安全用具的检验规定,等。

电气设备运行中的电压、电流、温度等参数不应超过额定允许值。特别要注意线路的接头或电气设备进出线连接处的发热情况。在有气体或蒸气爆炸性混合物的环境，电气设备极限温度和温升应符合表4-10的要求。在有粉尘或纤维爆炸性混合物的环境，电气设备表面温度一般不应超过125℃。应保持电气设备清洁，尤其在纤维、粉尘爆炸混合物环境的电气设备，要经常进行清扫，以免堆积脏污和灰尘，导致火灾危险。

表4-10 爆炸危险区域内电气设备的极限温度和温升 ℃

爆炸性混合物的自燃点	隔爆型、正压型、增安型外壳表面及能与爆炸性混合物直接接触的零部件		充油型和非防爆充油型的油面	
	极限温度	极限温升	极限温度	极限温升
450 以上	360	320	100	60
300~450	240	200	100	60
200~300	160	120	100	60
135~200	110	70	100	60
135 以下	80	40	80	40

在爆炸危险区域，导线运行载流量不应低于导线熔断器额定电流的1.25倍、自动开关延时脱扣器整定电流的1.25倍。1000V以下鼠笼电动机干线允许载流量不应小于电动机额定电流的1.25倍。1000V以上的线路应按短路电流热稳定进行校验。

6. 变、配电所的防火防爆

为了安全可靠供电，变配电所应建在用电负荷中心，且位于爆炸危险区域范围以外，在可能散发比空气密度大的可燃气体的界区内，变配电所的室内地面，应比室外地面高0.6m以上。此外，还应尽量避开多尘、振动、高温、潮湿等场所，还要考虑到电力系统进线、出线的方便和便于设备的运输。为安全供电，一次降压变电所应设两路供电电源，二次降压变电所也应按上述原则考虑。

变电所内包括一次电气设备(动力电源部分)和二次电气设备(控制电源部分)。一次电气设备是指直接输配电能的设备，包括变压器、油开关、电抗器、隔离开关、接触器、电力电缆等；二次电气设备是指对一次电气设备进行监视、测量和控制保护的辅助设备和各种监测仪表、保护用继电器、自动控制音响信号及控制电缆等。

生产装置用电，根据在生产过程中的重要性、供电可靠性、连续性的要求，划分为3级：1级负荷(重要连续生产负荷)应由两个独立电源供电；2级负荷宜由二回线路供电；3级负荷无特殊要求。

7. 电力变压器的防火防爆

电力变压器是由铁芯柱或铁轭构成的完整闭合磁路，有绝缘铜线或铝线制成线圈，形成变压器的原、副边线圈。除小容量的干式变压器外，大多数变压器都是油浸自然冷却式，绝缘油起线圈间的绝缘和冷却作用。变压器中的绝缘油闪点约为135℃，易蒸发燃烧，同空气混合能形成爆炸混合物。变压器内部的绝缘衬垫和支架大多采用纸板、棉纱、布、木材等有机可燃物质组成。如1000kV·A的变压器大约用木材0.012m³，用纸40kg，装绝缘油1t左右。所以，一旦变压器内部发生过载或短路，可燃的材料和油就会因高温或电火花、电弧作用而分解、膨胀以至汽化，使变压器内部压力剧增。这时，可引起变压器外壳爆炸，大量绝缘油喷出燃烧，燃烧着的油流又会进一步扩大火灾危险。因此，运行中的变压器一定要注意以下几点：

① 防止变压器过载运行。如果长期过载运行，会引起线圈发热，使绝缘逐渐老化，造成匝间短路、相间短路或对地短路及油的分解。

② 保证绝缘油质量。变压器绝缘油在储存、运输或维护过程中，若油品质量差或有杂质、水分过多，会降低绝缘强度。当绝缘强度降低到一定值时，变压器就会短路引起电火花、电弧或出现危险温度。因此，运行中变压器应定期化验油质，不合格的油应及时更换。

③ 防止变压器铁芯绝缘老化损坏。铁芯绝缘老化或加紧螺栓套管损坏，会使铁芯产生很大的涡流，引起铁芯长期发热造成绝缘老化。

④ 防止检修不慎破坏绝缘。变压器检修吊芯时，应注意保护线圈或绝缘套管，如果发现有擦破损伤，应及时处理。

⑤ 保证导线接触良好。线圈内部接头接触不良，线圈之间的连接点，引至高、低压侧套管的接点，以及分接开关上个支点接触不良，会产生局部过热，破坏绝缘，发生短路和断路。此时所产生的高温电弧会使绝缘油分解，产生大量气体，变压器压力增加。当压力超过瓦斯断电器保护定值而不跳闸时，会产生爆炸。

⑥ 防止电击。电力变压器的电源一般经过架空线而来，而架空线很容易遭受雷击，变压器会因击穿绝缘而烧毁。

⑦ 短路保护要可靠。变压器线圈或负载发生短路，变压器将承受相当大的短路电流，如果保护系统失灵或保护定值过大，就有可能烧毁变压器。为此，必须安装可靠的短路保护装置。

⑧ 保持良好的接地。对于采用保护接零的低压系统，变压器低压侧中性点要直接接地。当三相负载不平衡时，零线上会出现电流。当这一电流过大而接触电阻又较大时，接地点就会出现高温，引燃周围的可燃物质。

⑨ 防止超温。变压器运行时应监视温度的变化。如果变压器线圈导线是 A 级绝缘，其绝缘体以纸和棉纱为主，温度的高低对绝缘和使用寿命的影响很大，温度每升高 $8℃$，绝缘寿命要减少 50% 左右。变压器在正常温度（$90℃$）下运行，寿命约 20 年；若温度升至 $105℃$，则寿命为 7 年，温度升至 $120℃$，寿命仅为 2 年。所以变压器运行时，一定要保持良好的通风和冷却，必要时可采取强制通风，以达到降低变压器温升的目的。

8. 油开关的防火防爆

油开关又叫油断路器，是用来切断和接通电源的，在短路时能迅速可靠地切断短路电流。油开关有很强的灭弧能力，在正常运行时能切断工作电流。油开关分多油开关和少油开关两种，主要由油箱、触头和套管组成。触头全部浸没在绝缘油中。多油开关的油起灭弧作用和作为开关内部导电部分之间及导电部分与外壳之间的绝缘；少油开关中的油仅起灭弧作用。导致油开关火灾和爆炸的原因有以下几种：

① 油开关油面过低时，使油开关触头的油层过薄，油受电弧作用而分解释放出可燃气体，这部分可燃气体进入顶盖下面的空间，与空气混合可形成爆炸性气体，这部分可燃气体进入顶盖下面的空间，与空气混合可形成爆炸性气体，在高温下就会引起燃烧、爆炸。

② 油箱内油面过高时，析出的气体在油箱内较小空间里会形成过高的压力，导致油箱爆炸。

③ 油开关内油的杂质和水分过多，会引起油开关内部闪络。

④ 油开关操作机构调整不当，部件失灵，会使开关动作缓慢或合闸后接触不良。当电弧不能及时切断和熄灭时，在油箱内可产生过多的可燃气体而引起火灾。

⑤ 油开关遮断容量对供电系统来说是很重要的参数。当遮断容量小于供电系统短路容量时，油开关无能力切断系统强大的短路电流，电弧不能及时熄灭则会造成油开关的燃烧或爆炸。

⑥ 油开关套管与油开关箱盖、箱盖与箱体密封不严，油箱进水受潮，油箱不洁或套管有机械损伤，都可能造成对地短路，从而引起油开关着火或爆炸。

总之，油开关运行时，油面必须在油标指示的高度范围内。若发现异常，如漏油、渗油、有不正常声音等，应立即采取措施，必要时可停电检修。严禁在油开关存在各种缺陷的情况下强行送电运行。

9. 电动机的防火防爆

电动机是将电能转变为机械能的电气设备，是工矿企业广泛应用的动力设备。交流电动机按运行原理可分为同步电动机和异步电动机两种，通常都是采用异步电动机。电动机按构造和适用范围，可分为开启式和防护式；为防止液体或固体向电动机内滴溅，有防滴式和防溅式。在石油化工企业中，为防止化学腐蚀和防止易燃易爆危险物质的危害，多使用各种防爆封闭式电动机。电动机易着火的部位是定子绕组、转子绕组和铁芯。引线接头处如接触不良、接触电阻过大或轴承过热，也能引起绝缘燃烧。电动机的引线、熔断器及其配电装置也存在着火的因素。引起电动机着火的原因可归纳为以下几点：

① 电动机过负荷运行。如发现电动机外壳过热，电流表所指示电流超过额定值，说明电动机已超载，过载严重时，将烧毁电机。

当电网电压过低时，电动机也会发生过载。当电源电压低于额定电压的80%时，电动机的转矩只有原转矩的64%，在这种情况下运行，电动机就会发生过载，引起绕组过热，导致烧毁电动机或引燃周围可燃物的事故。

② 金属物体或其他固体掉进电动机内，或在检修时绝缘受损，绕组受潮，以及遇到过高电压时将绝缘击穿等原因，会造成电动机绕组匝间、相间短路或接地，电弧烧毁绕组，有时铁芯也被烧毁。

③ 当电动机接线处各接点接触不良或松动时，会使接触电阻增大引起接点发热，接点越热氧化越迅速，最后将电源接点烧毁产生电弧火花，损坏周围导线绝缘，造成短路。

④ 电动机单相运行危害极大，轻则烧毁电动机，重则引起火灾。电动机单相运行时，其中有的绕组要通$\sqrt{3}$倍额定电流，而保护电动机的熔丝是按额定电流的5倍选择的，所以单相运行时熔丝一般不会烧毁。单相运行时大电流长时间在定子绕组内流过，会使定子绕组过热，甚至烧毁。

10. 电缆及相关设施的防火防爆

电缆一般分为动力电缆和控制电缆两种。动力电缆用来输送和分配电能，控制电缆是用于测量、保护和控制回路。

动力电缆按其使用的绝缘材料不同，分为铠装铅包油浸纸绝缘、不燃性橡皮绝缘和铠装聚氯乙烯绝缘电缆。油浸纸绝缘电缆的外层往往使用浸过沥青漆的麻包，这些材料都是易燃物质。按其线芯的芯数又可分为单芯、双芯、三芯和四芯电线。

电缆的敷设可以直接埋在地下，也可以用隧道、电缆沟或电缆桥架敷设。用电缆桥架架空敷设时宜采用阻燃电缆。埋设敷设时应设置标志。穿过道路或铁路时应有保护套管。户内敷设时，与热力管道的净距不应小于0.5m。动力电缆发生火灾的可能性很大，应注意以下几点：

① 电缆的保护铅皮在敷设时被损坏，或运行中电缆绝缘体损伤，均会导致电缆相间或相与铅皮间的绝缘击穿而发生电弧。这种电弧能使电缆内的绝缘材料和电缆外的麻包发生燃烧。

② 电缆长时间过负荷运行，会使电缆过分干枯。这种干枯现象，通常发生在相当长的一段电缆上。电缆绝缘过热或干枯，能使纸质失去绝缘性能，因而造成击穿着火。同时由于电缆过负荷，可能沿着电缆的长度在不同地方发生绝缘物质燃烧。

③ 充油电缆敷设高度差过大（6～10kV油浸纸绝缘电缆最大运行高度差为15m，20～35kV为5m），可能发生电缆淌油现象。电缆淌油可导致因油的流失而干枯，使这部分电缆热阻增加，纸绝缘老化而被击穿损坏。由于上部的油向下流，在上部电缆头处产生了负压力，增加了电缆吸入潮湿空气的机会，从而使端部受潮。电缆下部由于油的积聚而产生很大的静压力，促使电缆头漏油，增加发生故障或造成火灾的机会。

④ 电缆接头盒的中间接头因压接不紧、焊接不牢或接头材料选择不当，运行中接头氧化、发热、流胶或灌注在接头盒内的绝缘剂质量不符合要求，灌注时盒内存有空气，以及电缆盒密封不好，漏入水或潮湿气体等，都能引起绝缘击穿，形成短路而发生爆炸。

⑤ 电缆端头表面受潮，引出线间绝缘处理不当或移动过小，往往容易导致闪络着火引起电缆头表层混合物和引出线绝缘燃烧。

⑥ 外界的火源和热源，也能导致电缆火灾事故。

电缆桥架处在防火防爆的区域里，可在托盘、梯架添加具有耐火或难燃性的板、网材料构成封闭式结构，并在桥架表面涂刷防火层，其整体耐火性还应符合国家有关规范的要求。另外，桥架还应有良好的接地措施。

电缆沟与变、配电所的连通处，应采取严格封闭措施，如填砂等，以防可燃气体通过电缆沟窜入变、配电所，引起火灾爆炸事故。电缆沟内敷设的电缆可采用阻燃电缆或涂刷防火材料。

11. 电气照明的防火防爆

电气照明灯具在生产和生活中使用较为普遍，人们容易忽视其防火安全。照明灯具在工作时，玻璃灯泡、灯管、灯座等表面温度都较高，若灯具选用不当或发生故障，会产生电火花和电弧。接点处接触不良，局部产生高温。导线和灯具的过载和过压会引起导线发热，使绝缘破坏、短路和灯具爆碎，继而可导致可燃气体和可燃液体蒸气、落尘的燃烧和爆炸。

下面分别介绍几种灯具的火灾危险知识：

白炽灯在散热良好的情况下，白炽灯泡的表面温度与其功率的大小有关（表4-11）。在散热不良的情况下，灯泡表面温度会更高。灯泡功率越大，升温的速度也越快；灯泡距离可燃物越近，引燃时间就越短。白炽灯烤燃可燃物的时间和起火温度见表 4-12。

表 4-11　白炽灯泡表面温度

灯泡功率/W	灯泡表面温度/℃	灯泡功率/W	灯泡表面温度/℃
40	56~63	100	170~216
60	137~180	150	148~228
75	136~194	200	154~296

表 4-12　白炽灯烤燃可燃物的时间和起火温度

灯泡功率/W	可燃物	烤燃时间/min	起火温度/℃	放置形式
100	稻草	2	360	卧式埋入
100	纸张	8	330~360	卧式埋入
100	棉絮	13	360~367	垂直紧贴
200	稻草	1	360	卧式埋入
200	纸张	12	330	垂直紧贴
200	棉絮	5	367	垂直紧贴
200	松木箱	57	398	垂直紧贴

此外，白炽灯耐震性差，极易破碎，破碎后高温的玻璃片和高温的灯丝溅落在可燃物上或接触到可燃气体，都能引起火灾。

① 荧光灯　荧光灯的镇流器由铁芯线圈组成。正常工作时，镇流器本身也耗电，所以具有一定温度。若散热条件不好，或与灯管配套不合理，以及其他附件故障时，其内部温升会破坏线圈的绝缘，形成匝间短路，产生高温和电火花。

② 高压汞灯　正常工作时高压汞灯表面温度虽比白炽灯要低，但因其功率比较大，不仅温升速度快，发出的热量也大。如 400W 高压汞灯，表面温度可达 180~250℃，其火灾危险程度与功率 200W 的白炽灯相仿。高压汞灯镇流器的火灾危险性与荧光灯镇流器相似。

③ 卤钨灯　卤钨灯工作时维持灯管点燃的最低温度为 250℃。1000W 卤钨灯的石英玻璃管外表面温度可达 500~800℃，而其内壁的温度更高，约为 1000℃。因此，卤钨灯不仅能在短时间内烤燃接触灯管较近的可燃物，其高温辐射还能将距离灯管一定距离的可燃物烤燃。所以它的火灾危险性比别的照明灯具更大。

12. 电气线路的防火防爆

电气线路往往因短路、过载和接触电阻过大等原因产生电火花、电弧，或因电线、电缆达到危险高温而发生火灾，其主要原因有以下几点：

① 电气线路短路着火。电气线路由于意外故障可造成两相相碰而短路。短路时电流会突然增大，这就是短路电流。一般有相间短路和对地短路两种。按欧姆定律，短路时电阻突然减小，电力突然增大。而发热量是与电流的平方成正比的，所以短路时瞬时放电发热相当大。其热量不仅能将绝缘烧损、使金属导线熔化，也能将附件易燃易爆物品引燃引爆。

② 电气线路过负荷。电气线路运行连续通过而不致使电线过热的电流成为额定电流，如果超过额定电流，此时的电流就叫过载电流。过载电流通过导线时，温度相应增高。一般导线最高运行温度为 65℃，长时间过载的导线其温度就会超过允许温度，会加快导线绝

缘老化，甚至损坏，从而引起短路产生电火花、电弧。

③ 导线连接处接触电阻过大。导线接头接头处不牢固、接触不良，便会造成局部接触电阻过大，发生过热。时间越长发热量越多，甚至导致导线接头处熔化，引起导线绝缘材料中的可燃物质的燃烧，同时也可引起周围可燃物的燃烧。

13. 电加热设备的防火防爆

电热设备是把电能转换为热能的一种设备。它的种类繁多，用途很广，常用的有工业电炉、电烘房、电烘箱、电烙铁、机械材料的热处理炉等。

电热设备的火灾原因，主要是加热温度过高，电热设备选用导线截面过小等。当导线在一定时间内流过的电流超过额定电流时，同样会造成绝缘的损坏而导致短路起火或闪络，引起火灾。

第二节　静电的产生与消除

何为"静电"，其定义方式众说不一。有人说，所谓静电就是相对与观察者不运动电荷的电现象；也有人说，静电就是不动的电；还有人说，所谓静电，就是在过程中可以忽略磁、热等作用只剩留不运动的电荷，所引申而来的物料现象……这些说法都各有其道理，至今也无一个定论。

应该说，静电学是一门既古老又年青的学科。可以追溯到公元前几百年，古希腊人和古代中国人发现被摩擦了的琥珀能够吸引小而轻的物体，从此开始，人们就注意到静电现象了。近十几年来，由于高分子材料的发达，材料绝缘性能提高，静电产生、保持特性较以前有很大的提高，这就带来静电灾害的频繁发生，从日常生活中的穿脱衣服，到火箭发射中的静电事故致使发射失败等，静电的灾害现象到处都有存在，而利用静电现象造福人类的事例也不断增加，静电学开始了新的发展。

一、静电的产生

物质是由分子、原子组成的，而原子又由带正电的原子核和带负电的电子组成。原子核中有质子和中子，中子不带电，质子带正电。一个电子所带的负电量与一个质子所带的正电量相等。正是物质内部固有地存在着的电子和质子这两类基本电荷才是物质带电过程的内在依据。由于在正常情况下，物体中任何一部分所包含的电子的总数和质子的总数是相等的，所以对外界不表现出电性。但是，如果在一定的外因作用下（例如摩擦），物体或物体中的某一部分得到或失去一定数量的电子，使得电子总数与质子总数不再相等，物体便显示了电性。以两个固体为例，通过摩擦，一个物体中有一些电子脱离原子核的束缚而跑到另一物体上去，由于物体材料不同，一个物体失去了电子而显正电，另一个物体得到了电子而显负电。从而表明，物体带电的基础在于电子的转移。

根据物体得失电子的难易程度，可将物体分为导体和绝缘体。例如金属就是良好的导体。金属原子的最外层电子容易脱离原子核的束缚，而可以在整个体内自由运动，称为自由电子。电解液体、电离的气体也是导体。对于几乎不能传导电荷的物体称为绝缘体，电荷几乎只能停留在产生的地方。例如玻璃、橡胶、琥珀、瓷器、油类、未电离的气体等。在绝缘体中，绝大部分电荷都只能在一个原子或分子的范围内作微小的位移，这种电荷称作束缚电荷。

1. 固体起电

当两种材料接触后分离，物体所带电荷的符号和大小可由摩擦带电的静电序列确定，静电序列见表4-13。

表4-13　国外有关标准和资料公布的静电序列

MIL-HDBK-263A(1991年)	IEEESrd. C62.47(1992年)	美国ESD协会网站(2004年)
人手	石棉	兔毛
兔毛	醋酸酯	玻璃
玻璃	玻璃	云母
云母	人发	人发
人发	尼龙	尼龙
尼龙	羊毛	羊毛
羊毛	毛皮	毛皮
毛皮	铅	铅
铅	丝绸	丝
丝绸	铝	铝
铝	纸	纸
纸	聚氨酯	棉花
棉花	棉花	钢
钢	木材	木材
木材	铜	琥珀
封腊	封腊	封腊
硬橡胶	硬橡胶	硬橡胶
铜、镍	聚酯薄膜	铜、镍
银、黄铜	环氧玻璃	银、黄铜
硫黄	铜、镍、银	金、白金
醋酸酯纤维	黄铜、不锈钢	硫黄
聚酯	合成橡胶	醋酸酯纤维
赛璐珞	聚丙烯树脂	聚酯
奥纶	聚苯乙烯塑料	赛璐珞
聚氨酯	聚氨酯塑料	硅
聚乙烯	聚酯	聚四氟乙烯
聚丙烯	萨冉树脂	
聚氯乙烯	聚乙烯	
聚三氟氯乙烯	聚丙烯	
硅	聚氯乙烯	
聚四氟乙烯	聚四氟乙烯	
	硅橡胶	

摩擦带电的静电序列表显示了不同材料电荷产生的情况。表4-13中，排在前面的物体带正电，排在后面的物体带负电。两种材料在序列中的位置相距越远，接触分离后所带的

电量越大。固体物质除了摩擦可以产生静电外，还有多种其他起电方式。如剥离起电、破裂起电、电解起电、压电起电、热电起电、感应起电、吸附起电和喷电起电等。

剥离时引起电荷分离而产生静电的现象，称为剥离起电。剥离起电实际上是一种接触-分离起电，通常条件下，由于被剥离的物体剥离前紧密接触，剥离起电过程中实际的接触面积比发生摩擦起电时的接触面大得多，所以，在一般情况下剥离起电比摩擦起电产生的静电量要大。剥离起电会产生很高的静电电位。剥离起电的起电量与接触面积、接触面上的黏着力和剥离速度的大小有关。

当物体遭到破坏而破裂时，破裂后的物体会出现正、负电荷分布不均匀现象，由此产生的静电，称为破裂起电。破裂起电除了在破裂过程中因摩擦而产生之外，有的则是在破裂之前就存在着电荷不均匀分布的情况。破裂起电电量的大小与裂块的数量多少、裂块的大小、破裂速度、破裂前电荷分布的不均匀程度等因素有关。因破裂引起的静电，一般是带正电荷的粒子与带负电荷的粒子双方同时发生。固体的粉碎及液体的分裂所产生的静电，就是由于这种原因造成的。

当固体接触液体时，固体的离子会向液体中移动，这使得固、液分界面上出现电流。固体离子移入液体时，留下相反符号的电荷在其表面，于是在固、液界面处形成偶电层。偶电层中的电场阻碍固体离子继续向液体内移动。随着偶电层两边电荷量的不断增加，电场也越来越强，一定时间内固体向液体内移动的离子越来越少，直到完全停止。达到平衡时，固-液界面上形成一个稳定的偶电层。例如，金属浸在电解液内时，金属离子向电解液内移动，在金属和电解液的分界面上形成偶电层。若在一定条件下，将与固体相接触的液体移走，固体就留下一定量的某种电荷。这是固、液接触情况下的电解起电。

在给石英等离子型晶体加压时，会在它们表面上产生极化电荷。这种现象称为压电效应。产生压电效应的原因是这些晶体在电学上各向异性。一般情况下，压电效应产生的电荷量是很小的，但是对于极化聚合物，情况却不同。这些物质的压电效应比较明显。聚甲基丙烯酸甲酯粉末经过特定加工后制成的薄片状试件，压电效应产生的最大电荷密度为 $40\mu C/m^2$。薄片上、下两面均出现电荷和电位的不均匀分布。压电效应可以解释合成纤维制品容易吸附粉尘的现象，也可以解释同种材料相互分离的起电等。

若对显示压电效应的某些晶体加热，则其一端带正电，另一端带负电。这种现象称为热电效应。例如在给电石晶体加热时就会出现这种现象。有热电效应的晶体在冷却时，电荷的极性与加热时相反。热电效应的存在是因为这些晶体的对称性很差。其中也有永久偶极子存在，其偶极矩的方向是无序的，所以对外不呈现带电现象。加热时偶极矩起了变化，便出现相应的表面电荷。如钛酸钡陶瓷在直流电压的作用下，热电效应产生的最大电荷密度为 $2.6\times10^5\mu C/m^2$ 左右。

感应起电通常是对导体来说的。处于静电场中的物体，由于静电感应，使得导体上的电荷重新分布，从而使物体的电位发生变化。对于绝缘材料，在静电场中由于极化也可使其带电，也把它称为感应起电。极化后的绝缘材料，其电场将周围介质中的某种自由电荷吸向自身，和绝缘材料上与之符号相反的束缚电荷中和。外电场撤走后，绝缘材料上的两种电荷已无法恢复电中性，因而带有一定量的电荷。这就是感应起电。粉体工业的生产场所，也有与上述情况相类似的现象。外电场将粉体微粒吸引到生产场所的导体（例如金属设备)上，当微粒向导体放掉一种电荷后，粉体微粒将离开导体，并带电。感应起电使粉体生产场所增加了一个起电的因素。这是静电防护中值得注意的一个问题。

多数物质的分子是极性分子，即具有偶极矩，偶极子在界面上是定向排列的。另一方面，空气中由于空间电场、各种放电现象、宇宙射线等因素的作用，总会漂浮着一些带正电荷或负电荷的粒子。当这些浮游的带电粒子被物体表面的偶极子吸引且附着在物体上时，整个物体就会有某种符号的过剩电荷而带电。如果物体表面定向排列的偶极子的负电荷位于空气一侧，则物体表面吸的空气中带正电荷的粒子，使整个物体带正电。反之，如果物体表面定向排列的偶极子的正电荷位于空气一侧，则物体表面吸附空气中带负电荷的粒子，使整个物体带负电。吸附起电电量的大小与物体分子偶极矩的大小、偶极子的排列状况、物体表面的整洁程度、空气中悬浮着的带电粒子的种类等因素有关。

当原来不带电的物体处在高电压带电体(或者高压电源)附近时，由于带电体周围特别是尖端附近的空气被击穿，发生电晕放电，结果使原来不带电的物体带上与该带电体或电源具有相同符号的电荷，这种起电方式叫作喷电起电，或称为电晕放电带电。在静电实验与静电测量中，经常使用高压电源喷电起电方式使物体带电。

2. 粉体的静电起电

粉体是处在特殊状态下的固体。与大块的固体材料相比，粉体本身具有分散性和悬浮性两大特点。分散性使粉体表面积比相同材料、相同重量的整块固体的表面积要增大很多倍，粉体颗粒的直径越小，表面积增大的倍数越大。例如 1kg 的聚乙烯，以整块的形式存在，表面积为 $0.06m^2$。若把它加工成通过 200 目筛(颗粒直径为几十微米)的粉体时，其颗粒表面积总和达到 $100m^2$，是整块材料表面积的 1700 倍。粉体的悬浮性使粉体颗粒很容易悬浮在空气中形成烟尘，或悬浮于液体中，很难沉淀析出。不管粉体材料是金属还是绝缘体，粉体的悬浮性使得粉体颗粒与大地总是绝缘的，每一个小颗粒都有可能带电。

粉体物质因静电影响生产速度和产品质量，影响人们的正常生活，甚至引起灾害性事故等问题。例如，各种火药、炸药的生产、储存、运输过程中都可能产生大量静电电荷；在烟花爆竹生产工厂中曾因筛药、装填等工序产生的静电火花引发过多起重大伤亡事故；在面粉、奶粉及许多高聚物粉体生产中，因静电问题，有时不得不降低生产速度，甚至停产检修，消除静电。烟雾是固体微粒和液滴组成的，有害烟尘会严重污染环境，影响人们的工作和健康，利用静电除尘技术能有效地除去生产过程中排放的烟雾和粉尘。所以，无论静电应用技术研究，还是防静电危害研究，都非常重视粉体静电问题。

粉体带电的主要机理是快速流动或抖动、振动等运动状态下粉体与管路、器壁、传送带之间的摩擦、分离，以及粉体自身颗粒的相互摩擦、碰撞、分离，固体颗粒断裂、破碎等过程产生的接触-分离带电。由于粉体都是固体物质，因此其静电起电过程都遵从固体的接触起电规律。粉体带电的静电电压可高达几千伏，甚至几万伏。在存在有易燃粉尘场所，这样高的静电电压是非常危险的，静电放电(ESD)的小火花就可以引起剧烈的爆炸。

3. 液体的静电起电

液体与液体相互接触以后，可能发生溶解、混合等现象。在此情况下无法从宏观上确定两种液体的分界面。即使有明显的分界面，如油和水相互接触时那样，也无法将它们完全分离开来。所以，用力学的(机械的)方法使液体产生静电的现象，主要包括固体与液体之间接触分离起电和气体与液体之间接触分离起电两种类型。例如，流动起电、冲流起电、沉降起电、喷射起电等静电起电方式都属于固体-液体间接触分离起电类型；喷雾起电、溅泼起电、泡沫起电等都是气体-液体间接触分离起电的例子。在这些场合下，固-液、气-液之间的边界面被认为是产生静电的原因，所以边界面的性质具有重要意义。

传统理论，是以在液体中的带电粒子所形成的边界层上的偶电层学说为根据，这种偶电层由于力学的(机械的)作用力而分离，从而导致了静电起电。液体和固体或气体接触时，由于边界层上电荷分布不均匀，在分界面处形成符号相反的两层电荷，称为偶电层。形成偶电层的直接原因是正、负离子的转移。

当液体在介质管道中因压力差的作用而流动时，扩散层上的电荷被冲刷下来而随液体做定向运动，形成电流，称为冲流电流。它等于单位时间内通过管路横截面上被冲刷下来的电量。若扩散层上是正电荷，则冲流电流的方向与液体流动方向一致。冲流电流使管路一端有较多的正电荷，另一端有较多的负电荷。于是管路两端出现电位差，称为冲流电压，用 V 表示。在冲流电压 V 的作用下，会产生一个与冲流电流方向相反的欧姆电流 V/R。R 为管路两端间液程的总电阻。当冲流电流和反向的欧姆电流相等时，管路的两端就形成一个稳定的冲流电压 V。

悬浮在液体中的微粒沉降时，会使微粒和液体分别带上不同性质的电荷，在容器上下部产生电位差，称为沉降起电。沉降起电现象也可以用偶电层理论解释。当液体(水)中存在有固体微粒时，在固液界面处形成偶电层。当固体粒子下沉时，带走吸附在表面的电荷，使水和固体粒子分别带上不同符号的电荷。液体的内部产生静电场，液体上下部产生了电位差。沉降电场作用于带电粒子的结果，在液体内形成稳定的电场 E 和沉降电位差 U。

液体喷射起电是指当液态微粒从喷嘴中高速喷出时，会使喷嘴和微粒分别带上符号不同的电荷。偶电层理论也可以解释这种起电方式的原因。由于喷嘴和液态微粒之间存在着迅速接触和分离。接触时，在接触面处形成偶电层；分离时，微粒把一种符号的电荷带走，另一种符号的电荷留在喷嘴上，结果使液态微粒和喷嘴分别带上不同符号的电荷。另外，当高压力下的液体从喷嘴式管口喷出后呈束状，在与空气接触时分裂成很多小液滴，其中比较大的液滴很快沉降，其他微小的液滴停留在空气中形成雾状小液滴云。这个小液滴云是带有大量电荷的电荷云，例如水或甲醇等在高压喷出后就是这样。易燃液体，如汽油、液化煤气等由喷嘴、容器裂缝等开口处高速喷出时产生的静电，无论喷嘴还是带电云，接近金属导体产生放电时，放电火花很容易引起火灾事故。

液体从管道口喷出后碰到壁或板，会使液体向上飞溅成许多微小的液滴。这些液滴在破裂时会带电，并在其间形成电荷云。这种起电方式在石油产品的储运中经常遇到，如轻质油品经过顶部注入口给储油罐或槽车装油，油柱落下时对罐壁或油面发生冲击，引起飞沫、气泡和雾滴而带电。

当液体溅泼在它的非浸润固体上时，液滴开始时滚动，使固体带上一种符号的电荷，液体上带另一种符号的电荷。这种现象称为溅泼起电。这是因为当液滴落在固体表面时，在接触界面处形成偶电层，液滴的惯性使液滴在碰到固体表面后继续滚动。这样，液滴带走了扩散层上的电荷而带电，固定层上电荷留在固体表面而带另一种符号的电荷。因此，液体和固体就分别带上了等量异号的电荷。

4. 气体的静电起电

纯净的气体在通常条件下不会引起静电。气体的静电起电，通常是指高压气体的喷出带电。很早以前人们就发现了潮湿的蒸气或湿的压缩空气喷出时，与从喷口流出的水滴相伴随的喷气射流带有大量静电荷，有时在射流的水滴与金属喷嘴之间发生放电。1954年在德国埃菲尔的彼特伯格发现从二氧化碳灭火装置中喷出二氧化碳时也产生大量静电。人们还发现从氢气瓶中放出氢气或从高压乙炔储气瓶中放出乙炔时，喷出射流本身也明显带电，并发生过射流与喷口之间的放电现象。

随着科学技术的飞速发展，工业的现代化，气体静电起电—放电造成的恶性事故已屡见不鲜。20世纪80年代以来，我国液化石油气行业发生的静电放电事故就有十多起。如1980年4月17日，某石油化工厂液化石油气高压液泵站，在维修作业中，为检修高压液泵是否泄漏，先后把液泵站的主阀门、液泵的进口阀和出口阀关闭，然后转动放散阀柄，当阀柄打开至3/4的时候，阀内残存的液化石油气以1.37MPa的压力从阀口成雾状高速喷出而带电，由静电火花放电引起爆炸。死亡3人，伤2人；1983年11月2日，气温为摄氏16℃，相对湿度29%，某煤气公司灌装车间的大转盘生产线在灌瓶过程中，由于液化石油气液体在灌装枪内以1.94m/s的高速流动，并从灌装枪出口处高速喷出，产生大量静电，加之灌装枪接地不良，使静电在灌装枪上积累，对气瓶产生静电火花放电，引起着火和爆炸，造成3名工人被烧伤；再如1988年4月15日上午，某液化石油气灌装站，在灌装4个170kg的大瓶时，其中有一个瓶超量，操作者在慌忙中未关闭气瓶阀门就拔掉充气管，使液化石油气从气瓶中猛烈喷出，在气瓶角阀处积聚起与排放的液化汽带电极性相反的静电荷，产生静电火花放电，引起重大的灾害性燃爆事故。造成直接经济损失达数百万元之多，有7人受伤。所有这些事例，都清楚地说明高压喷出的气体携带了大量的静电，一旦发生静电放电，会给人民生命财产造成重大损失。

实验证明，高压气体喷出时之所以带静电，是因为在这些气体中悬浮着固体或液体微粒。单纯的气体，在通常条件下不会带电。气体中混有的固体或液体微粒，在它们与气体一起高速喷出时，与管壁发生相互作用而带电。所以，高压气体喷出时的带电，与粉体气力输送通过管道的带电属同一现象，本质上是固体和固体、固体和液体的接触起电。气体混杂粒子的由来，对带电与否完全没有关系。它可以是管道内壁的锈，也可以是管道途中积存的粉尘或水分，或由其他原因产生的微粒。上述的氢从瓶中放出时，氢气瓶内部的铁锈、水、螺栓衬垫处使用的石墨或氧化铅等与氢同时喷出而产生静电。二氧化碳和液化石油气喷出时产生的干冰及雾是静电的携带者。而在乙炔储瓶中，溶解乙炔使用的丙酮粒子，成了带电的主要原因。气体高速喷出时使微粒和气体一起在管内流动。它们将与管内壁发生摩擦和碰撞，也就是微粒与管内壁频繁发生接触和分离过程，使微粒和管壁分别带上等量异号的电荷。若在高压气体喷出时管道中存在着液体，伴随着高压气体喷出会产生液滴云带电。这是由于在高压气体喷出时，气体中的液体要与管路或喷嘴的内壁表面接触，而在管道或喷嘴的内表面上形成液膜，并在固液界面上形成偶电层。当液体随气流运动而从壁面上剥离时，发生电荷分离，带电的液滴分散在气体当中喷射出来而导致静电放电。

5. 人体的静电起电

人体是一个特殊的静电系统。通常条件下，人体本身是静电导体，而与人体紧密联系的衣服和鞋、袜通常是由绝缘材料制成的，也就是说，人体和大地之间形成了一个电容器，可以存储静电能量。人体静电的定义是：人体由于行走、操作，或与其他物体接触、分离，或因静电感应、空间电荷吸附等原因使人体正负极性电荷失去平衡，而在宏观上呈现出某种极性的电荷积聚，从而人体对地电位不为零，对地具有静电能量，这种相对静止的，积聚在人体上的电荷称为人体静电。下面对人体静电起电的各种方式进行介绍。

接触起电。人在进行各种操作活动时，不可避免地与各种物体接触-分离，如行走时鞋与地面的接触-分离，外衣与所接触的各种介质发生接触-分离或摩擦等。这些接触-分离会使人体带电，这就是接触起电。人体静电电位随衣服、鞋与地面的接触-分离性质不同，起电的波形亦不同。一般来说，在干燥环境，人穿绝缘底的鞋，在绝缘地面上脱衣服时，能产生较高的起电率，并可以保持很高的静电电位(最高可达 60kV)。

感应起电。当人体接近其他带电的人体或物体时，这些带电体的静电场作用于人体。由于静电感应，电荷重新分布，若人体静电接地，人体会带上与带电体异号的静电荷；若人体对地绝缘，人体上静电荷为零，但当对地电位不为零，具有静电能量，此时也是静电带电。处在静电场中的人体，若瞬时接地又与地分离，人体上静电荷会不为零。人体感应起电的电位有时会达到很高，如人在带电雷雨云下面行走时，可被雷雨云感应出近 50kV 的静电。

传导带电。当人操作带电介质或触摸其他带电体时，会使电荷重新分配，物体的电荷就会直接传导给人体，使人体带上电荷，达到平衡状态时，人体的电位与带电体的电位相等。

吸附带电。吸附带电是指人走进带有电荷的水雾或微粒的空间，带电水雾或微粒会吸附在人体上，也会使人体由于吸附静电电荷而带电。例如在粉体粉碎及混合车间工作的人员，会有很多带电的粉体颗粒附着在人体上使人体带电。吸附带电有时也会使人体产生很高的静电电位，例如在压力为 $1.2 \times 10^6 Pa$ 的水蒸气由法兰盘喷出的地方，人体因吸附带电的静电电位可达 50kV。

影响人体静电积累的因素主要包括衣服的材料、人的活动速率或操作速度、人体对地泄漏电阻、环境条件等。

二、静电放电

静电放电(ESD)是指带电体周围的场强超过周围介质的绝缘击穿场强时，因介质产生电离而使带电体上的静电荷部分或全部消失的现象。

通常把偶然产生的静电放电称为 ESD 事件。在实际情况中，产生 ESD 事件往往是物体上积累了一定的静电电荷，对地静电电位较高。带有静电电荷的物体通常被称为静电源，它在 ESD 过程中的作用是至关重要的。静电放电具有以下两个特点：①静电放电可形成高电位、强电场、瞬时大电流；②静电放电过程会产生强烈的电磁辐射形成电磁脉冲。

随着研究工作的深入，ESD 的特性越来越清楚地展现在人们面前。但是应当注意的是实际的静电放电是一个及其复杂的过程，它不仅与材料、物体形状和放电回路的电阻值有关，而且在放电时往往还涉及到非常复杂的气体击穿过程，因而 ESD 是一种很难重复的随机过程。

1. 静电放电的类型

由于带电体可能是固体、流体、粉体以及其他条件的不同，静电放电可能有多种形态，但是根据其特点，并从防止静电危害方面来考虑，放电类型可分为以下七种。

（1）电晕放电

电晕放电也叫尖端放电，是发生在极不均匀的电场中，空气被局部电离的一种放电形式，若要引发电晕放电，通常要求电极或带电体附近的电场较强，电晕放电是一种高电位、小电流、空气被局部电离的放电过程，在放电中，它产生的电流很小，约在 1μA 到几百个 μA 之间，因此一般不具备引爆能力。对于两极间的静电放电，只有当某一电极或两个电极本身的尺寸比极间距离小的多时才会出现电晕放电。电晕放电被广泛利用于工业生产中。如在静电除尘、静电分离以及防静电场所的静电消除和盖革-米勒计数器中都用到了电晕放电技术。

（2）火花放电

当静电电位比较高的静电导体靠近接地导体或比较大的导体时，便会引发静电火花放电。静电火花放电是一个瞬变的过程，放电时两放电体之间的空气被击穿，形成"快如闪电"的火花通道，与此同时还伴随着噼啪的爆裂声，爆裂声是由火花通道内空气温度的急骤上升形成的气压冲击波造成的。在发生静电火花放电时，静电能量瞬时集中释放，其引燃、引爆能力较强。另外静电火花放电产生的放电电流及电磁脉冲具有较大的破坏力，它可对一些敏感的电子器件和设备造成危害。

应当指出，带电金属导体产生的静电火花放电和带电人体产生的静电火花放电是不完全相同的。在多数情况下，金属导体间的静电火花放电时，形成一次火花通道便能放掉绝大部分静电电荷，即静电能量可以集中释放。而对于人体静电放电来说，由于人体阻抗是随人体静电电位变化而改变，在一次放电过程中可能包含了多次火花通道的形成、消失过程，即重复放电。在每次放电过程中仅仅放掉的一部分静电电荷，即每次仅释放人体静电能量的一部分。

（3）刷形放电

这种放电往往发生在导体与带电绝缘体之间，带电绝缘体可以是固体、气体或低电导率的液体。产生刷形放电时形成的放电通道在导体一端集中在某一点上，而在绝缘体一端有较多分叉，分布在一定空间范围内。根据其放电通道的形状，这种放电被称为刷形放电。当绝缘体相对于导体电位的极性不同时，其形成的刷形放电所释放的能量和在绝缘体上产生的放电区域及形状是不一样的。当绝缘体相对导体为正电位时，在绝缘体上产生的放电区域为均匀的圆状，放电面积比较小，释放的能量也比较少。而当绝缘体相对于导体为负电位时，在绝缘体上产生的放电区域是不规则的星状区域，区域面积比较大，释放的能量也较多。另外，刷形放电还与参与放电的导体的线度及绝缘体表面积的大小有关，在一定范围内，导体线度越大，绝缘体的带电面积越大，刷形放电释放的能量也就越大。一般说，刷形放电释放的能量可高达 4mJ，因此它可引燃、引爆大多数的可燃气体。

（4）传播型刷形放电

传播型刷形放电又称沿面放电，仅在绝缘体的表面电荷密度大于 $2.7×10^{-4}C/m^2$ 时较易发生。一般情况下，传播型刷形放电发生在绝缘材料与金属之间，放电通道沿绝缘材料的表面进行。在常温、常压下，如此高的面电荷密度较难出现，这是因为在空气中当绝缘体表面电荷密度超过 $2.7×10^{-5}C/m^2$ 时就会使空气电离。只有当绝缘体两侧带有不同极性的电荷且其厚度小于 8mm 时，才有可能出现这样高的表面电荷密度，此时绝缘体内部电场很强，而在空气中则较弱。当绝缘板一侧紧贴有接地金属板时，就可能出现这种高的表面电荷密度。另外，电介质板被高度极化时也可能出现这种情形。若金属导体靠近带电绝缘体表面时，外部电场得到增强，也可引发刷形放电。

当发生传播型刷形放电时，初始发生在导体和绝缘材料间的刷形放电导致绝缘板上某一小部分的电荷被中和，与此同时它周围部分高密度的表面电荷使在此处形成很强的径向电场，这一电场会导致进一步的击穿，这样放电沿着整个绝缘板的表面传播开来，直到所有的电荷全部被中和。

传播型刷形放电释放的能量很大，有时可达到数焦耳，因此其引燃引爆能力极强。在气流输送粉料和大型容器的灌装时，如果容器的材料为绝缘材质或金属材质带有绝缘层时，有可能发生传播型刷形放电。

（5）大型料仓内的粉堆放电

粉堆放电一般可能发生在容积达到 $100m^3$ 或更大的料仓中。当把绝缘性很高的粉体颗粒由气流输送经过管道和滑槽进入大型料仓时，在沉积的粉堆表面可能发生强烈的放电，放电能量可达 10mJ。粉料沉积后，粉堆电量迅速增加，表面的场强也相应的增强。当场强增加到一定程度时，首先在粉堆的顶部产生空气的电离，形成从仓壁到粉堆顶部的等离子体导电通道，产生粉堆与仓壁之间的静电放电，一般来说，料仓体积越大，粉体进入料仓时流量越高，粉粒绝缘性越好，越容易形成粉堆放电。

（6）雷状放电

这是一种大范围的空间放电形式。最初在火山爆发的尘埃中曾观察到过，近年来在实验中也得到证实。但在实际工业生产中尚未发生过，有人通过试验证实认为容器体积小于 $60m^3$ 或柱形容器的直径小于 3m 时不会发生这种放电。

（7）电场辐射放电

电场辐射放电依赖于高电场强度下气体的电离，当带电体附近的电场强度达到 3MV/m 时，这种放电就可能发生。放电时，带电体表面可能发射电子。这类放电能量比较小，引燃引爆能力较小，出现这类放电的概率也小。

表 4-14 列出了各类 ESD 的发生条件与主要特点。

表 4-14 各种 ESD 的发生条件与特点

种　类	发 生 条 件	特点及引燃引爆性
电晕放电	当电极相距较近，在物体表面的尖端或突出部位电场较强处较易发生	有时有声光，气体介质在物体尖端附近局部电离，形成放电通道。感应电晕单次脉冲放电能量小于 $20\mu J$，有源电晕单次脉冲放电能量则较此大若干倍，引燃能力甚小

种　类	发生条件	特点及引燃引爆性
刷形放电	在带电电位较高的静电非导体与导体同较易发生	有声光，放电通道在静电非导体表面附近形成许多分叉，在单位空间内释放的能量较小，一般每次放电能量不超过4mJ，引燃引爆能力中等
火花放电	主要发生在相距较近的带电金属导体间或静电导体间	有声光，放电通道一般不形成分叉，电极有明显放电集中点，释放能量比较集中，引燃引爆能力较强
传播型刷形放电	仅发生在具有高速起电的场合，当静电非导体的厚度小于8mm，其表面电荷密度大于等于$0.27mC/m^2$时较易发生	放电时有声光，将静电非导体上一定范围内所带的大量电荷释放，放电能量大，引燃引爆能力很强
粉堆放电	主要发生在容积送到$100m^3$或更大的料仓中，粉体进入料仓时流量越高，粉粒绝缘性越好，越容易形成放电	首先在粉堆顶部产生空气电离，形成仓壁到堆顶的等离子体导电通道，放电能量可达10mJ，引燃引爆能力强
雷状放电	空气中带电粒子形成空间电荷云且规模大、电荷密度大的情况下发生，如承压的液体或液化气等喷出时形成的空间电荷云	放电能量极大，引燃引爆能力极强
电场辐射放电	依赖于高电场强度下气体的电离，当带电体附近的电场强度达到3MV/m时放电就可发生	放电时，带电体表面可能发射电子，这类放电能量比较小，引燃引爆能力较小，出现这类放电的概率也小

2. 静电效应及其作用规律

静电的效应主要包括静电力学效应、静电放电的热效应、静电的强电场效应、静电放电的电磁脉冲效应、静电放电对人体的电击效应等。

① 静电力学效应　静电带电体周围存在着静电场，由于在通常条件下，静电场是非均匀的，在静电场被极化的介质微粒会受到电场力的作用，受力的方向指向带电体，也就是说，无论带电体带有何种极性的电荷，带电体对于原来不带电的尘埃颗粒都具有吸引力的作用。

② 静电放电的热效应　静电火花放电或刷形放电一般都是在 ns 或 μs 量级完成的。因此，通常可以将静电放电过程看作是一种绝热过程。空气中发生的静电放电，可以在瞬间使空气电离、击穿、通过数安培的大电流，并伴随着发光、发热过程，形成局部的高温热源。这种局部的热源可以引起易燃、易爆气体燃烧、爆炸。

③ 静电的强电场效应　静电荷在物体上的积累往往使物体对地具有高电压，在附近形成强电场。在电子工业中，MOS 器件的栅氧化膜厚度为 10^{-7} m 数量级，100V 的静电电压加在栅氧化膜上，就会在栅氧化膜上产生 106kV/m 的强场，超过一般 MOS 器件的栅氧化膜的绝缘击穿强度$(0.8\sim10)\times10^6$kV/m，导致 MOS 场效应器件的栅氧化膜被击穿，使器件失效。当电路设计没有采取保护措施时，就是栅氧化膜为致密无针孔的高质量氧化层也会被击穿。对于有保护措施的电路，虽然击穿电压可以远高于100V，但危险静电源的电压可以是几千伏，甚至几万伏。因此，高压静电场的击穿效应仍然是 MOS 电路的一大危害。另外，高压静电场也可以使多层布线电路间介质击穿或金属化导线间介质击穿，造成电路失

效。需要强调的是，介质击穿对电路造成的危害是由于过电压或强电场而不是功率造成的。

④ 静电放电的电磁脉冲效应　静电放电过程是电位、电流随机瞬时变化的电磁辐射过程。无论是放电能量较小的电晕放电，还是放电能量比较大的火花式放电，都可以产生电磁辐射。这种静电放电电磁脉冲场对各种电子装备、信息化系统都可以造成电磁干扰。对航空、航天、航海领域和各种现代化电子装备造成危害。ESD电磁干扰属于宽带干扰，从低频一直到几千兆赫兹以上。其中电晕放电是出现在飞机机翼、螺旋桨及天线和火箭、导弹表面等尖端或细线部位，产生几兆赫兹到1kMHz范围的电磁干扰，使飞机、火箭等空间飞行器与地面的无线通信中断，导航系统不能正常工作，使卫星姿态失控，造成严重后果。传播型刷形放电和火花放电都是静电能量比较大的ESD过程，其峰值电流可达几百安培，它可以形成电磁脉冲（EMP）串，对微电子系统造成强电磁干扰及浪涌效应，引起电路错误翻转或致命失效。即使采取完善的屏蔽措施，当电路屏蔽盒上发生静电火花放电时，ESD的大电流脉冲仍会在仪器外壳上产生大压降，这种瞬时的电压跳变，会使被屏蔽的内部电路出现感应电脉冲而引起电路故障。

⑤ 静电放电对人体的电击效应　当人体接近带有静电的绝缘导体时，或者带有静电的人体接近接地导体或机器设备等较大金属物体时，只要人体和其他导体间的静电场超过空气的击穿场强时，都会形成静电火花放电，有瞬时大电流通过人体或人体的某一部分，使人体受到静电电击。通常，在日常生活和工业生产中，静电引起的电击一般尚不能导致人员伤亡。但是可能发生手指麻木或引起恐慌情绪等。由于人体电击刺激带来的精神紧张，往往会造成手脚动作失常，被机器设备碰伤或从高空坠落，构成静电危害的"二次事故"。

三、静电的消除

近些年来，我国的石油、电子等行业静电事故频发，静电已经成为企业现代化安全技术的一个突出问题。静电的消除方法主要包括：静电接地、空气加湿、材料的防静电改性、使用静电消除器等。

1. 静电接地

静电接地是增加静电泄漏的方式之一，也是各种防静电规范标准中最常用、最基本的防止静电危害措施，是一切静电危险场所必须采用的一项防护措施。"静电接地"与通常意义上的"接地"在概念和量值上都有所不同。许多规范、标准中都没有严格区分接地电阻与静电接地电阻及静电泄漏电阻，使其概念混乱，操作性差。为此，我国有关标准（GB/T 12527—2008）和相关文献，对静电接地作了严格定义。静电接地是指物体通过导电、防静电材料或其制品与大地在电气上可靠连接，确保静电导体与大地的静电电位接近。这里要说明，静电接地系统中并不要求一定都是金属导体，也就是说，静电接地电阻可以是 $10^6\Omega$ 或 $10^8\Omega$，视具体场合而定，它要求比普通接地电阻为"Ω"量级要宽松。所以，静电接地分为直接静电接地和间接静电接地。通过金属导体构成的静电接地系统称为直接静电接地，简称"直接接地"或"接地"；通过含有非金属导体、防静电材料或其制品使物体静电接地称为间接静电接地，简称"间接接地"。对于金属导体，一般采用直接接地。对于其他静电导体或静电消散材料，则不能采用直接接地的办法。应该用导电胶液将其表面的局部或全部与金属导体紧密粘合，然后再将金属导体进行接地，这种连接方式就是间接接地。在进行间接接地时，非金属的静电导体或静电消散材料与金属导体紧密粘和的面积应大于$20cm^2$，同时使这两者之间的接触电阻尽量小。

在静电危险场所通常存在不止一个金属物体时，为了消除各金属物体之间的电位差，并消除这些物体之间可能发生的静电放电，则需要将所有金属物体都进行直接接地。对于相距较远的大型设备来说，一般不允许将它们串联以后接入接地回路，而必须用逐个直接接地的方法。

当静电危险场所存在多个彼此相距很近的小型金属物体时，可将这些金属物体串联起来，然后再将其中一个物体进行直接接地，这种金属物体间的连接方式称为跨接（也叫搭接），跨接的目的是使导体与导体之间以及导体与大地之间都保持等电位，防止导体之间以及导体与大地之间有电位差。

2. 空气加湿

在北方干燥的冬季，人们处处会感到静电现象给人们生活带来的影响，但是在潮湿的夏季，人们很难感到有静电现象发生。显然，环境相对湿度的提高，有利于抑制静电的产生和积聚，有利于提高静电的泄漏速率。也就是说，静电现象与温湿度密切相关。尤其是环境的相对湿度对静电起电率和静电泄漏有很大的影响。所以，在各种防静电危害的场所，都可以利用增湿的方法控制静电危害。

为什么高分子材料的表面电阻率随着空气相对湿度增加有比较大的变化呢？这是因为高分子材料中含有—OH、—NH_2、—SO_3H、—COOH、—OCH_3等亲水基和C $=$O键，材料就很容易吸收空气中的水分子。另外，高分子材料的表面缺陷、悬挂键的存在都有吸附空气中水分子的倾向。当相对湿度提高时，空气中的水汽分子做热运动撞击到物质表面的几率增大，水分子容易被物体吸收或附着在表面，形成一层很薄的水膜（该水膜的厚度约为$10^{-7}m$）。由于水分子的强极性性质和高电容率，以及溶解在水中的杂质（如二氧化碳）的作用，都可以大大降低物体的表面电阻率，显著改善其表面导电性能，这样，就可以较迅速地将电荷导走，达到消除静电危害的目的。

由于相对湿度提高到70%以上时，大多数物体表面都显出较好的导电性，由静电起电原理可知，这时由摩擦（或接触分离）产生静电的几率大大降低，静电起电率减小很多。换句话说，当空气中相对湿度增大时，绝大多数材料的表面电阻率大大下降，以至由静电非导体性质向类似于静电亚导体或静电导体的表面特性过渡。这样一般的物体都自然与大地形成电的连接。实验研究表明：普通楼房墙壁当空气相对湿度由10%变化到60%时，静电泄漏电阻由$10^{10}\Omega$下降到$10^7\Omega$。物体的静电泄漏率大大提高，使危险静电源难以形成。这就是"增湿消除静电危害"的基本道理。

一般的加湿方法有两种：一种是在工艺处理的场所制造的一个人造的小气候环境，使局部空间的相对湿度人为地整体提高到所需要的水平。这一般要使用恒温恒湿调节器、加湿器等设备，成本高、费用大。在工艺条件允许的情况下，通过喷入水蒸气或洒水、挂湿布等方法，使场所整体的相对湿度提高，该方法简便又比较经济，但不能准确控制相对湿度。另一种方法是局部加湿，即仅仅在某物体表面形成高湿度，以消除静电危害。这种加湿的装置叫作高湿度空气静电消除器。

静电危险场所的相对湿度提高到多大范围才能使静电很快地泄漏，避免静电的危险积聚，这既与物质的性能参数有关也与生产的工艺条件有关，很难一概而论，应根据具体情况和要求确定。一般将空气的相对湿度控制在65%~75%的范围内是比较合适的。大量实验表明，在相对湿度低于50%的环境中，多数带电物体的静电泄漏比较缓慢，防静电效果较差。而当相对湿度达到65%~90%时，静电泄漏速度加快、防静电效果好。

加湿方法消除静电危害效果明显，容易操作，目前已在许多部门得到广泛应用，但也存在不少问题应该注意。第一，有些加湿手段本身也能产生静电，如压缩空气装置喷射蒸汽时就有静电产生。第二，高湿度不仅成本昂贵，而且会恶化生产条件，使操作人员感到潮湿、闷热、不利于工作，同时也增加了机器锈蚀的机会。第三，有些产品出于质量要求不允许把相对湿度提得很高，有些加工工序则完全不能来用。另外，以加湿的方法消除静电，对以下几种情况无效：

① 表面不易被水润湿的介质，如聚四氟乙烯、纯涤纶等；

② 表面水分蒸发极快的静电非导体；

③ 绝缘的带电介质，如悬浮的粉体；

④ 高温环境中的静电非导体。

3. 材料的防静电改性

绝缘材料容易产生静电，并且对积累的静电荷难以泄放。因此常常需要对绝缘材料进行防静电改性，将绝缘材料变为静电消散材料，达到抑止静电的目的。对材料进行防静电处理的方法主要是使用防静电改性剂、导电性填充和辐照改性。

（1）防静电改性

使用防静电剂，可以改变高分子材料的导电性能，使其达到泄漏静电的要求。防静电剂是一种化学物质，具有较强的吸湿性和较好的导电性，在介质材料中加入或在表面涂敷防静电剂后，可降低材料本身的体电阻率或表面电阻率，使其成为静电的导体材料和静电的消散材料，加速对静电荷的泄漏。

固体材料的防静电改性处理可分为固体内部掺杂方法和表面涂敷方法。无论是内部掺杂还是外部涂敷，防静电剂的作用机理都是一样的。因为防静电剂一般都是表面活性剂，加入材料后表面活性剂的疏水基向材料内部结合，而亲水基则朝向空气，于是在被处理材料表面形成一个连续的能够吸附空气中微量水分的单分子导电层。当防静电剂为离子型化合物时，该导电层就能起到离子导电作用，当防静电剂为非离子型时，它吸湿效果除了表面水膜导电性外，还使得材料表面的微量电解质有了离子化的条件。所以，无论是离子型还是非离子型的防静电剂，都是由于单分子导电层的形成，降低了材料的表面电阻率，加快了静电泄漏。同时，改变了材料的表面能级、使材料表面变得柔软平滑、摩擦系数减小，从而使接触-分离过程中产生的静电量减小。

火炸药的防静电改性，通常采用两种方法使用防静电剂：一种方法是把防静电剂配置成一定浓度的水溶液，在火炸药生产的最后一道水洗工序时加入，使药粒表面涂敷上一层很薄的防静电剂。另一种方法是把防静电剂溶在有机溶剂内，涂敷在与火炸药相接触的工装、设备的表面。作为火炸药用的防静电剂，首先要求防静电剂对火炸药的质量不应发生影响，即不影响火炸药的理化性能和爆炸性能。为此，应选用高效防静电剂，以便加入极少的数量就可有效防止带电。当火炸药长期储存时，防静电剂对其安定性是否产生不利影响也必须加以考虑。其次，防静电剂的使用应有利于火炸药趋近于凝聚相和抑制粉尘的形成。因为处于粉尘状态的火炸药在飞扬时易与空气形成燃爆混合物，促成静电灾害的发生。同时要求防静电剂无毒、操作方便，不污染环境。

石油产品的防静电改性主要是改变油品的电导率。由纯烃或烃的混合物组成的石油产品，基本上属于静电绝缘体，在很多情况下，油品的电导率是 $0.1^{-5}pS/m$。如此低的电导率，使油品在生产、储运和使用过程中潜在静电危害。石油产品中加入适量的防静电剂可以大幅度提高油品的电导率，使静电不能积聚。大量实验和长期的运行经验都表明，防静电剂对包括汽油、柴油和航空煤油在内的各种燃油均有良好的防静电效果。向油品中添加防静电剂时，最好将防静电剂以数倍油稀释、调配成母液，加入后视调和罐的容积大小进行充分循环，停泵半小时后用电导率测定仪测定各部位的电导率数值，若这些值完全相同，就说明油品已调和均匀。添加量为十万分之几至百万分之几。

（2）材料的导电性填充

当空气相对湿度较低时，防静电剂的防静电效果就会下降，甚至失去作用。所以研制永久性防静电材料是十分必要的。导电性填充材料防静电改性技术，是在材料的生产过程中，将分散的金属粉末、碳黑、石墨、碳素纤维等导电性填充料与高分子材料相混合，形成导电的高分子混合物，并可制成电阻率较低的各种静电防护用品。由导电性填充料和高分子材料混合制成的防静电制品主要有防静电橡胶制品和防静电塑料制品，已广泛应用于火工品、火炸药及石油、化工、制药、煤气、矿山等领域。

导电填充料技术与防静电剂处理方法相比较，有如下优点：

首先，导电性填充材料可以更有效地降低聚合物材料的电阻率，并可在相当宽的范围内$(\rho V=10^6\sim10^{-3}\Omega\cdot m)$加以调节，而防静电剂最多只能将聚合物的电阻率降至 $10^6\sim10^{11}\Omega\cdot m$，再往下就非常困难了。其次，化学防静电剂防静电的主要机理在于吸湿，因此，其制品在低湿度下的防静电性能变得很差以至完全丧失；而由导电性填充材料获得的防静电制品，其泄漏静电的机理与吸湿无关，所以即使在很低的相对湿度下，仍能保持良好的防静电性能。另外，在防静电性的持久性方面，导电性填充材料也优于化学防静电剂。

导电性混合料的导电机理是十分复杂的，其电流-电压特性是非线性的。主要的导电过程可归结为两种：一是依靠链式组织中导电颗粒的直接接触使电荷载流子转移；二是通过导电性填充料颗粒间隙和聚合物夹层的隧道效应转移电荷载流子。同时，高分子混合料加工成制品的工艺及制品中的缺陷等也都会影响制品的防静电性能。

（3）射束辐照防静电改性

射束辐照防静电改性技术，是利用离子束、电子束或 X 射线及 γ 射线对高分子材料进行照射，以期获得永久性的防静电材料。20 世纪 60 年代，有人用电子束和 X 射线照射高分子材料进行了防静电改性实验。但实验结果并不理想，被辐照的材料呈现出的防静电性能，很快(数小时之内)衰减，最后完全恢复到辐照前的水平。但是，利用离子束或射束技术与防静电剂相结合及等离子体技术对材料表面改性，曾获得比较理想的防静电表面。

（4）层压复合防静电阻隔材料

工业发达国家，自 20 世纪 70 年代起，综合运用防静电剂、真空镀铝和聚合物生产工艺，研制成层压复合型防静电阻隔材料。这些材料可以对半导体器件和计算机芯片及某些电磁敏感产品与设备进行静电防护，同时具有防电磁辐射的功能，并能够隔湿防潮。我国有关工厂已研制生产出达到国际标准的层压复合型防静电阻隔材料和包装袋，已应用于静电防电磁干扰的相关领域。

4. 静电消除器

每一种静电防护技术都有其适用范围，也都有一定的局限性。如静电接地不适用于静电绝缘体，空气加湿对生产工艺有一定影响，有些情况下为保证产品质量不允许加湿或无法提高环境相对湿度。

能使空气发生电离、产生消除静电所必要的离子的装置称为静电消除器，又可称为静电中和器，简称消电器。其基本原理是：利用空气电离发生器使空气电离产生正、负离子对，中和带电体上的电荷。消电器具有不影响产品质量、使用方便等优点，因而应用十分广泛。

消电器种类很多。按照使空气发生电离的手段的不同，可分为无源自感应式、外接高压电源式和放射源式三大类。其中，外接高压电源式按使用电源性质不同又可分为直流高压式、工频高压式、高频高压式等几种；按构造和使用场所不同，还可分为通用型、离子风型和防爆型三种类型；此外，还有一些适用于管道等特殊场合的消电器。

第三节 电磁干扰与电磁兼容

电磁干扰(Electro Magnetic Interference，EMI)，是指任何在传导骚扰或辐射电磁场中伴随着电压、电流的作用而产生会降低某个装置、设备或系统的性能，或可能对生物或物质产生不良影响的电磁现象。相对应的测试项目根据产品类型及标准不同而不同。

电磁兼容(Electro Magnetic Compatibility，EMC)是电子、电气设备或系统的一种重要的技术性能。其定义是：设备或系统在其电磁环境中符合要求运行并不对其环境中的任何设备产生无法忍受的电磁干扰能力。

一、电磁干扰

打开电视机时，室内的日光灯会出现瞬间变暗的现象，这是因为大量电流流向电视机，电压骤然下降，使用同一电源的日光灯受到影响。还有使用吹风机时收音机会出现"啪啦、啪啦"的噪声。原因是吹风机的电动机产生微弱(低强度高频的)电压/电流变化，通过电源线传递而进入收音机，以噪声的形式表现出来。像上面这种由一个设备中产生的电压/电流通过电源线、信号线传导并影响其他设备时，将这个电压/电流的变化称为"传导干扰"。对付这种干扰通常采用干扰源及被干扰设备的电源线等安装滤波器的方法，阻止传导干扰的传输。当信号线上出现噪声时，可将信号线改为光纤，这样也能隔断传输途径。

在使用手机时，旁边的电视机 CRT 图像会出现抖动，扬声器也会发出"嘟嘟嘟"的噪声，这是因为手机工作时的信号通过空间以电磁场的形式传输到电视机内部，当汽车从附近道路经过时，电视会出现雪花状干扰。这样因为汽车点火装置的脉冲电流产生了电磁波，传到空间再传给附近的电视天线，电路中产生了干扰电压/电流，造成危害的干扰称为"辐射干扰"。辐射现象的产生必然有天线与源存在。像这种传输途径是空间的干扰，可以通过屏蔽的手段来解决。

通过上述内容不难看出，电磁干扰的根源其实就是电压/电流产生不必要的变化。这种变化通过电缆(电源线或信号线)直接传递给其他设备，造成危害，称为"传导干扰"。另外，由于电压/电流变化而产生的电磁波通过空间传播到其他设备中，在其导线或电路上产生不必要的电压/电流，并造成危害的干扰称为"辐射干扰"。在实际中干扰类型的区分并不是这样简单的。

某些数字视听设备(如液晶电视等)的干扰源，虽然是在设备内部电路上流动的数字信号的电压/电流，但这些干扰以传导干扰的方式通过电源线或信号线泄漏，直径传递给其他设备。同时这些导线产生的电磁波以辐射干扰的形式危及附近的设备。而且数字视听设备本身内部电路也产生电磁波，以辐射的形式危及其他设备。

辐射干扰现象的产生和天线是紧密相连的。根据天线理论，如果导线的长度与波长相等，就容易产生电磁波。例如，数米长的电源线就会产生30~300MHz频带的辐射发射。比此频率低的频段，因波长较长，当电源线中流过同样的电流时，不会辐射很强的电磁波。所以在30MHz以下的低频段主要是传导干扰。辐射干扰势必传导干扰还要严重的问题，因为在30~300MHz宽度内电源线泄漏的干扰可以转变成电磁波发射到空间。在比此更高的频率上，此电源线尺寸更小的设备内部电路会产生辐射干扰，对其他设备造成危害。

综合起来，就是当设备和导线的长度比波长短时，主要问题是传导干扰，当它们的尺寸比波长长时，主要问题是辐射干扰。

环境中还存在着一些短暂的高能量脉冲干扰，这些干扰对电子设备的危害很大，这种干扰一般称为瞬态干扰。瞬态干扰既可以通过电缆(包括电源线和信号线)进入设备，也可以以宽带辐射干扰的形式对设备造成影响。例如，汽车点火装置和直流电动机电刷产生的电火花对收音机的干扰。在现实环境中，雷电、静电放电、电力线上的负载通断(特别是感性负载)、核电磁脉冲等都是产生瞬态干扰的原因。可见，瞬态干扰是指时间很短但幅度较大的电磁干扰。设备需要通过测试验证的瞬态干扰抗扰度有三种：各类电快速瞬态脉冲(EFT)、各类浪涌(SURGE)、静电放电(ESD)。

二、电磁兼容

产生电磁兼容(电磁干扰)问题，必须同时具备三个条件。

① 干扰源：产生干扰的电路或设备。

② 敏感源：受这种干扰影响的电路或设备。

③ 耦合路径：能够将干扰源产生的干扰能量传递到敏感源的路径。

以上三个条件就是电磁兼容的三要素，只要将这三个要素中的一个去除掉，电磁干扰问题就不复存在了。电磁兼容技术就是通过研究每个要素的特点，提出消除每个要素的技术手段，以及这些技术手段在实际工程中的实现方法。解决电磁兼容问题的手段主要有三个，分别是接地、屏蔽以及滤波。

1. 接地

正确的接地既能有效地提高设备的电磁抗扰度，又能抑制电子、电气设备向外部发生电磁波；但是错误的接地常常会造成相反的效果，甚至会使电子、电气设备无法正常工作。尤其是成套控制设备和自动化控制系统，需要在系统设计时周密考虑，而且在安装调试时也要仔细检查和做适当的调整。这是因为有多种控制装置布置比较分散，它们各自的接地往往会形成十分复杂的接地网络。

按照接地的主要功能划分，接地系统主要由下列四种子接地系统组成：安全地、信号地、机壳（架）地和屏蔽地。虽然在绝大多数设备或系统中，上述几个子接地系统的地线均汇总在一点与大地相连，但是，绝不意味着它们可以任意接大地。

（1）安全地系统

安全地系统主要分防止设备漏电的安全接地以及防雷安全接地。防止设备漏电的安全接地主要用于确保人身安全。人体的皮肤处于干燥洁净和无破损情况下，人体电阻可达 $40 \sim 100 \mathrm{k\Omega}$。当人体处于出汗、潮湿状态时，人体电阻可降到 1000Ω 左右。通常，当人体流过 $0.2 \sim 1\mathrm{mA}$ 的电流时，会感到麻电；流过 $5 \sim 20\mathrm{mA}$ 电流时，会发生肌肉痉挛，不能自控脱离带电体；当电流大于几十毫安时，心肌则会停止收缩和扩张；如果电流与时间的乘积超过 $50\mathrm{mA \cdot s}$，便会造成触电死亡。实用上，通常以电压表示安全界限，例如，我国规定在没有高度危险的建筑物中，安全电压为 $65\mathrm{V}$；在高度危险的建筑物中为 $36\mathrm{V}$；在特别危险的建筑物中为 $12\mathrm{V}$。而一般家用电器的安全电压为 $36\mathrm{V}$，以保证万一触电时流经人体的电流也小于 $40\mathrm{mA}$。为了确保人身安全，必须将设备金属外壳或机壳与接大地的接地体相连。

防雷安全接地的目的是将雷电电流引入大地，保护设备和人身安全。防止雷击的措施，通常是采用避雷针，若避雷针的高度为 h，则它的保护面积等于 $9\pi h_2$。在设计防雷安全接地时，还必须注意防护雷击接地瞬态电流通过避雷针下引导体所产生的瞬态高压可能对它周围的物体、设备或人体造成的间接伤害。为此，在考虑防雷接地时，离下引导体 $15\mathrm{cm}$ 以内的所有金属导体都应与下引导体良好搭接以保持等电位。

（2）信号地系统

信号地是指控制信号或功率传输电流流通的参考电位基准线或基准面。如果在一个实际的系统中，控制信号或功率的传输未经任何形式的电隔离（如变压器电隔离、光耦合电隔离等），整个系统则只有一个信号地，否则就可能有若干独立的信号地，而这些独立的信号地之间又存在这通过寄生电容的耦合，情况则更复杂。总之，不但对信号的直接传导耦合具有直接的影响，而且它对拾取或感应外界噪声也举足轻重。

① 单点信号地系统

系统中所有的信号接地线只有一个公共接地点。而在实际使用的单点信号接地系统中，又有下列两种情况：公共信号地线串联一点接地与独立信号地线并联一点接地两种情况。

a. 信号地线串联一点接地方式。这种信号接地方式简单、方便、易行。但是，系统内各部分的电流均会通过地线公共阻抗产生直接传导耦合，将作为差模干扰信号串联在各自的输入回路中。所以，公共接地点应放在最靠近低电平的电路或设备处，以保证该处产生最小的噪声直接传导耦合。它用于要求不高、各级电平悬殊不太大的场合。

b. 独立地线并联一点接地。这时不存在各设备、电路单元之间通过公共地线阻抗的耦合问题，它特别适合于各单元地线较短，而且工作效率比较低的场合。由于各设备、电路单元各自分别接地，势必增加了很多根地线，使地线长度加长，地线阻抗增加。这样，不但造成布线繁杂、笨重，而且，地线与地线之间，地线与电路各部分之间的电感和电容耦合强度都会随频率的增高而增强。特别在高频情况下，当地线长度达到 $\lambda/4$ 的奇数倍时，地线阻抗可以变得很高，地线会转化成天线，而向外辐射干扰。所以，在采用这种接地方式时，每根地线的长度都不允许超过 $\lambda/20$。

② 多点地网或地平面信号地系统

多点信号接地系统可以得到最低的地阻抗，所以它主要用于高频(通常大于 10MHz)。在这种系统中，必须使用"地栅"或"地平面"的信号接地结构。

③ 混合信号地系统

在一个实际的工业系统中，情况往往比较复杂，很难只采用单一的信号接地方式，而常常采用串联和并联接地或单点和多点接地组合成的混合接地方式。

大多数实际的低频接地系统，常常采用串联和并联接地相混合的混合信号接地系统。首先要将各种接地线有选择的归类：几个低电平的电路可以采用串联接地的形式共用一根地线(称为小信号地线)；而高电平电路和强噪声电平电路(如马达、继电器等)则采用另一组串联接地形式的公共地线(称为噪声地线)；机壳及所有可移动的抽斗、门等再单独联成一根地线(称为机壳、架线)。最后将这些各自分开的小信号地线、噪声地线和机壳(架)地线再以并联接地的形式连于一个公共连接点，再将这点接大地。

对应宽频系统，就必须同时兼顾低频单点信号接地和高频多点信号接地的不同要求。可以采用如图 4-1 所示的简单的宽频混合信号接地系统。

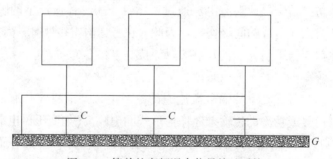

图 4-1　简单的宽频混合信号接地系统

图 4-1 中，C 对高频等效短路，而对低频等效开路，所以该接地系统对低频而言是串联单点接地，而对高频则是多点接地。为此，电容器 C 必须选用无感电容器，而且电容器接地引线越短越好，相邻电容器 C 之间的距离应小于 $\lambda/10$。

④ 浮空信号地系统

工作于直流及低频范围的小型设备(例如测量仪器)，有时常常要求对市电频率(例如50Hz)高电平的共模噪声具有很高的共模抑制比，常常采用如图 4-2 所示的浮地系统，所谓浮地就是讲电路或设备的信号接地系统与机壳及安全地(大地)完全隔离。

关键是要做到 Z_g 越大越好，也就要求做到信号地线对大地的漏电阻越大越好，信号地线对大地的分布电容越小越好。

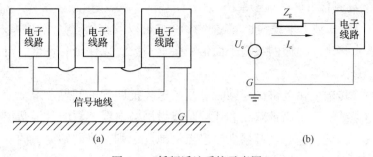

图 4-2　低频浮地系统示意图

（3）机壳（架）地系统

机壳地系统又称为保护接地，是为防止电气装置的金属外壳、配电装置的构架和线路杆塔等带电危及人身和设备安全而进行的接地。

所谓保护接地就是将正常情况下不带电，而在绝缘材料损坏后或其他情况下可能带电的电器金属部分（即与带电部分相绝缘的金属结构部分）用导线与接地体可靠连接起来的一种保护接线方式。一般用于配电变压器中性点不直接接地（三相三线制）的供电系统中，用以保证当电气设备因绝缘损坏而漏电时产生的对地电压不超过安全范围。

机壳地系统又分为接地保护与接零保护。这两种保护的不同点主要表现在三个方面：一是保护原理不同。接地保护的基本原理是限制漏电设备对地的泄漏电流，使其不超过某一安全范围，一旦超过某一整定值保护器就能自动切断电源；接零保护的原理是借助接零线路，使设备在绝缘损坏后碰壳形成单相金属性短路时，利用短路电流促使线路上的保护装置迅速动作。二是适用范围不同。根据负荷分布、负荷密度和负荷性质等相关因素，《农村低压电力技术规程》将上述两种电力网的运行系统的使用范围进行了划分。TT 系统通常适用于农村公用低压电力网，该系统属于保护接地中的接地保护方式；TN 系统（TN 系统又可分为 TN-C、TN-C-S、TN-S 三种）主要适用于城镇公用低压电力网和厂矿企业等电力客户的专用低压电力网，该系统属于保护接地中的接零保护方式。当前我国现行的低压公用配电网络，通常采用的是 TT 或 TN-C 系统，实行单相、三相混合供电方式。即三相四线制 380/220V 配电，同时向照明负载和动力负载供电。三是线路结构不同。接地保护系统只有相线和中性线，三相动力负荷可以不需要中性线，只要确保设备良好接地就行了，系统中的中性线除电源中性点接地外，不得再有接地连接；接零保护系统要求无论什么情况，都必须确保保护中性线的存在，必要时还可以将保护中性线与接零保护线分开架设，同时系统中的保护中性线必须具有多处重复接地。

（4）屏蔽地系统

在设计各种形式屏蔽层接地方式时，必须要注意，既要保证原屏蔽设计的要求，不降低屏蔽性能；又要保证原接地系统设计的要求，不会因之构成不合理地回路。在一个系统中，屏蔽体通常安排在两个部分：一个是信号输入电路部分；另一个是输出部分。

① 低电平、信号输入部分的屏蔽地子系统设计

低电平、低频信号屏蔽地子系统设计。频率低于 1MHz 的低频接地系统，通常应当采用单点接地方式，并采用双绞屏蔽线或多芯绞合屏蔽线。

② 低电平、高频信号屏蔽地子系统

当频率高于1MHz或者电缆线长度超过1/10波长以及在处理高速脉冲数字电路时，信号地必须采用多点接地、地栅网或地平面信号接地系统，以保证各部件、电路的信号地保持同一电位。

从信号或功率传输的角度讲，高频时必须考虑阻抗匹配的问题。常常使用具有固定特性阻抗的同轴电缆线，而不用带双绞芯线屏蔽线做屏蔽电缆，它的外屏蔽层用来作为传输信号的返流地线。因此，它必须遵循高频多点接地的原则，将同轴电缆的屏蔽层多点接地信号地平面(每相邻屏蔽接地点之间的距离应小于等于$\lambda/10$)。当电缆长度较短时，则将电缆屏蔽层两端分别接信号源及放大器的信号地。

③ 高电平、功率输出部分的屏蔽地子系统设计

高电平、功率输出部分连接到负载端的输出线，也必须采用屏蔽电缆。

屏蔽地子系统设计，概括成如下几点原则：

a. 屏蔽地应接噪声地。

b. 在低频时，输出电缆通常用双芯或多芯绞合屏蔽电缆接负载。当负载不接地时，屏蔽层在噪声地一端接地；当负载也接地时，可在噪声地与负载地两端同时接地。

c. 在传输高频及脉冲功率信号时，输出电缆通常用同轴电缆线，以确保良好的阻抗匹配和较长距离的低损耗传输。这时，同轴电缆线的屏蔽层通常同时充当返流导线，可以保证输出电缆最小的杂散电磁场。这时，屏蔽层应采用多点接噪声地的形式。

d. 在对输出电缆杂散低频磁场需要严格控制的场合，应用铁管等高磁导材料制成的金属管，将输出电缆屏蔽。

地线设计是难度较大的一项设计，也是一项非常重要的设计。在电磁兼容设计的初期就进行地线设计是电磁干扰问题的最有效、最廉价的方法。

2. 屏蔽

屏蔽技术是实现电磁干扰防护的最基本也是最重要的手段之一。按预屏蔽的电磁场性质分类，屏蔽技术通常可分为三大类：电场屏蔽(静电场屏蔽及低频交变电场屏蔽)、磁场屏蔽(直流磁场屏蔽和低频交流磁场屏蔽)及电磁场屏蔽(同时存在电场及磁场的高频辐射电磁场的屏蔽)。

从屏蔽体的结构分类，可以分为完整屏蔽体屏蔽(屏蔽室或屏蔽盒等)、非完整屏蔽体屏蔽(带有孔洞、金属网、波导管及蜂窝结构等)以及编制带屏蔽(屏蔽线、电缆等)。

(1) 屏蔽原理

金属屏蔽体可以对电场起屏蔽作用，但是，屏蔽体的屏蔽必须完善并良好接地，低频交变电场的屏蔽则与静电屏蔽的情况完全一样。磁场屏蔽通常采用下列办法：①采用高磁导率材料用于屏蔽直流和低频磁场。②采用反向磁场抵消的方法，实现磁屏蔽。在高频磁场屏蔽的场合，这种金属屏蔽体应为良导体，如铜、铝或铜镀金等。在利用屏蔽电缆实现磁屏蔽场合，电缆屏蔽层必须在两端接地，这样可以将芯线中产生的磁场抵消掉，从而达到磁场屏蔽的目的。

对于射频电磁场来说，必须同时对电场与磁场加以屏蔽，故通常称为"电磁屏蔽"。高频电磁屏蔽的机理，则主要是基于电磁波通过金属屏蔽体产生波反射和波吸收的机理。电

磁波到达屏蔽体表面时，之所以会产生波反射，其主要原因是电磁波的波阻抗与金属屏蔽体的特征阻抗不相等，两者数值相差越大，波反射引起的损耗也越大。波反射还和频率有关，频率越低，反射越严重，而电磁波在穿通屏蔽体时产生的吸收损耗，则主要是由电磁波在屏蔽体中感生的涡流引起的。感生的涡流可产生一个反磁场抵消原干扰磁场，同时涡流在屏蔽体内流动，产生热损耗。此外，电磁波在穿过屏蔽层时，有时还会产生多次反射。

（2）屏蔽体设计

在实际应用中，大到屏蔽室和大型电气设备的机壳；小到各种传感器的屏蔽壳体、电子部体的屏蔽盒和机内屏蔽线(缆)等。它们的工作环境不同，对屏蔽的要求也不同。

① 屏蔽体设计的一般原则

a. 首先确定屏蔽设计所面临的电磁环境。例如：预屏蔽的主要电磁干扰源是什么？它属于什么类型？是高阻抗电场、低阻抗磁场还是平面波？场的强度、频率以及屏蔽体至主要干扰源的距离或被屏蔽的干扰源到被干扰电路的距离等。

b. 确定最易接受干扰电路的敏感度，以决定对完整屏蔽体的屏蔽要求。

c. 进行屏蔽体的结构设计，包括：确定屏蔽体上必须的各种开孔、窥视窗以及必要的电缆进出口孔。这些开孔均不可避免地使屏蔽完整性遭到破坏，从而造成部分磁场的泄漏，对此必须要作出估算，从而确定对实际屏蔽体的屏蔽要求。根据上述屏蔽要求，决定屏蔽层数(单、双层)、屏蔽材料、防止屏蔽完整性遭到破坏的各种窗口屏蔽结构等。

d. 进行屏蔽完整性的工艺设计。主要目的是保证前述各种可能出现的非完整屏蔽窗口的屏蔽完整性。

② 屏蔽层材料的选择

a. 电场及平面波电磁场屏蔽材料的选择。为了良好地屏蔽高阻抗电场及平面波电磁场，屏蔽材料必须具有良好的电导率。屏蔽平面波对屏蔽材料的要求与屏蔽电场相同，只是要求屏蔽材料有一定的厚度，具体数值与电磁波的频率有关。

b. 磁场(特别是低频磁场)屏蔽材料的选择，对高频磁场的屏蔽，屏蔽材料的选择与屏蔽电场的要求一样：当频率较低时，选择高磁导率材料，不是靠感生涡流产生的反磁场，而是靠屏蔽材料的低磁阻特性。

特别需要指出的是，通常手册或产品说明书中给出的磁性材料的磁导率，均是指在直流工作情况下的磁导率。当频率增高时，磁导率将逐渐下降。

由于磁饱和的关系，当磁场强度较大时，磁导率会下降，最好采用多层屏蔽的结构，在加工高磁导率材料的过程中，磁性材料因受到敲打、冲击、钻孔、弯折等各种原因造成的机械应力，材料的磁导率都会明显下降。

（3）屏蔽体的结构设计

① 单层屏蔽结构与多层屏蔽结构设计　尽量采用单层、完整的屏蔽结构。电子设备使用塑料外壳的越来越多，为了防止电磁波的辐射或屏蔽外界电磁波的干扰，必须采用新的单层屏蔽方法。最常见的是，用金属箔带在设备壳体内壁粘贴一层或几层金属箔(通常是用铜箔或铝箔)，为保证其屏蔽的完整性，接缝处必须要用导电黏合剂或混有金属颗粒的黏合剂，同时，要保证它们良好接地。可采用导电涂料和金属喷涂(镍粉涂料或镀锌喷涂)等方法制成薄膜屏蔽层。对磁场屏蔽而言，特别是对低频磁场而言，常常不得不采用多层屏蔽，

通常采用双层屏蔽结构。

设计多层屏蔽结构的原则是：

a. 各屏蔽层之间不能有电气上的连接。

b. 应根据所处电磁环境最大磁场强度的情况，合理安排各屏蔽层的材料。

c. 屏蔽罩尽量不要开孔或开缝，不致产生局部磁饱和。

d. 第一屏蔽层屏蔽高频电磁场时，当屏蔽罩上必须开孔时，应该注意开孔的方位，以保证涡流能在材料中均匀分布。

② 屏蔽体通风孔结构设计　合理的结构设计，可以使屏蔽体上开了若干通风孔以后，不但能保证良好的通风散热，而且能保证屏蔽效能不下降。其基本出发点在于，将每个通风孔设计成对预屏蔽的电磁波构成衰减波导管的形状，如图 4-3 所示。

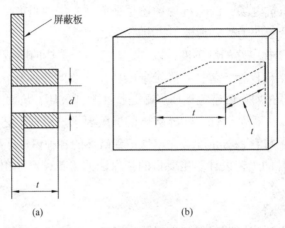

(a)   (b)

图 4-3　波导管形式的通风孔截面图

③ 与屏蔽体外有关连的部件屏蔽结构设计：

a. 电缆连接器的屏蔽。连接器的插座配合同轴电缆插头，必须与屏蔽体壁构成无缝隙的屏蔽体。

为了控制地电流，只在特定的接地端接地。在屏蔽体的电缆连接器处，电缆的屏蔽层应与其外壳四周均匀良好地焊接或紧密地压在一起，以保证插座与插头四周保持均匀良好的接触，力求没有缝隙泄露。

b. 电源变压器的屏蔽。其中又可分为

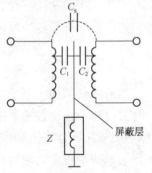

图 4-4　电源变压器一次、二次绕组
之间分布电容耦合及静电屏蔽

电源变压器的静电屏蔽　电网中出现的各种噪声（如雷击、浪涌、跌落等引起的各种瞬态噪声）都会通过输电线进入电源变压器，再通过电源变压器一次、二次绕组之间的分布电容耦合进入电子电路。即使该电源变压器密封在一个屏蔽盒中，它仍然给该屏蔽体与外界电网之间造成了一个窗口，从而破坏了屏蔽体的完整性。

在电源变压器一次、二次绕组之间加一层静电屏蔽，如图 4-4 所示。其中，C_1、C_2 分别为变压器一次绕组和二次绕组与静电屏蔽层之间的分布电容，C_s 为一次、二次侧之间的漏电容，Z 为接地层接地阻抗。理想的静电屏蔽应当是 $C_s = 0$，$Z = 0$。

多层屏蔽电源变压器 在对隔离电网中各种噪声通过电源变压器进入电子设备要求严格的场合(例如，微弱信号测量、放大)，仅仅依靠前述简单的单层静电屏蔽结构，有时还是不能满足实际需要的，常常需要采用各种多层屏蔽电源变压器结构，它们有：双屏蔽变压器、三屏蔽变压器和噪声隔离电源变压器等。

双屏蔽隔离电源变压器。它的一次、二次绕组匝数比为 1∶1，它们分别绕制在环形铁芯的两臂上，并分别设置各自独立的静电屏蔽层，铁芯及两个屏蔽层均必须良好接地。这种结构清楚地表明，它是以减小一次、二次绕组之间的分布电容为主要目的。它的一次、二次绕组的漏感通常都比较大。

三屏蔽电源变压器。三屏蔽电源变压器的结构原理图如图 4-5 所示。该电源变压器的一次绕组具有单独的静电屏蔽层，它与铁芯同时接机壳及安全地，而二次绕组则具有双层静电屏蔽层，内屏蔽层接设备主要电路的信号地；外屏蔽层接仪器的内屏蔽罩，作为仪器的防护端，接测量电缆的屏蔽层，保证了仪器内屏蔽罩的屏蔽完整性。广泛地用于高精度、高性能的数字测量仪器中。一次、二次绕组之间的漏电容也可做到只有几皮法，整机共模抑制比可达到 140dB 以上。

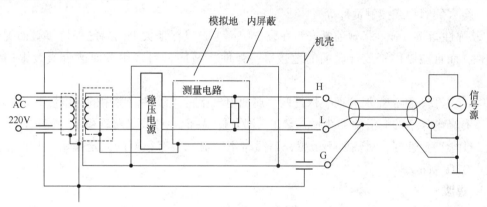

图 4-5　三屏蔽电源变压器屏蔽层接地示意图

噪声隔离变压器(Noise Cutout Transformer，NCT)。它是一种电源变压器整体和变压器绕组都加屏蔽的多层屏蔽电源变压器。它的结构铁芯材料、铁芯形状以及线圈的位置都比较特殊。它的主要特点是一次侧、二次侧之间的漏电容极小，保证了很高的共模噪声抑制比，同时它采用了特殊的磁性材料，并从结构上尽量减少空间耦合，使它的磁导率在几千赫兹时急剧下降。这样，就能非常有效地抑制一次、二次绕组之间的高频差模噪声的磁耦合，保证很高的高频差模噪声抑制比。这种变压器在国外已作为电磁兼容专用元件投入市场，最大的功率容量可达 50kV·A，在 10kHz~5MHz 频带范围内，共模噪声抑制比一般为40~100dB，高者可达 140dB；差模噪声抑制比也可达到 16~74dB 不等。

④ 其他各种非完整屏蔽窗口屏蔽结构设计：

a. 窥视窗的屏蔽结构。可以采用薄膜屏蔽体结构(如导电玻璃)或玻璃夹层金属屏蔽网结构。

b. 仪表盘的屏蔽结构。表计用一个电气上金属密封的小屏蔽罩起来，四周用金属垫衬与金属面板相连，保持电气上的良好接触。表计的面板部分用导电玻璃密封，表计与屏蔽体内其他电路用穿心电容器连接。

c. 面板上可调电位器、可调电容器及传动轴的屏蔽结构。为了保证屏蔽体屏蔽的完整性，仅仅在开孔四周来用金属衬垫是不可能做到可转动手柄与开孔之间没有缝隙的。为此，在要求较高的场合，可将调节手柄改为用绝缘材料制成，并通过衰减波导管引到仪表面板，这种结构的屏蔽效能可达80dB。

d. 屏蔽罩、盖板屏蔽结构。力求使接缝长度尽可能的短，接触尽可能好。为此，应保证接缝处的接触面尽量平整、无挠曲、洁净、无油脂、无氧化物、无灰尘等。此外，还应当用点焊及加紧固螺钉的办法来减小接缝长度。

（4）屏蔽体的工艺设计

为了保证屏蔽体的完整性，工艺上必须要保证屏蔽体所有可能的接缝处在电气上的长期稳定、可靠的良好接触和密封。为了上述目的，专门设计的各种EMI衬垫、弹性指簧和导电密封胶作为EMI的特殊元件得到了广泛的应用。

① EMI衬垫（gasket）。射频衬垫是置于两块金属之间、对射频密封的衬垫元件，最常用的材料是内部含有金属丝的泡沫塑料或填充银粉等导电粉料的导电橡胶，也有的用各种金属、金属编织物或接触簧片等。

② 弹性指簧。弹性指簧通常安装在设备门框上，以保证关上门后能保持接触面屏蔽的完整性，而且能提供跨配合表面的地接触。弹性指簧的材料多用表面镀金或镀银的铜铍合金。

③ 导电胶。防护金属表面、保证两金属面电气上的连续性。常用的导电胶为银-硅胶，它是具有高电导率的润滑的黏性胶。它在高温及低温$-54 \sim +232℃$时均稳定，能抗潮湿，耐腐蚀，化学稳定性好，对辐射不敏感，高温时不会流动，有很好的固定作用，其典型电阻率为$0.02\Omega \cdot cm$。

3. 滤波

对于传导干扰，滤波则是十分有效的办法。这与通信及信号处理中所讨论的信号滤波器基本原理相同，但是，它们具有下列完全不同的特点：

① EMI滤波器中用的L、C元件，通常需要处理和承受相当大的无功电流和无功电压，即它们必须具有足够大的无功功率容量。

② 信号处理中用的滤波器，通常总是按阻抗完全匹配状态设计的，所以可以保证得到预想的滤波特性。但是，EMI滤波器通常在失配状态下运行，因此，必须认真考虑它们的失配特性，以保证它们在$0.15 \sim 30MHz$范围内，能得到足够好的滤波特性。

③ EMI滤波器主要是用来抑制因瞬态噪声或高频噪声造成的EMI，所以对所用的L、C元件寄生参数的控制，要求比较苛刻。因而，对EMI滤波器的制作与安装均必须认真对待。

④ EMI滤波器虽然是抗电磁干扰的重要元件，但是，使用时必须详细了解其特性，并正确使用。否则，不但收不到应有的效果，而且有时还会导致新的噪声。例如，如果滤波器与端阻抗严重失配，可能产生"振铃"；如果使用不当，还可能使滤波器对某一频率产生谐振；若滤波器本身缺乏良好的屏蔽或接地不当，还可能给电路引进新的噪声。

特别是用于电源中的 EMI 滤波器，由于它流过较大的功率流，上述因不正确使用造成的后果可能会十严重。即使它们用于信号电路中，虽能抑制干扰，同时对有用信号却会带来一定的畸变。

第四节　化工电气防火防爆案例

【案例一】　化工制品公司重大火灾事故

（1）事故经过

1995 年 7 月 9 日，江阴市某化工制品公司发生重大火灾事故，导致 1 人死亡 13 人受伤，后经医院抢救无效，又有 2 人死亡，过火面积近 100m²，直接经济损失 40 余万元。这次火灾的直接原因是由于公司未接到任何通知而被停电，造成生产装置结釜，车间主任贾某、工艺员钱某在处理釜结釜放料过程中，安全应急措施不力，致使丁烷、戊烷易燃气体大量散发，并积聚于车间底层，形成可燃性混合气体，遇车间内正在使用的非防爆手提式缝包机产生的电火花而发生大面积爆燃，引起重大火灾，造成重大的人员伤亡和财产损失。

（2）防范措施

① 该公司如恢复生产或从事其他化工产品的生产必须依照有关法律、法规向有关部门报审，严格执行"三同时"要求，对总体布置和工艺流程等报有关部门重新审批，经批准同意后方可进行改造建设，竣工后经有关部门验收同意后方可恢复生产。

② 认真吸取事故教育，加强对职工的安全培训、教育，并根据本企业的生产特点建立健全各项安全操作规程，制定事故应急方案。

③ 当地镇政府应从这起事故中认真吸取教训，对全镇所有企业逐个进行全面、扎实的安全检查，对查出不具备安全生产条件的企业必须停产后整顿，并关停、并转一批不具备消防安全生产条件的企业，狠抓安全防火措施的落实到位，消除安全生产工作中的盲区，防止重复事故的发生。

【案例二】　溶剂油储罐着火事故

（1）事故经过

2007 年 6 月 17 日，在得克萨斯州发生一起储罐火灾爆炸事故，事故共造成 11 名工人和 1 名消防人员受伤，油罐区被摧毁。事故发生后，该厂周边 6000 多名居民撤离到安全地带。发生事故的储罐为立式地上石脑油储罐，石脑油在美国消防协会所颁布的化学品名录中隶属于可燃液体 IB 级，在储罐内易生成可燃蒸气和空气的混合物，同时，由于其具有较低的导电性，在灌装的过程中易产生静电。事故发生的主要原因是：

① 在储罐液面的上部空间存在可燃蒸气和空气的混合物。

② 停止-启动灌装、输送管道内的空气、储罐内的水分和杂质导致在石脑油储罐内产生了大量的静电积聚。

③ 储罐液位计量系统浮盘的连接件发生松动，连接件产生了静电火花。

（2）防范措施

① 从厂家获取更多从 MSDS（物质安全数据表）中获取不到的详细技术信息；

② 用惰性气体清除储罐中氧气；

③ 在液体中添加抗静电剂；

④ 缓慢输送液体；

⑤ 检验储罐浮动液位计是否有效跨接。

第五章 建筑物的防雷保护

各类高低建筑物，其接受雷击的频率较高，进而造成火灾或爆炸事故，酿成人员伤亡及财产损失的后果。因此，企业须将建筑物的防雷保护工作纳入安全生产的重要议程。本章首先讲述雷电基本知识，进而引出建筑物防雷装置及措施，以及防雷击电磁脉冲措施等，最后列举化工企业建筑物防雷保护案例，并进行分析。

第一节 雷电基本知识

雷电是大自然的一种气体放电现象。对雷电的物理本质了解始于 18 世纪，最有名的当属美国的富兰克林和俄国的罗蒙诺索夫。富兰克林在 18 世纪中期提出了雷电是大气中的火花放电，首次阐述了避雷针的原理并进行了试验；罗蒙诺索夫则提出了关于乌云起电的学说。近几十年来，由于雷电放电对于现代航空、电力、通信、建筑等领域都有很大的影响，促使人们从 20 世纪 30 年代开始加强了对雷电及其防护技术的研究，特别是利用高速摄影、数字记录、雷电定向定位等现代测量技术所作的实测研究的成果，大大丰富了人们对雷电的认识。

一、雷云的产生和雷电放电过程

1. 雷电发生机理

雷电是由雷云放电引起的，热气流上升时冷凝产生冰晶，气流中的冰晶碰撞后分裂导致较轻的部分带负电荷并被风吹走形成大块的雷云；较重的部分带正电荷并可能凝聚成水滴下降，它们在重力作用下下落的速度大，并在下落过程中与其他水分粒子发生碰撞，结果一部分被另一水生成物捕获，增大水生成物的体积，另一部分云粒子被反弹回去，这些反弹回去的云粒子通常带正电荷，悬浮在空中形成一些局部带正电的云区，而水生成物带上负电荷。由于水生成物下降的速度快，而云粒子的下降速度慢，因而正、负电荷的微粒逐渐分离，最后形成带正电的云粒在云的上部，而带负电的水生成物在云的下部。整块雷云里边可以有若干个电荷中心。负电荷中心，离地 500~10000m。它在地面上感应出大量的正电荷。

随着雷云的发展和运动，一旦空间电场强度超过大气游离放电的临界电场强度(大气中约为 30kV/cm，有水滴存在时约为 10kV/cm)时，就会发生云间或对大地的火花放电。雷电放电包括雷云对大地、雷云对雷云和雷云内部的放电现象。

大多数雷云放电都是在雷云与雷云之间进行的，只有少数是对地进行的。在防雷过程中，主要关心的是雷云对大地的放电，如图5-1所示。

图5-1 云对地放电

雷云对大地放电通常分为先导放电、主放电和辉光放电三个阶段。云地之间的线状雷电在开始时往往从雷云边缘向地面发展，以逐级推进方式向下发展。每级长度为10~200m，每级的伸展速度约10^7m/s，各级之间有$10~100\mu s$的停歇，所以平均发展速度只有$(10~80)\times10^4$m/s，这种放电称为先导放电，如图5-2所示。当先导接近地面时，地面上一些高耸的物体(如塔尖或山顶)因周围电场强度达到了能使空气电离的程度，会发出向上的迎面先导。当它与下行先导相遇时，就出现了强烈的电荷中和过程，产生了极大的电流(数十到数百千安)，伴随着雷鸣和闪光，这就是雷电的主放电阶段。主放电的过程极短，只有$50~100\mu s$，它是沿着负的下行先导通道，由下而上逆向发展，故又称"回击"，其速度高达$(0.2~1.5)\times10^9$m/s。以上是负电荷雷云对地放电的基本过程，可称为下行负雷闪；对应于正电荷雷云对地放电的下行正雷闪所占的比例很小，其发展过程基本相似。主放电完成后，云中剩余的电荷沿着原来的主放电通道继续流入大地，看到的是一片模糊的发光，这就是辉光放电。

从旋转相机拍下的光学照片显示，大多数云对地雷击是重复的，即在第一次雷击形成的放电通道中，会有多次放电尾随，放电之间的间隔为0.5~500ms。主要原因是：在雷云带电的过程中，在云中可形成若干个密度较高的电荷中心，第一次先导——主放电冲击泄放的主要是第一个电荷中心的电荷。在第一次冲击完成之后，主放电通道暂时还保持高于周围大气的电导率，别的电荷中心将沿已有的主放电通道对地放电，从而形成多重雷击。第二次及以后的放电，先导都是自上而下连续发展的，没有停顿现象。放电的数目平均为2~3次，最多观测到42次。通常第一次冲击放电的电流最大，以后的电流幅值都比较小。如图5-2所示为用旋转相机和高压示波器拍摄记录的负雷云对地放电的典型过程和电流波形。

若地面上存在特别高的导电性能良好的接地物体时，也可能首先从该物体顶端出发，发展向上的先导，称上行雷。但上行雷先导到达雷云时，一般不会发生主放电过程，这是因为雷云的导电性能比大地差得多，难以在极短的时间内提供为中和先导通道中电荷所需要的主放电电流，而只能向雷云深处发展多分支的云中先导。通过宽广区域的电晕流注，从分散的水性质点上卸下电荷，汇集起来，以中和上行先导中的部分电荷。这样电流放电

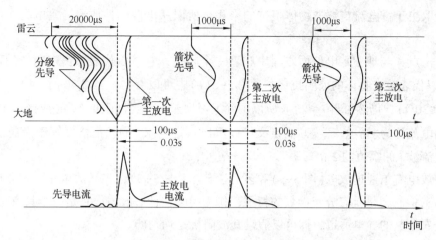

图 5-2　雷电放电的发展过程和雷电流的波形

过程显然只能是较缓和的，而不可能有大冲击电流的特性。其放电电流一般不足千安，而延续时间则较长，可能长达 0.1s。此外，上行先导从一开始就出现分支的概率较大。

2. 雷击时的等值电路

雷击地面发生主放电的开始，可以用图 5-3 中开关 S 的闭合来表示。图 5-3 中 Z 是被击物与大地(零电位)之间的阻抗，σ 是先导放电通道中电荷的线密度，S 闭合之前相当于先导放电阶段。S 突然闭合，相当于主放电开始，如图 5-3(b)所示。发生主放电时，将有大量的正、负电荷沿先导通道逆向运动，并中和雷云中的负电荷。由于电荷的运动形成电流 i，因此雷击点 A 的电位也突然发生变化($\mu = iZ$)。雷电流 i 的大小与先导通道的电荷密度以及主放电的发展速度有关($i = \sigma v$)。

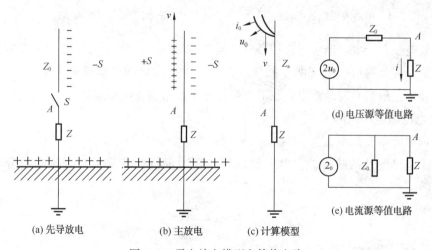

图 5-3　雷电放电模型和等值电路

在防雷研究中，最关心的是雷击点 A 的电位升高，而可以不考虑主放电速度、先导电荷密度及具体的雷击物理过程，因此可以从 A 点的电位出发来把雷电放电过程简化为一个数学模型，如图 5-3(c)所示；进而得到其彼得逊等值电路，如图 5-3(d)和图 5-3(e)所示。图中，Z_0 表示雷电通道的波阻抗(我国规程建议取 $300 \sim 400\Omega$)。需要说明的是：尽管雷云有很高的初始电位才可能导致主放电，但地面被击物体的电位并不取决于这一初始电位，而是取决于雷电流与被击物体阻抗的乘积，所以从电源的性质看，雷电具有电流源的性质。

在雷击点 A 与地中零电位面之间串联着一个阻抗，它可以代表被击中物体的接地电阻 R，也可以代表被击物体的波阻抗 Z。从图 5-3(e) 中可以看出，当 $Z=0$ 时，$i=2i_0$；若 $Z \ll Z_0$（如 $Z \leqslant 30\Omega$），仍然可得 $i \approx 2i_0$。所以国际上习惯于把流经波阻抗为零（或接近于零）的被击物体的电流称为"雷电流"。从其定义可以看出，雷电流 i 的幅值恰好等于沿通道 Z_0 传来的流动电流波 i 的幅值的 2 倍。

雷电放电有单通道放电（图 5-4）和多通道放电（图 5-5），先导放电是不规则的树枝状（图 5-4），但它还是具有分布参数的特征，作为粗略估计一般假设它是一个具有均匀电感、电容等分布参数的导电通道，即可以假设其波阻抗是均匀的。

图 5-4　单通道雷电放电过程

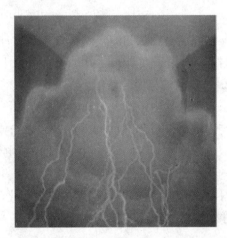

图 5-5　多通道雷电放电

雷电放电涉及气象、地貌等自然条件，随机性很大，关于雷电特性的诸参数因此具有统计的性质，需要通过大量实测才能确定，防雷保护设计的依据即来源于这些实测数据。在防雷设计中，最关心的是雷电流波形、幅值分布及落雷密度等参数。

3. 雷电流幅值和波形

（1）幅值分布的概率

雷电流是单极性的脉冲波。对一般地区，我国现行标准推荐雷电流幅值分布的概率如下：

$$\lg P = -\frac{I}{88} \tag{5-1}$$

式中　I——雷电流幅值，kA；

　　　P——幅值大于 I 的雷电流概率。

例如，当雷击时，出现幅值大于 50kA 雷电流的概率为 33%，大于 88kA 的概率为 10%。该公式是从 1025 个有效的雷电流观测数据中归纳出来的。

对年雷暴日数小于 20 的地区（我国除陕南以外的西北地区、内蒙古的部分地区外），雷电流幅值较小，P 可按式(5-2)计算：

$$\lg P = -\frac{I}{44} \qquad (5-2)$$

（2）波形和极性

虽然雷电流的幅值随各国气象条件相差很大，但各国测得的雷电流波形却是基本一致的。根据实测统计，雷电流的波头时间大多为 $1 \sim 5 \mu s$，平均为 $2 \sim 2.5 \mu s$。我国的防雷规程建议雷电流的波头时间取 $2.6 \mu s$，此时雷电流的平均波头陡度与幅值成正比，即

$$\bar{a} = \frac{I}{26} (\mathrm{kA}/\mu s) \qquad (5-3)$$

雷电流的波长大多为 $20 \sim 100 \mu s$，平均约为 $50 \mu s$，大于 $50 \mu s$ 的仅占 $18\% \sim 30\%$。因此，在保护计算中，雷电流的波形可以采用 $2.6/50 \mu s$ 的双指数波。

在线路防雷设计中，一般可取斜角平顶波头以简化计算，我国规程规定雷电波的波头时间采用 $2.6 \mu s$。而在特高塔的防雷设计中，为更接近于实际，可取半余弦波头，其表达式为

$$i = \frac{I}{2} (1 - \cos \omega t) \qquad (5-4)$$

式中　I——雷电流幅值；

　　　　ω——角频率。

对半余弦波头，其最大陡度出现在 $t = \tau/2$ 时，其值为平均陡度的 $\pi/2$ 倍。根据国内外的实测统计，$75\% \sim 90\%$ 的雷电流是负极性的。因此电气设备的防雷保护和绝缘配合一般都按负极性雷进行研究。

4. 雷暴日和雷暴小时

为了表征不同地区的雷电活动频繁程度，常用年平均雷暴日作为计量单位。雷暴日是一年中有雷电的天数，在一天内只要听到雷声就算一个雷暴日。我国各地雷暴日的多少和纬度及距海洋的远近有关。海南岛及广东的雷州半岛雷电活动频繁而强烈，平均年雷暴日高达 $100 \sim 133$ 天。北回归线（北纬 $23.5°$）以南雷暴日一般在 80 天以上（但台湾地区只有 30 天左右），北纬 $23.5°$ 到长江一带雷暴日为 $40 \sim 80$ 天，长江以北大部地区（包括东北）雷暴日为 $20 \sim 40$ 天，西北雷暴日多在 20 天以下。西藏沿雅鲁藏布江一带雷暴日达 $50 \sim 80$ 天。我国把年平均雷暴日不超过 15 天的称为少雷区，超过 40 天的称为多雷区，超过 90 天的称为强雷区。在防雷设计中，要根据雷暴日的多少因地制宜。

雷暴小时是一年中有雷暴的小时数，在 1h 内只要听到雷声就算一个雷暴小时。据统计，我国大部分地区雷暴小时与雷暴日之比约为 3。

5. 地面落雷密度和输电线路落雷次数

雷暴日和雷暴小时中，包含了雷云之间的放电，而防雷实际中关心的是云地之间的放电。地面落雷密度表征了雷云对地放电的频繁程度，其定义为每平方公里每雷暴日的对地落雷次数，用 γ 表示。世界各国根据各自的具体情况，γ 的取值不同。根据我国标准规定，对雷暴日 $T = 40$ 的地区，$\gamma = 0.07$ 次/（$\mathrm{km}^2 \cdot$ 雷暴日）。输电线路的存在，改变了雷云-地之间的电场分布，有引雷作用。根据模拟试验及运行经验，线路每侧的引雷宽度为 $2h$（h 为避雷线的平均高度，m）。因此，对雷暴日 $T = 40$ 地区，避雷线或导线平均高度为 h 的线路，

每 100km 每年雷击的次数为

$$N = \frac{(b+4h)}{1000} \times 100 \times T \times \gamma = 0.28(b+4h) \text{ 次} \tag{5-5}$$

式中　b——两根避雷线之间的距离，m。

6. 雷电冲击电压作用下气体的击穿

由于雷电造成冲击电压的幅值高、陡度大、作用时间极短，在冲击电压作用下空气间隙的击穿特性有着许多新的特点，并且雷电冲击电压与操作冲击电压下的特性也有很大不同。下面讨论在雷电冲击电压下空气间隙的击穿特性。

（1）雷电冲击电压标准波形

为了检验绝缘耐受冲击电压的能力，在高压实验室中利用冲击电压发生器产生冲击电压，以模拟雷闪放电引起的过电压。过去，各国、各地不同的实验室用各自产生的冲击电压进行实验，因为波形不同，击穿电压也不同，所得结果无法互相比较。为使实验结果具有可比性和实用价值，国际电工委员会（IEC）规定了雷电冲击电压的标准波形参数。标准波形是根据大量实测到的雷电冲击电压波形制定的。如图 5-6 所示，雷电冲击电压是非周期性指数衰减波，波形由波头时间和波尾时间加以确定。由于波形的原点较为模糊，波峰附件较为平缓，因此波形的原点和波峰的位置不易确定，为此取幅值的 0.3 倍和 0.9 倍两点连成直线，这条直线与横坐标的交点定义为视在原点，这条直线的延长线与幅值的交点定义为波峰点，从视在原点到波峰点的时间定义为视在波头时间，从视在原点到幅值的一半所对于的点定义为视在波尾时间。IEC 规定：视在波头时间 $T_1 = 1.2\mu s$，容许偏差 $\pm 30\%$，视在波尾时间 $T_2 = 50\mu s$，容许偏差 $\pm 20\%$；通常表示为 $\pm 1.2/50\mu s$ 波，$\pm$ 符号表示波的极性。我国国家标准规定的波形参数与 IEC 相同。

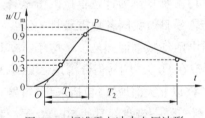

图 5-6　标准雷电冲击电压波形

（2）放电时延

雷电冲击电压是变化速度很快、作用时间很短的波，其有效作用时间是以微秒计的。实验表明：对空气间隙施加冲击电压，要使间隙击穿不仅需要足够幅值的电压，有引起电子崩并导致流注和主放电的有效电子，而且需要电压作用一定的时间让放电得以发展以至击穿。如图 5-7 所示，设间隙施加冲击电压，当经过时间 t_1 后，电压升高到持续作用电压下的击穿电压 U_s（称为静态击穿电压）时，间隙并不立即击穿，而需要经过一定时间间隔 t_{lag}，才能击穿。因这时间隙中可能尚未出现有效电子，间隙中受到外界因素的作用出现自由电子需要一定时间，从 t_1 开始到间隙中出现第一个有效电子所需的时间 t_s 称为统计时延，这一电子出现所需的时间是具有统计性的。从有效电子出现时刻起到产生电子崩、形成流注和发展到主放电，乃至间隙击穿完成所需的时间 t_f 称为放电形成时延，它同样具有统计性，所以冲击放电所需的全部时间为

$$t_b = t_1 + t_s + t_f \tag{5-6}$$

式中　$t_s + t_f$——放电时延，记为 t_{lag}，它是统计时延和放电形成时延的总和。

研究表明：短间隙（几厘米内）中，特别是电场较均匀时，间隙中的电场到处都很强，

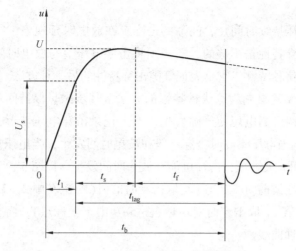

图 5-7　冲击放电时间的组成

放电发展速度快，放电形成时延短，此时 $t_\text{s} \gg t_\text{f}$，这种情况下 t_lag 主要决定于 t_s。为了减小 t，一方面可提高外施电压使气隙中出现有效电子的概率增加，另一方面可采用人工光源照射，使阴极释放出更多电子。在较长间隙中，电场不均匀，局部场强高，出现有效电子的概率增加，统计时延短．放电时延往往主要决定于 t_f，且电场越不均匀 t_f 越长。

（3）雷电 50% 冲击击穿电压（$U_{50\%}$）

在持续电压作用下，当气体状态不变时，间隙距离一定，击穿电压就具有确定的数值，当间隙上所加电压达到击穿电压时，间隙就被击穿。

在冲击电压作用下，保持冲击电压波形不变，逐渐提高冲击电压的幅值，在幅值很低时，虽然多次重复施加冲击电压，但间隙均不击穿；随着幅值增高，间隙有时击穿而有时不击穿，这是因为随着外加电压的升高，放电时延缩短；当电压幅值增加到某一定值时，由于放电时延有分散性，对于较短的放电时延，击穿已有可能发生，而较长的放电时延，击穿则不发生。也就是说，在多次施加同一电压值时，有时击穿，有时不击穿；随着电压幅值继续升高，间隙击穿的百分比越来越增大；最后，当电压超过某一值后，间隙百分之百击穿。

由于冲击电压作用下放电有分散性，所以很难准确得到一个使间隙击穿的最低电压值，因此工程上采用 50% 冲击击穿电压（$U_{50\%}$）来描述间隙的冲击击穿特性，即在多次施加同一电压时，用间隙击穿概率为 50% 的电压值来反映间隙的耐受冲击电压的特性。

采用 50% 冲击击穿电压决定绝缘距离时，应根据击穿电压分散性的大小，留有一定的裕度。在均匀电场和稍不均匀电场中，击穿电压分散性小，其 $U_{50\%}$ 和静态击穿电压 U_s 相差不大，因此冲击系数 β（$U_{50\%}$ 与 U_s 之比）接近 1。而在极不均匀电场中，由于放电时延较长，其冲击系数 β 均大于 1，击穿电压分散性也大一些，其标准偏差可取 $\pm 3\%$。

实验表明："棒-棒"和"棒-板"在间隙距离不很大时（几百厘米内）的冲击击穿特性有极性效应，气隙距离较大时同样存在极性效应，图 5-8 给出了"棒-棒"和"棒-板"长空气间隙的雷电 50% 冲击击穿电压和极间距离的关系，可以看出："棒-板"气隙有明显的极性效应，"棒-棒"气隙也有极性效应。

（4）伏秒特性

由于雷电冲击电压持续时间短，间隙的击穿存在放电时延现象，所以仅靠$U_{50\%}$冲击击穿电压来表征间隙击穿特性是不够的，还必须将击穿电压值与放电时间联系起来确定间隙的击穿特性，也就是伏秒特性，它是表征气隙击穿特性的另一种方法。

图5-9表示通过实验绘制气隙伏秒特性的方法，其步骤是保持间隙距离不变、保持冲击电压波形不变，逐级升高电压使气隙发生击穿，记录击穿电压波形，读取击穿电压值U与击穿时间t。注意到当电压不高时击穿一般在波尾时间发生，当电压很高时，击穿百分比将达100%，放电时间大大缩短，击穿可能在波头时间发生。以图5-9三个坐标点为例说明绘制方法：击穿发生在波前时，U与t均取击穿时的值（图5-9中2、3坐标点）；击穿发生在波尾时，U取波峰值，t取击穿时对应值（图5-9中1坐标点）；将1、2、3各点连接起来，即可得到伏秒特性曲线。

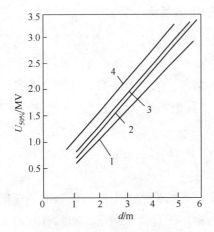 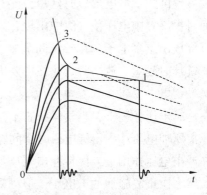

图5-8 "棒–棒"和"棒–板"长空气间隙的 50%冲击击穿电压和极间距离的关系
1—正极性"棒–板"；2—正极性"棒–棒"；
3—负极性"棒–棒"；4—负极性"棒–板"

图5-9 气隙伏秒特性曲线的绘制的方法
（虚线表示原始冲击电压波形）

间隙的伏秒特性曲线的形状与间隙中的电场分布有关。在均匀电场和稍不均匀电场中，击穿时平均场强较高，放电发展较快，放电时延较短，伏秒特性曲线平坦；在极不均匀电场中，平均击穿场强较低，放电时延较长，放电分散性大，伏秒特性曲线较为陡峭。

实际上，放电时间有分散性，即在每级电压下可测得不同的放电时间，所以伏秒特性是如图5-10所示的以上、下包线为界的带状区域。工程上为方便起见，通常用平均伏秒特性或50%伏秒特性曲线表征气隙的冲击击穿特性，在绝缘配合中伏秒特性具有重要意义。

图5-11表示被保护设备绝缘的伏秒特性1与保护间隙的伏秒特性2配合的情况，这种配合可达到完全保护，因为伏秒特性1的下包线时时都在伏秒特性2的上包线之上，即任何情况下保护间隙都会先动作从而保护了电气设备的绝缘。为了节约被保护设备的绝缘造价，应使伏秒特性1与伏秒特性2的间隔不致过大，要求保护间隙2的伏秒特性低而平坦。

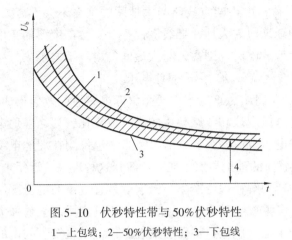

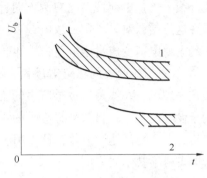

图 5-10　伏秒特性带与 50%伏秒特性　　　　图 5-11　伏秒特性的正确配合

1—上包线；2—50%伏秒特性；3—下包线

用伏秒特性表征气隙的冲击击穿特性较为全面和准确，但其制作相当费时。在某些情况下，只用某一特定的，如 50%冲击击穿电压值就够了。

二、雷电放电的形式与选择性

1. 雷电放电的基本形式

雷电放电主要有三种主要的形式：①云对地放电；②云对云放电；③云内放电。

（1）云对地放电

当云层对地较低或地面有高耸的尖端突起物时，雷云对地之间就会形成较高的场强，当场强达到一定的值时，雷云就会向地面发展向下的先导，当先导到达地面，或与大地迎面先导会合时，就开始主放电阶段。在主放电中雷云与大地之间所聚集的大量电荷通过狭小的电离通道发生猛烈的电荷中和，放出能量，产生强烈的声和光，即电闪、雷鸣。在雷击点，有巨大的电流流过。大多数雷电流的峰值有几十千安，也有少数达到上百千安。由于雷击是在极短的时间内释放较大的能量，因而会造成极大的破坏作用。

（2）云对云放电

当带不同电荷的云团相通时，就会发生云对云的放电，云对云的放电其实是最主要的雷电活动形式。云对云放电对人类活动的影响要比云对地放电小得多，不会产生直击雷，直接造成人身伤亡和建筑物损毁事故。但云对云放电会在线路和网络上产生感应雷过电压，过电压的大小视雷电活动强弱和放电雷云离地面的高低而定。感应雷电压幅值与雷云对地放电时的电流大小、雷击点与线路间相对位置、雷击点周围环境（如土壤电阻率）、遭受感应雷击线路的长度、线路埋设位置、设备接地装置的电阻等诸多因素有关。一般来讲，云对云放电越强烈，参与放电的云层离地面越低，所产生的感应雷过电压就越高，反之则越弱。感应雷的产生可由"静电感应"的效应产生，也可由"电磁感应"的效应产生，但大部分的情况是由这两种效应的综合作用而成。

① 静电感应形成的感应雷过程。静电感应在线路中感应的过电压可由地闪引起，也可由云闪引起。例如：在架空线路上空有一团雷云，雷云底部带负电荷，由于静电感应，雷云将在大地上感应出正电荷，雷云与大地形成电场，因架空线处于该电场中而被极化，在

靠雷云一侧带正电荷，靠大地一侧带负电荷，由于架空线路与大地间的绝缘不会无穷大，因此导线上的负电荷便向左右两方向移动渐渐泄入大地，导线上仅存有受雷击束缚的正电荷。在这片雷云对另一雷云放电或者对大地放电时，则雷云与大地间的电场随之消失，导线上的束缚电荷变成自由电荷，立即向导线两端移动，形成对地电压。

②电磁感应形成的感应雷过程。最初人们认为感应雷主要是由静电感应的效应形成，根据这一理论，在线路上被感应出的雷过电压应该和线路架设的高度成正比，那么埋地电缆的架设高度为零，自然被感应出的雷过电压也应该为零，但实际当中经检测在埋地电缆上的雷过电压可高达数万伏，这里用静电感应的理论显然不能完全解释这种现象。近年来，随着防雷科学技术研究的不断深入，一种新的解释理论产生了，这就是感应雷的电磁感应生成机理解释方法，这种方法认为：当直击雷放电过程中，强大的脉冲电流所产生的强力变化磁场将会对周围的导线或金属物体产生电磁感应，从而引发过电压，以致发生闪击的现象。

（3）云内放电

当带电云团的内部，带异号电荷中心之间的电场强度达到空气间隙的击穿值时会发生云内放电，云内放电的强度一般都不会特高，属于最弱的一种雷电活动形式，对人类活动几乎没有什么影响，因而也很少受到人们的关注。

2. 雷电放电的选择性

在同一区域内雷击分布不均匀的现象称为"雷电放电的选择性"。雷击虽是小概率事件，但它的发生仍有一定的规律可循。雷电活动在一定的区城内，特别是云对地放电会受地形、地势和季风的影响有一定的规律，掌握这些规律对防雷具有重要意义。

（1）雷击与地形、地势的关系

对于山区来说，雷电话动受地形、地势的影响较为明显，因为山区雷云的活动主要受季风的影响，而季风又受山势及地形的影响，比如两侧有高山、碍口，那么雷云就会随着季风的作用从山谷或碍口穿越，这时如果附近有突出物，就会引起雷云对地放电，位于这些地段的线路或设施应合理避让，或采取特别的防雷措施。

（2）雷击与地质的关系

从资料分析可知：如果地面土壤分布不均匀，则在土壤电阻率特别小的地区，雷击的概率较大。这是由于静电感应的作用，在雷电先导放电阶段，地中的感应电流沿着电阻率较小的路径流通，使地面电阻串较小的区域被感应而积累了大量与雷云相反的电荷，而雷电自然就朝着电阻率较小的地区发展。这就是为什么山区地下有金属矿的地方道雷击概率大，河流附近雷击概率大的原因。

（3）雷击与地面设施的关系

当雷云运动到离地面较近的低空时，雷云与地面之间的电场受地面设施的影响而发生畸变，有时在突出的物体上由于电场强度增大，还会发生向上的迎面先导，雷电放电自然就容易在雷云与地面设施之间发生。这就是为什么高塔和高耸的建筑物容易遭受雷击的根本原因。

（4）局部小气候与雷击放电的关系

在雷电活动时工厂烟排出的热气流注、烟气(因烟气中含有导电的微粒和金属离子)比空气的电阻率小得多，有时相当于半导体流注，一方面缩短了雷云与地面的距离，另一方面会引起电场发生畸变，从而引导雷击的发生。

例如，2005 年 8 月 17 日 21 时 45 分，某化工公司由于雷害事故损坏了 3 台 3kV 开关，A 母线失电 6h。由于 A 母和 B 母系统为备用，所以没有造成主设备停电，否则，将造成较大的损失。雷电的活动规律是一般在山谷、河流和地面有突起物，地面有向上排放气流的场所或地下有金属矿的地方落雷密度最大。该化工公司所处的地理气象条件有多种因素符合高密度雷击的条件如：①位于江边符合位于河流旁的条件；②地面林立有大量的构筑物，符合地面有突起物的条件；③地下有大量的金属管道，对应地下有金属矿的条件；特别是该公司所处厂区有几处凉水塔向天空排放大量的热蒸汽，造成局部的"小气候"，即造成空气中介质的不均匀，甚至是突变，因为热蒸汽的介电常数 ε_r 与大气的介电常数 ε_0 有较大的差异，介电常数的变化会影响电场强度的变化，所以这种突变会导致雷云下的电场的畸变，从而影响雷云放电的几率，改变雷云放电的通道，加大局部区域的雷电放电概率。一旦空中有带电的雷云在附近活动，受畸变电场的影响，雷电荷会沿着热蒸气排放通道放电，从而击中地面的突起物。

三、雷电放电种类与特点

雷电是积雨云强烈发展阶段时产生的闪电打雷现象。它是云层之间、云地之间、云与空气之间的电位差增大到一定程度后的放电。在放电区域，电流高达几十万安、电压有数百万伏，温度可达 20000℃。雷电常常伴有大风、暴雨以至冰雹和龙卷风，是一种局部的但却很猛烈的气象性灾害。雷电不仅影响飞机等的安全飞行，干扰无线电通信，而且可击毁建筑、输电和通信线路、电气机车，引起火灾，击伤击毙人畜等。

1. 雷电种类及其危害

雷击有极大的破坏力，其破坏作用是综合的，包括电性质、热性质和机械性质的破坏。根据雷电产生和危害特点的不同，雷电可分为以下四种。

① 直击雷 直击雷是云层与地面突出物之间的放电形成的。直击雷可在瞬间击伤击毙人畜。巨大的雷电流流人地下，令在雷击点及其连接的金属部分产生极高的对地电压，可能直接导致接触电压或跨步电压的触电事故。直击雷产生的数十万至数百万伏的冲击电压会毁坏发电机、电力变压器等电气设备，烧断电线或劈裂电杆造成大规模的停电，绝缘损坏可能引起短路导致火灾或爆炸事故。

另外，直击雷巨大的雷电流通过被雷击物，在极短的时间内转换成大量的热能，造成易燃物品的燃烧或造成金属熔化飞溅而引起火灾。例如 1989 年 8 月 12 日，青岛市某油库 5 号油罐遭雷击爆炸，大火烧了 60h，火焰高 300m，烧掉 40000t 原油，烧毁 10 辆消防车，使 19 人丧生，74 人受伤，还使 630t 原油流入大海。

② 球形雷 是一种橙色或红色的类似于火焰的发光球体，偶尔也有黄色、蓝色或紫色的。大多数球雷的直径在 10~100cm 之间，球雷多在强雷暴时空中闪电最频繁的时候出现。球形雷通常沿水平方向以 1~2m/s 的速度上下滚动，有时距地面 2~3m，有时距地面 0.5~1m，它在空气中的漂游时间可由几秒到几分钟。关于球形雷的形成机理至今尚无合理的解释，通常认为球雷是强雷暴时产生的分裂带电或放电云团。球雷常由建筑物的孔洞或门窗

进入室内，最常见的是沿大树滚下进入建筑物并伴有"嘶嘶"声。球雷有时自然爆炸，有时遇到金属管线而爆炸。球雷有时遇到易燃物质则造成燃烧，遇到易燃、易爆气体或液体会造成剧烈的爆炸。有的球形雷会不留痕迹地自行消失，但大多数则伴有爆炸声，爆炸后偶尔有硫黄、臭氧或二氧化碳气味。球形雷火球可辐射出大量的热量，因此它的烧伤力较大。

防护球形雷并不困难，比如采用法拉弟笼式避雷网，或将建筑物的金属门窗接地，在雷雨天气时关闭门窗；堵上建筑物上不必要的孔洞；储存易燃、易爆物体的仓库和厂房的门窗和排气孔要加装接地的金属防护网等措施。

③ 雷电感应　也称感应雷，雷电感应分为静电感应和电磁感应两种。静电感应是由于雷云接近地面，在地面突出物顶部感应出大量异性电荷所致。在雷云与其他部位放电后，突出物顶部的电荷失去束缚，以雷电波形式，沿突出物极快地传播。电磁感应是由于雷击后，巨大雷电流在周围空间产生迅速变化的强大磁场所致。这种磁场能在附近的金属导体上感应出很高的电压，造成对人体的二次放电，从而损坏电气设备。例如，1992年6月22日，一个落地雷砸在国家气象中心大楼的顶上，虽然该大楼安装了避雷针，但是巨大的感应雷却把楼内6条国内同步线路和一条国际同步线路击断，使计算机系统中断46h，直接经济损失数十万元。

④ 雷电侵入波　雷电侵入波是由于雷击而在架空线路上或空中金属管道上产生的冲击电压沿线或管道迅速传播的雷电波。雷电侵入波可毁坏电气设备的绝缘，使高压窜入低压，造成严重的触电事故。属于雷电侵入波造成的雷电事故很多，在低压系统这类事故约占总雷害事故的70%。例如，雷雨天，室内电气设备突然爆炸起火或损坏，人在屋内使用电器或打电话时突然遭电击身亡都属于这类事故。1991年6月10日凌晨1时许，黑龙江省牡丹江市上空电闪雷鸣，震耳欲聋的落地雷惊醒酣睡中的居民，室内电灯不开自亮又瞬间熄灭。当晚，160户人家中有20多台彩电损坏。

2. 雷电灾害特点

雷电灾害和其他自然灾害相比有它的特殊性。

① 时间短促　由于放电本身一般延续不到1s，所以绝大多数雷电灾害是放电瞬间产生的。而且往往没有先兆，一刹那间，人畜骤亡，设备损坏，使之防不胜防。

② 遍及范围广，但仅局部受害　从雷电的地理分布来说，在北纬82°和南纬55°之间地区都可以发生。但就其造成的灾害而言，除引起森林大火外，大多是局部发生。

③ 发生频率高　据统计，地球上每秒钟就有近100次雷电发生，频率之高也是其他自然灾害无法比拟的。

④ 立体性强　天空中的飞机，升空的火箭及地面上的建筑物、人畜和高架的输电线路等都可能遭受雷电的危害，这是一般的自然灾害所不具备的特点。

⑤ 富于神秘性　由于雷电是一种特殊的放电过程，也是一种非接触性危害源，其危害产生突然，表现特殊，十分富有神秘色彩。我国古代就有"雷公电母"之说，用"火龙抽筋"来解释人触电而亡的现象。这些说法曾使人类对雷电无限恐惧。

3. 雷电伤及救治

（1）雷电伤的特点

雷电通过强电流、高温和冲击波对人体产生伤害。雷电对机体的损伤是一种复合伤，包括雷声对听觉系统的损伤和电能在体内转换成热能造成的创伤，以及伤员坠落，着火等造成的继发性损伤。

雷击伤后脑组织受到的损伤较轻，但由于神经系统对电流很敏感，往往会引起中枢神经系统功能障碍；雷击伤可引起呼吸系统和心脏肌肉的强直性收缩，导致呼吸停止，心脏停搏；导致骨骼周围高温，使组织发生严重烧伤；另外，电流经过的部位均可发生相应的损伤。

（2）雷电伤急救措施

受到雷电击伤、轻者出现头晕、心悸、面色苍白、惊慌、四肢软弱和全身乏力，重者出现抽搐和休克，可伴有心律失常，并迅速转入"假死状态"，死亡率较高。局部主要为电烧伤，伴有大量组织坏死。雷电伤的急救措施包括：

① 神志清醒的轻症伤员应卧床休息并严密观察，因为少数伤员可出现迟发性假死，时间由几分钟到 10 天不等。

② 对呼吸、心跳停止的伤员，应进行心、肺、脑复苏。

③ 在复苏过程中，发现其他严重损伤时，应同时加以处理。

④ 复苏成功后，仍应严密监护病情，有烧伤者要对烧伤创面进行妥善包扎处理。

第二节　建筑物防雷装置

一、外部防雷装置及其作用

必须注意的是，到目前为止还没有任何一种装置（或方法）能阻止雷电的产生，也没有能阻止雷击到建筑物上的器具和方法。采用金属材料拦截雷电闪击（接闪装置），使用金属材料将雷电流安全地引下并泄入大地，是目前唯一有效的外部防雷方法。防雷保护是一个系统工程，其第一道防线便是受雷（或称接闪）、引流（或称引下）、接地（散流系统），也就是外部防雷装置。

自富兰克林通过风筝试验发明避雷针以后，避雷针（包括避雷线、避雷带、避雷网）已经成为规范化的、普遍采用的常规避雷手段。

众所周知，常规避雷针的原理是吸引（更准确地讲是拦截）下行的雷电通道，并将雷电流经过引下线及接地装置疏导至大地，使避雷针保护范围内的物体免遭直接雷击。因此，在专业术语上，不使用"避雷"的术语，而称为"雷电拦截"。如果拦截失败，则称为"雷电绕击"或"屏蔽失败"。习惯上把避雷针（包括避雷线、避雷网、避雷带）、接地引下线和接地装置统称为常规防雷装置。

长期的运行经验表明，常规的防雷方法是有科学依据的，是有效的。只要按照正确的办法实施（如接地及引下线安装以及相应的过电压保护措施），可以把雷击造成的损失控制到可以接受的程度。常规防雷以外的避雷方法为非常规防雷方法，如：放射性避雷针、消雷器、火箭引雷、激光束引雷装置、排雷器、水柱引雷、与被保护物绝缘的外引雷和主动式避雷针等。

二、避雷针防雷法

避雷针防雷法，亦称富兰克林法。这是一种最古老、最传统的防雷方法。此种避雷装置包括安装在建筑物最高点(也可以独立设置)的接闪器(即金属杆避雷针)、引下线及接地装置。在 GB 50057—2010 中说明：避雷针、避雷带(线)、避雷网是直接接受雷击的，统称为接闪器。

避雷针的作用是吸引雷电而不是躲避或排斥雷电，因此，避雷针实质上是引雷针，它使雷电触击其上而使建筑物得以保护。当雷击中避雷针(或避雷带)时由于引下线的阻抗，强大的雷电流可能导致防雷系统带上高电位，造成接闪器和引下线向周围设备(设施)跳火反击，从而造成火灾或人身伤亡事故。强大的电流泄入大地，在接地极周围形成跨步电压的危险也要引起足够的注意。

在《中国大百科全书》中，避雷针的定义是：将雷电引向自身并泄入大地使被保护物免遭直接雷击的针形防雷装置；《中国土木建筑百科辞典》中，避雷针的定义是：安装在建筑物最高处或单独设立在杆塔顶上防雷的杆状金属导体。利用其高耸空间造成较大的电场梯度，将雷电引向自身放电。它可由一根或多根组成防雷保护区(图 5-12)。避雷针(网、带、线)在日本的相关标准中叫"受雷部"，说它是为遭受雷击所用的金属体。

上述定义与 IEC 标准术语词典中 Lightning Conductor 一词(译为"避雷针：装在建筑物上，将雷电流释放到大地中去的金属棒或金属条")是一致的。

图 5-12 是避雷针防雷法示意图。避雷针可提供一个雷电只能击在避雷针上而不能破坏以它为中心的伞形保护区(同样的原因，避雷带提供的是一个屋脊形的保护区)。

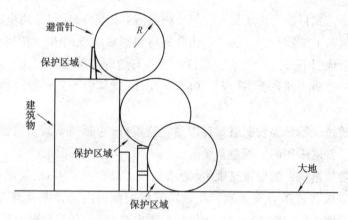

图 5-12 避雷针防雷法示意

图 5-13 是几种避雷针的形状。从建筑美学的角度而言，避雷针的形状在外观上应与建筑物的设计风格、造型以及耐用年数相协调，使之与建筑本身达到和谐统一。

三、尖端放电与避雷针

在强电场作用下，物体曲率大的地方(如尖锐、细小的顶端，弯曲很厉害处)附近，电场强度剧增，致使这里空气被电离而产生气体局部放电现象，称为电晕放电。而尖端放电

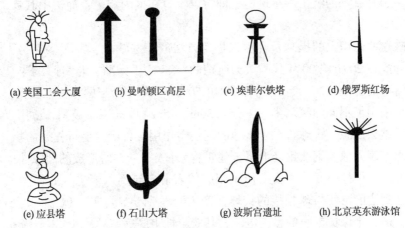

(a) 美国工会大厦	(b) 曼哈顿区高层	(c) 埃菲尔铁塔	(d) 俄罗斯红场
(e) 应县塔	(f) 石山大塔	(g) 波斯宫遗址	(h) 北京英东游泳馆

图 5-13　避雷针的形状示意

为电晕放电的一种，专指尖端附近空气局部电离而产生气体放电的现象。

人们很早就用高压放电试验来说明尖端比周围物体更易于吸引放电，但人们认识引雷针尖端(工程术语称为接闪器)的作用实际上仍是基于认为放电受电场作用。

对于直接雷害，长久以来均采用避雷针。实际上，从雷电接地过程看，避雷针比被保护物容易产生上行先导而拦截了下行的先导。因此，其作用是吸引雷电而不是躲避它或排斥它。将避雷针称为引雷针似更为确切。力图沿电力线方向移动是雷电入地的原因，也是通道走向的宏观决定因子。人们很自然地认可一个带电通道(先导)的运动必然受电场作用。这是不用实验亦可接受的规律。引雷针周围是由它创造出的电力线密集区或强场区，使得更多的电力线连接到接闪器上。

由静电学可知，所架设的引雷针相对于周围越高，则影响周边电场的范围越大，或抓住的电力线越多，并且电场也越大，即保护效果、成功拦截闪电的本领越强。

当雷雨云过境时，云的中下部是强大负电荷中心，云下的下垫面是正电荷中心，于是在云与地面间形成强电场。在地面突出物如建筑物尖顶、树木、山顶草、林木、岩石等尖端附近，等电位面就会很密集，这里电场强度极大，空气发生电离，因而形成从地表向大气的尖端放电。

避雷针的作用是将可能会袭击建筑物的闪电吸引到自身上面，再引入地里，借以保护建筑物。关于避雷针为何能防雷的机制，尚待进一步研究。有人认为避雷针的尖端放电，中和了雷雨云中积累的电荷，起到了消除电的作用。但近年来通过尖端放电电量计算得知，它远不能中和所有电荷。

保护角是过去通用的办法，我国也多年沿用。发现问题后，曾改用折线锥角代替直线保护角。在这个角(例如以接闪器为顶点，角度为 45°)或折线锥内的物体均受到接闪器的保护，任何先导均进不了保护角内。下行先导不是被接闪器截获就是击中角(锥)外大地。以上结论只有高压实验室的一些实验证明，并且相互并不一致。结果，国际上从来也没有过统一的保护角，有的国家甚至不承认这种角度。并且，这是在不考虑电流峰值或没有先导梯级过程作用，同时在没有空间电荷影响时的结果。

实践说明：保护角内有时发生绕击(在此，定义为保护角内物体直接受击)，引雷针过高时可发生另一种特殊的绕击——例击，即雷电不打在接闪器上；而击中其针尖下部(一般称为引下线)。

为了反映这些认识上的提高及克服保护角方法的一些缺点，经过多年努力与积累，对于保护角的标准在20世纪90年代被改为所谓的"滚球法"标准。此"球"的半径对应于某一雷击峰值电流下的击距。2010年的新标准GB 50057—2010已与国际标准接轨，其中对于不同的防雷等级采用了不同的滚球半径，分成36m、45m和6m三个级别，适用于不同类别防雷的要求可以这么设想：滚球接触于接地的起引雷作用且可产生上行先导的物体(包括引雷针、带及可起泄流入地的钢或钢筋混凝土建筑物)外表等。它所形成的圆弧曲面段与上述物体表面间即形成一保护空间。事实上由于相应的入射先导不可能进入此保护范围而引起上行先导，面在到达前已使与球相接的接地体产生迎面先导。可见，球半径越小，可保护的空间也越小，适用于保护更小的雷击电流，其安全性更高一些。

另外，如果接地建筑物和引雷针高于所选防雷级别所对应的滚球半径，GB 50057—2010认为其超过滚球半径部分的任何其他物体不受直接保护作用。这就解释了较高建筑物的侧击及一些绕击情况。对直击雷的防护采用这种设计，会提高安全度并使其更合理。

滚球法不足之处是：没有考虑接闪器尖端的作用，它不分辨不同尖端可能有不同的增强引雷作用，使设计有可能偏保守，而被保护物可能产生的不同吸引作用则会使受击可能性增加，另外，仍然无法考虑的是空间电荷及先导的脉冲跳跃性的作用，空间电荷助存在与不均匀分布会产生一定的影响。事实上，高于滚球半径的接闪器，并非多余，它本身的引雷性能会改善一些，同时，其引下线也可兼起引雷作用，从而改善保护效果。

引雷针的高度是决定其防护效果的主要根据。但是实践中从结构的安全角度看，总是希望它越低越好。从建筑美观与费用看，一般也不希望有高出建筑物很多的独立装置。

现代建筑物防直接雷击时广泛采用引雷带、引雷网及多引下线系统。一些钢筋泥凝土的房屋包括其深埋地下的基础桩已由实践证明为良好的接闪、引下分流及接地装置。除了直接效应外，雷电还有非直接效应，如其电磁辐射也会造成破坏。非直接效应在直击雷入地附近最为强烈。在建筑物内，密集的钢筋网还形成了一定对称分流的电磁屏蔽结构，十分有利于削弱建筑初内部的电磁场，从而改善内部防雷环境。为了进一步改善屏蔽，一些要求高的场合，应该对窗户等开口作特殊处理，以减少电磁辐射的入侵。另外，还可在墙体内部作增强屏蔽的设计。

考虑到直击雷会在分流、引下线系统上造成高的瞬间对地电位，要防止对邻近接地体的反击或相关的现象。为此要适当采取均压(等电位)绑扎措施，其实质是使有关点的电位也随之浮动，减少相互间发生间隙火花的可能性。对于高层建筑这一点特别重要。

简言之，近代建筑物防雷采用了合理的拦截(接闪)装置、带有分流的引下线系统、适宜的屏蔽和均压措施及良好的接地装置。但是，由于我们要对付的是无孔不入的空间过程，而雷电强度变化又很大，要百分之百地安全，不是代价太大，就是会与其他要求相矛盾，而只能取其折中解决方法，并使避雷元器件的性能予以进一步改善。

四、避雷针的应用

避雷针保护范围的疑问：世界不少研究雷电的专家对避雷针能向其邻近建筑物提供多

大的保护范围作了系统研究，得出的结论是对一根垂直避雷针无法获得一个十分肯定的区域。避雷针在实际运行中的大量经验，也证明了避雷针保护范围所存在的问题。

例如：中国某油库采用有 10 余根避雷针联合保护油罐区，但雷击时未起到作用而引起爆炸；广东某变电站内装有 5 根避雷针联合保护，避雷针设计保护范围内的母线仍遭受雷击造成大面积停电；莫斯科 537m 高的电视塔，曾绕击塔顶下 200m 和 300m 的塔身，甚至打到离塔水平距离 150m 外的地面，据报道，除了塔体本身吸引雷电外，"绕击雷"击坏设备的事故也不少，其附近 1.5km 内雷击率比莫斯科市平均雷击率高 2.5~4 倍，这都表明过高的避雷针保护不了其自身的下部。

感应过电压问题：由于避雷针有吸引雷电的本领，所以雷击次数就会提高，即使雷电被吸引到针上而没有落到被保护物上，在强大的雷电流沿针而下沉入地中的过程中，会在被保护物上形成感应过电压而造成事故。

电磁感应过电压是由雷电流周围的磁场所感生的，它与雷电流的大小及变化速度成正比，与到雷击处的距离成反比。现行一些建筑物的自然屏蔽装置，如构筑物中的钢筋网等对电磁感应或电磁干扰的屏蔽作用几乎是无效的，而现行有效的屏蔽(60dB 以上)需用 100 目(每平方英寸的网孔数)全封闭双层铜网的六面体，这显然是难以做到的。不少弱电设备的损坏及油罐区遇雷起火事故，都是由感应过电压而造成的。

应该指出，目前工程上采用的 3cm×3cm 单层钢板网六面屏蔽的措施，并不能有效地屏蔽雷电干扰，仍会使微波通信、计算机等设备产生误动。

反击问题：当雷电被吸引到针上，将有数十或数百千安的高频雷电流通过避雷针及其接地引下线和接地装置；此时针和引下线的电位很高，若其与被保护物之间的距离小于安全距离时，会由针及其引下线向铅保护物发生反击，损坏被保护物。按照《建筑物防雷设计规范》要求，防雷装置的接闪器和引下线宜与建筑物内的金属物体隔开，保持一定距离。实际上这些规定在大多数情况下是难以实现的。

1876 年英国防雷协会会议上马克斯威尔(J. C. Maxwell)为避免在建筑物上安装避雷针而可能吸引更多的雷云放电，提倡使用避雷带和法拉第笼。这一发展曾为富兰克林所预见，他曾建议在建筑物上装设"沿屋脊的中间线"。

现代钢筋混凝土的建筑物内有纵横交错的钢筋，在没有浇筑泥凝土前就像一个大铁笼子，完全可以将屋面的钢筋引到女儿墙以上明装避雷带，利用多根垂直钢筋为引下线，基础结构钢筋为接地装置。而且结构内部纵横交错、密密麻麻的钢筋还可以对雷电空间磁场起到初级屏蔽保护作用。

但要注意到，有些建筑的基础防水层使用了橡胶或其他合成物，有绝缘作用，此时宜在地面将主钢筋多条与水泥护坡桩内钢筋连接，最好是用一扁钢将护坡桩的钢筋连成一圈。

如图 5-14 所示，这种防雷方法的基本思路是建筑物被垂直和水平的导体(钢筋或铜带)包围起来，形成一个法拉第保护笼，但建筑物内部与外界有通道，建筑外壳上留

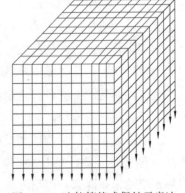

图 5-14　法拉第笼式保护示意法

有空隙、转角和突出部位，不可能做到天衣无缝。

现代防雷技术措施简单地可归结为 ABCDEGS 七个字，中文意思是"躲"（Avoid）、"等电位连结"（Bonding）、"传导"（Conducting）、"分流"（Dividing）、"消雷"（Eliminating）、"接地"（Grounding）和"屏蔽"（Shielding）。

在现代防雷工程技术上采用"躲"的措施，是一条非常重要的、经济有效的措施。例如，1989 年 8 月 12 日 9 时 55 分黄岛雷击引起特大火灾的这一事故，是有可能用"躲"的，因为早在雷击半个多小时前，中科院空间中心的雷电组已在雷电监测系统中看到锋面雷暴的移动趋势，落雷点从济南地区移向青岛，可以比较准确地估计到黄岛地区何时将要落雷。如果油管局工人按石油防雷规范要求，在落雷之前半小时停止向油罐进油，以尽可能降低油罐体内空气的含油汽量，星星之火不一定能引燃空气。待雷雨云过了该地区，再开始进油工作，也就可能"躲"过这一雷灾。在航天部门的火箭发射场，几乎毫无例外地采用"躲"，发射场的雷电预警系统根据电场探油系统显示，如果火箭所穿行的空间的大气电场已超过引发闪电的限值时，预警系统就发出警告，火箭发射工作就立即中止，把应该保护的设备立即加以防雷保护，所有地面人员进入防雷保护区内，使得闪电无法肆虐。

对于一些野外移动的设备、野外作业的单位，最经济有效的防雷措施就是"躲"。有些固定建筑物的防雷，由于设备条件、经费等原因，特别是高山顶的各类台站，一时无法按防雷规范的要求装备防雷设施，迫于无奈，只得在雷雨来临时拉闸走人，躲开了事。这样做，既保护了设备又保证人员的安全，这种"躲"是恰当的办法。

还有另一种"躲"是积极性的。这就是在建筑选址、规划时考虑防雷，躲开多雷区或易落雷的地点，这样做可以减少防雷的费用，免于日后陷入困境。例如美国的肯尼迪航天中心、日本的种子岛航天中心、我国的西昌火箭发射中心都坐落在多雷区，当年尚不清楚雷电的危害，选址时考虑别的需要，忽略了这个因素，以致美国的火箭发射屡出重大雷击事故，损失惨重，此后只得采用消极的"躲"的措施了。现在我国正在发展微波通信网，从微波天线塔和微波站屡遭雷害的事件中认识到：通信干线和微波站的选址需要"躲"开多雷区或易落雷的地点。为此需要事前作好勘察调查工作。

等电位连接，从物理学讲，就是把各种金属物用粗的导线焊接起来，或把它们直接焊接起来，以保证等电位。雷电流的峰值非常大，其流过之处都立即升至很高的电位（相对大地而言），因此周围尚处于大地电位的金属物会产生旁侧闪络故电，又使后者的电位骤然升高，会对其附近尚处在大地电位的设备及人产生旁侧闪络。如果建筑物内有易燃、易爆物，就必引起爆炸和大火。这种放电产生的脉冲电磁场会对室内的电子仪器设备产生作用，所以等电位连接是防雷措施中极为关键的一项。对于一座楼房讲，要从楼顶上开始，逐层做起，现代的高楼顶上有各种金属物，包括各种天线、灯架、广告牌、装饰物等，都要与接闪器连接，达到等电位。

等电位连接也包括物体和结构件之间或者同一物体的各部分金属外套之间作导电性的连接。在航天系统中，这是极为重要的。因为结构连接处如不是良好的电气连通，接触电阻所产生的电位降常可以引起电火花放电，它可以损坏连接部位的表层或导致火灾。

完善的等电位连接，也可以消除因地电位骤然升高而产生的"反击"现象，这在微波站天线塔遭到雷击后是常常遇到的。

传导的作用是把闪电的巨大能量引导到大地下耗散掉，当然也可以研究其他办法来吸收、耗散它的能量，不使它对被保护的对象产生破坏作用。同样，避雷针虽不会爆炸，但引导闪电入地的导线流有巨大电流，会产生感应电磁场，也可能损坏设备。所以传导措施必须与其他各种防雷措施联合起来，才是万全之策。

分流的做法：凡是从室外来的导体(包括电力电源线、电话线、信号线或者这类电线的金属外套等)都要并联一种避雷器至接地线。不仅是在入户处，在每个需要作防雷保护的仪器设备的机壳处都要安装。它的作用是把沿导线传入的过电压波在避雷器处经避雷器分流入地，也就是类似于把雷电感的所有入侵通道堵截了，而且不只一级堵截，可以多级堵截。因为分流的作用只能拦截建筑物上空的闪电，而对于远处落雷产生的过电压波沿各种导体的入侵是无能为力的，这一防线就靠分流措施。

长期以来，人们试图用"消雷"的方法来限制雷电的危害。消雷的设想是从防雷装置尖端向空间释放离子电流以降低雷暴云与装置尖端之间的电场强度，并在防置装量上方形成，由于离子云，使装置周围的电场变得较先前均匀，导致电场强度有所降低。从防雷装置尖端发出的离子电流在向上运动过程中，既可能与随气流向上运动的极性相反的大气起电电流相中和，起到削减起电电流的作用；又在其接近雷云时，与从雷云扩散出来的极性相反的散失电流相中和，起到增大散失电流的作用，从而抑制雷云电压的增长速度并降低雷云电压最终可能达到的数值。

消雷分为激光消雷、导体消雷、半导体消雷，经多年的实践，尚没有任何一个权威的研究结果可以显示消雷产品防止被保护物遭受雷击的效果可以达到厂商的宣传。

接地是闪电能量的泄放入地，虽然接地措施在防雷措施中是配角，如果没有它，等电位连结、传导、分流三个防雷措施就不可能达到预期的效果，因此它是防雷措施的基础，接地妥当与否，成为历来防雷技术上特别受重视的项目，各种防雷规范都作出明确的规定。它又是最费工、费钱、费力的防雷措施，是防雷工程的重点和难点，避雷装置安全检测的主要工作就是围绕它进行的。

屏蔽就是用金属网、箔、壳、管等导体把需要保护的对象包裹起来，从物理意义上讲，就是把闪电的脉冲电磁场从空间入侵的通道阻隔起来，力求"无隙可钻"。显然，这种屏蔽作用不是绝对的，需要考虑实际情况并依据经济原则来选择，还要估计到直击雷的能量造成熔穿破坏的概率，确定屏蔽材料的厚度等。

各种屏蔽都必须妥善接地，所以措施"BCDGS"五者是一个有机联系的整体防卫体系，全面实施才能达到万无一失的效果。

现代防雷技术围绕"ABCDEGS"措施，还要有各种技术设备。如要做好"躲"，需要有电场仪、雷电监测定位系统等；"分流"所用的设备，即形形色色的"避雷器"。它是随着现代科技的发展而发展起来的一种防雷设备，又随着高技术设备防雷的需要而发展，出现了一些新的高技术系列产品，品种、规格很多，可以说是现代防雷技术设备的主角。必须对它有一个全面的、比较清楚的认识。

第三节 建筑物的防雷措施

建筑物的防雷保护分为室外防雷保护和室内防雷保护两类。室外防雷保护的目的是为了防止建筑物着火和击坏建筑结构。室内防雷保护的目的，则是注意保护人员和室内设施的安全，特别是电气装置和电子设备等的安全。

一、室外防雷措施

室外防雷保护装置，如避雷针、避雷带和避雷网等，可以直接安装在被保护的建筑物上，也可以在该建筑物上面或近旁设置一个独立的屏蔽系统。前一情况下，还必须同时采用内部保护措施，而在后一情况下，内部保护措施可以简化或完全不考虑，尤其是不用考虑相邻部件的保护。

（1）接闪装置

在屋面上的尖顶、有棱角的边缘和垂直金属物体等电场集中的地方，最好有一个尖端，以便由此产生上升流光的接闪装置——避雷针，如图 5-15 所示。

(a) 带尖顶的建筑物　　　　(b) 带球形的建筑物　　　　(c) 需要独立屏或联合保护的建筑物

图 5-15　适合装避雷针的建筑物外形

在不希望出现尖形饰物的建筑物上，经验证明最好在屋面上覆盖金属线网——避雷带或避雷网，如图 5-16 所示。避雷网网格的导线应着重敷设在建筑物的棱角边缘、尖顶和一切比屋面高的物体上。

(a) 大面积的平顶建筑物　　　　(b) 带圆弧造型的建筑物　　　　(c) 宫殿或仿古造型的建筑物

图 5-16　适合装避雷针的建筑物外形

这种避雷网有利于建筑物周围敷设较多的引下线，以保持电位均衡。网格的宽度一般为 15~20m。由于对屋面空间的利用已日益增长，因而最好把网格的宽度缩小到使屋面上任何一个尖端距离接闪装置在 5m 之内。这样，不论屋面的坡度如何，屋面上网格尺寸可以为 10m×20m 左右。

屋面有大面积空间敷设的避雷网，最好在网格的交叉点上装短避雷针，如图 5-17 所示，这样有利于向上流柱的起始。

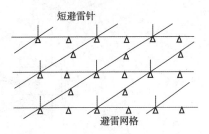

图 5-17　避雷网格上的短避雷针

金属板的屋顶是最合乎理想的，但是它必须有足够的厚度以防止雷击时把屋面烧穿。不过，有防锈涂层的铁皮屋面，以及为了隔热外加一层很厚的绝缘物的金属板屋面，都应当作为非金属屋面看待，而必须另装接闪装置。在只涂有薄的绝缘层的金属板屋面上，建议在避雷网的网格交叉点上装短避雷针。在屋面边缘和其他易于接近的地方，把金属层和接闪装置连在一起，因为向上流柱只能从直接接地的金属尖端上开始发生，屋顶表面的绝缘材料使向上流柱更难以触发。

建筑物上的金属物体，像水落管、栏杆和遮棚等都可以当作接闪装置来使用。屋面用的钢框架和钢筋混凝土预制板的护板也可以作为接闪装置。但是，所有的钢筋必须连在一起并有足够的截面。与金属构件相连接的短避雷针之间的距离不可超过 10m。在公众能够到达的屋面上，应以建筑物的金属装置来代替那些短避雷针。若因雷击频率不高的地区而省去接闪装置，则至少应在屋面的边缘敷设暴露的避雷带。

接闪装置必须露在外面，并且必须装在建筑物最高的水平面上。接闪装置不得被建筑物的本体、平台、壁架、凸出物等所遮蔽。接闪导线可以涂漆以防止腐蚀。装在屋面边缘下面的接闪导线，必须每隔几米与高出屋缘 0.3m 以上的一短避雷针相连。

高层建筑物可能受到闪电的侧击或斜击。因此，建筑物超过 20~30m 的高度时，应在其侧面上装设附加的接闪装置。金属门面、钢窗、栏杆、广告架和露在外面的引下线等都可以用来防止侧击，但它们必须通过引下线接地。

对于那些要求有最高安全的建筑物，如综合通信大楼、电视发射塔、航管大楼、高级宾馆等，则应在建筑物上面或近旁设置一个独立的屏蔽系统。

（2）引下线

建筑物避雷装置的引下线如图 5-18 所示。为了尽可能地减小沿引下线的电感压降，接闪装置必须通过引下线以最短的路径接地。引下线应避免形成环路，碰到建筑物上大型外伸的突出物时，要将引下线笔直地穿过去而不要绕着突出物安装。

各引下线应沿建筑物合理对称的分布。从房角开始沿屋面边缘而敷设，彼此间的距离不超过 20m。小房屋最少也应该有两条引下线分布于两个对角上。基础大于 30m×30m 的大型建筑物，需要安装相距不超过 20m 的内部引下线，其建筑物里面的柱子可用于此目的。

如果不能采用这种措施，如体育馆、音乐厅、剧场等，则外部引下线的数目要相应增加，且引下线之间的距离不必小于 10m。

引下线不应紧靠房门或窗户，至少应保持 0.5m 以上的距离。如果引下线敷设在壁龛之内或在粗灰泥涂层之下的不易检查之处，则必须有防腐措施。基础大于 30m×30m 的大型建筑物，需要安装相距不超过 20m 的内部引下线，其建筑物里面的柱子可用于此目的。

钢架和钢筋混凝土的护板，如果已连成一个整体，则可以当作引下线使用。露天的消防扶梯、户外电梯的轨道以及金属的门帘等，即使仅伸出几厘米，也可以作为引下线的一

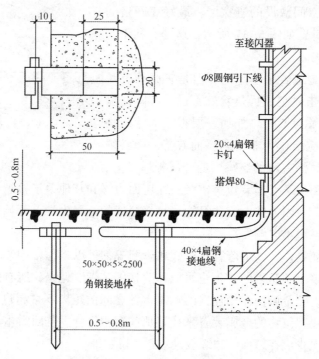

图 5-18   建筑防雷引下线装置图

部分来使用。可是，如果打算使用水管和其他通风或空调管道时，必须注意在连接处可能有不良接触，并要当心这种管子将来可能被换成塑料的。水落管通过檐槽与接闪装置相连，故可以作为引下线使用，但是水落管决不应当代替独立的引下线。

(3) 接地体

导体的电感仅在雷电流波头期间才起作用。在这期间以外，防止接地处出现过大电位差最简单的办法是在建筑物周围埋设闭合的导体环，如图 5-19 所示。当建筑物内要装内部引下线以及当公用的金属管道用作等电位连接时，这种环形接地体可以作为中间的联系。这种方法还有一个优点，即接地电阻值不再影响建筑物本身和内部装置的保护。

仅当被保护建筑物内没有金属设施或不需要电位均衡措施的地方，如农村的房屋或遮棚，才允许将每根引下线分别接地。当采用一根单独的接地体时，它必须足以使雷电流散入大地而不致发生沿地放电。因此，该接地体应埋得相当深而且有足够的长度。也可以采用钢筋混凝土的基础作为接地体，但这一基础必须是没有绝缘层包封才行。当建筑物的外墙位于整块混凝土基础上时，埋置在混凝土中的导体可以用作接地体。这种导体，一般为镀锌的钢筋，可称之为"基础接地"。当采用这种基础接地时，应使它位于潮湿层，以获得适当的接地环境。在这种基础中，水泥数量不应少于 $300kg/cm^3$，其深度最少应为 10cm。

在不能利用基础接地的地方，或基础并不与引下线相连时，应当埋设环形接地网，并使引下线与其相连。这个环形接地网必须离开建筑物 1~2m，其深度至少为 0.3m。如果不可能安装环形接地网，则应将建筑物两侧接地，通过金属部件或金属管子连接起来。

在岩石地区不可能埋设接地体时，因此需要采用一种环形导体，并把它紧紧压在地面上。

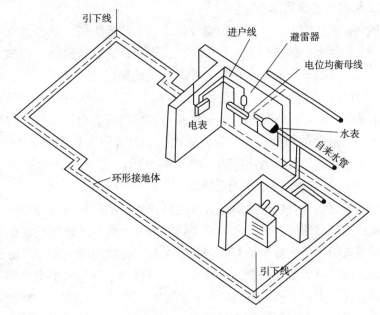

图 5-19 带有电位均衡措施的基础措施

另外，至少还要增加两根金属带，长度最少为 20m，并尽可能把这些金属带与石头的缝隙和潮湿的地方相连。

二、室内防雷措施

1. 电位均衡

所有的金属装置都应该保持电位相等，对于建筑物的防雷保护来说，这要比接地电阻重要得多，因为接地电阻的最大允许值有时必须根据对建筑物以外其他设备的影响而定。保持电位均衡的一个实际方法是在建筑物最低的一层设置一个公共的装置，所有金属装置都必须与之连接。这些金属装置，包括各种形式的管道（水管、供热管等）、电缆外皮，供电系统的中性线或保护接地线，以及所有埋在地下的、延伸的金属物体下的金属装置都有助于降低接地电阻。但是，有些装置，例如煤气管道和供线，在某些条件下不应直接与公共接地点连接在一起，而要经过保护间隙或供电的进户线应在引入建筑物的入口处安装避雷器。

为了使升高的地电位不至于传到公用的金属管道，特别是煤气管道，应以长于管道的绝缘材料把管道遮避起来，这一绝缘的表面闪络强度在空气中大约为 500kV/m，在土壤中大约为 300kV/m。

使电位均衡的最好方法是利用环形或基础接地这样的接地系统，引下线都应接在这种环形接地网上。如不需要更低的接地电阻，就无需附加别的接地体了。环形接地网最好埋设在建筑物的外面，如果完全不可能的话，可以将引下线连接在最低点的管道或其他金属装置上，前面图 5-19 中示出一幢具有两根引下线的孤立住宅的接地和电位均衡系统。

2. 建筑物上和内部的金属部件

房顶上的接闪装置在雷击时，其对地电位将达到它的极大值，这样造成的电位差主要决定于雷电流的上升速率。如果只有一根引下线，则要依靠它来疏导全部的雷电流。在这种情况下，接闪装置可能升高到最大电位，即当雷电流陡度为 100kA/s 时，10m 长的引下线电位可达 1~1.5GV。但是这个电位仅能持续不到 1ps 的时间。在这样短的电压脉冲下，空气击穿强度能达到 900~1000kV/m。如果在避雷系统邻近有金属部件，则可能产生旁侧闪络。降低旁侧闪络危险的最简单办法是使雷电流至少分布在两根引下线上。除此之外，考虑到雷电流的上升速度，相邻金属物体与避雷系统之间，最少也应该保持 0.5m 的安全距离，并且在 20m 距离内，保证有电位均衡措施。

现代建筑物内具有各种各样的金属装置和电气设备，甚至连房顶的空间也被它们充分利用了，如在屋面上装有通风、电梯和空调等机械或电气设施。这些设施都必须按照一定的规程，与避雷系统的导体，特别是与接闪装置保持安全的绝缘间距，以防止雷击时产生旁侧闪络。但是，往往由于条件限制，这些设施仍可能达不到规定的安全间距，对此，必须在它们的金属部件与避雷带或避雷网之间采取几种不同的措施。图 5-20 中 D 是将金属配件与引下线相连，以防止旁侧闪络和避免引起火灾。如果不能采用直接相连的办法，则可以通过一个保护间隙或避雷器连接起来，如图 5-20 中 G 和 H 所示。当保护间隙或避雷器动作时，有一部分雷电流就可通过这个金属部件疏导入地。为此，该金属部件必须具有足够大的截面积来疏导这部分雷电流，否则就需要增加一根导线。对于小型的室内电气装置，一般都应该检查这一措施是否需要。

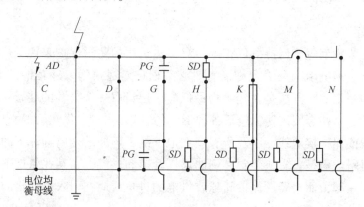

图 5-20　靠近引下线的垂直金属部件的几种防雷措施

另一种使金属装置或电气设备与接闪装置保持一定安全间距的办法是，可以把接闪装置制成如图 5-20 中 M 和 N 那样的形状，M 是以成型的网格作为接闪装置，N 则表示如何布置短避雷针，以对保护目的物进行屏蔽。这种保护方法对电梯的机械和控制机构，通风机和屋面上的其他类似设备是十分可取的。

图 5-20 中 K 所示是对电气装置加以屏蔽，即屏蔽网的一端连接到接闪装置上，而另一端连接到公共接地点上。屏蔽时应注意到与屏蔽物的耦合阻抗问题，应使其欧姆电压降不超过电缆绝缘的电气击穿强度，因为大多数信息处理设备的电缆或导线的绝缘强度都是很低的，所以应特别重视这一问题。

3. 电气装置

因为供电的进户线可以将高电压传入建筑物内，所以电气系统的电位均衡措施特别重要。一般家用电气装置的击穿电压仅仅只有几千伏，如果没有电位均衡措施，那么一个平均大小为 30kA 的雷电流就需要接地电阻远远低于 1Ω。要保持这样低的接地电阻值一般不大可能，而且大多数情况也没有必要。在供电的进户线入口处安装电源避雷器，可以确保雷电过电压不致被引入室内。

如果现代建筑物内还装有采用微电子技术的电子设备，由于这些设备所要求的供电电压很低，因而耐雷电冲击性能也大大降低，故尤其需要采用电子设备的有关防雷保护措施，才能确保它们的防雷安全。农村中的建筑物常由架空线供电，这样也需要使导线通过避雷器接地。

如果一部分雷电流能够随导线流入一个相连的电气装置，则在这个装置的各条进线上也应该装设避雷器以防止雷击，特别是当它们单独接地时更是如此。

电路中感应电压的危险应尽可能用对绞线配线的方法予以防止，并且装置中的电路走线也应该是绞合的。

特别是易受电气干扰的场所，如测试室及医院房屋等，必须使其与附近的金属部件隔离开来，并应以金属屏蔽网加以屏蔽。此屏蔽网必须仅在一点上与防雷系统相连。

第四节　常见设备设施防雷措施

当今，无论是智能大厦还是智能住宅，建筑物里都有许多信息系统(建筑物内的电子装置，包括计算机、通信设备、控制装置等的统称)，居民家庭中也有着大量的电子产品，这给建筑物的防雷设计提出了新的课题，但目前在建筑物的防雷设计中还存在一些问题，一些建筑物只有防直击雷设计，很少甚至没有防雷击电磁脉冲的设计。

一、电源防雷

据统计，雷击灾害中有 80% 是由雷击电磁脉冲(LEMP)造成的，这其中又有 70% 是通过电源线路造成的。因此，有效的电源防雷措施对减少雷击电磁脉冲的危害是非常重要的。

GB 50057—2010，2010 版《建筑物防雷设计规范》对此做了规定。低压电源电缆全长埋地进入建筑物的，要求将金属屏蔽层和护套钢管接地，对第一类、第二类防雷建筑物"宜"安装过电压保护器(SPD)。对架空低压线转换埋地电缆的应在转换处安装 SPD，埋地电缆的长度不少于 2m，第一类、第二类防雷建筑物不少于 15m。架空低压线应在入户处安装 SPD。对信息系统应在各防雷区交界处分别安装 SPD，并选择合适的雷电通流量。相关专业的规范对电源防雷有更详细的规定。

一些设计人员认为，只要电源埋地就行了，不需要再安装 SPD。这种观点是不正确的。"宜"在规范中解释为：表示允许稍有选择，在条件许可时首先应这样做。屏蔽电缆全长埋地，对于远处雷击造成的雷电波侵入和雷击电磁脉冲辐射有很好的屏蔽作用，对电气设备也可以起一定的保护作用，但对信息系统、电子设备来说，埋地电线残存的雷电过电压仍然是危险的。而且，对近处雷击引起的雷电感应和地电位反击无能为力。从我们近几年调查的几起雷击事故看，低压电缆都是全长埋地进入建筑物，但由于雷击就在附近几百米内，雷电过电压仍然从电源线路进入，造成电子设备的损坏，严重的甚至将电源开关设备击毁。同时，一些单位从节约经费出发，没有使用屏蔽电缆，保护钢管也仅是入户段，长度只有1~2m甚至几十厘米，根本起不到屏蔽作用。

为减少雷灾损失，一般的建筑物至少在电源总配电处安装一级SPD，智能建筑应按信息系统的防雷要求安装多级SPD。

二、建筑防雷

现代建筑，即使是民用住宅，也有电话、有线电视、宽带网、消防报警与控制系统、监控系统、门禁对讲系统等大量的信息系统，综合办公大楼、智能大厦就更不用说了。几乎每次雷击都会造成许多信息系统设备的损坏。

为解决信息系统的防雷问题，GB 500571—2010在2010年修订条文中增加了雷击电磁脉冲防护的内容，规定在工程的设计阶段不知道电子系统的规模和具体位置的情况下，若预计将来会有需要防雷击电磁脉冲的电气和电子系统，应在设计时将建筑物的金属支撑物、金属框架或钢筋混凝土的钢筋等自然构件、金属管道、配电的保护接地系统等与防雷装置组成一个接地系统，并应在需要之处预埋等电位连接板。当电源采用TN系统时，从建筑物总配电箱起供电给本建筑物内的配电线路和分支线路必须采用TN-S系统。

相关专业的规范对信息系统防雷也有规定。GB 50200—1994《有线电视系统工程技术规范》规定，系统的防雷设计应有防止直击雷、感应雷和雷电侵入波的措施，进入前端的天馈线应安装信号避雷器，架空电缆吊线的两端和架空电缆线路中的金属管道应接地，电缆进入建筑物时，应将屏蔽层接地，架空电缆还应有避雷器。GB 9361—2011《计算站场地安全要求》规定，在雷击频繁区域，应装设浪涌电压吸收装置。JGJ/T 16—2008《民用建筑电气设计规范》规定，闭路应用电视进入监控室的架空电缆入室端、和旷野、塔顶及高于其他建筑物处装设的摄像机的电缆端应没有避雷保护装置。公用建筑计算机经营管理系统由室外进户的信号电统应有防雷装置。YD/T 5098—2005《通信局（站）防雷与接地工程设计规范》对通信局（站）的电源线、信号线、网络数据线、天馈线、遥控系统、监控系统的防雷作了详细规定。GB/T 50311—2015《建筑及建筑群综合布线系统工程设计规范》规定，综合布线电缆与电力电缆的间距应符合规定，当电磁干扰场强大于3V/m时，宜采取屏蔽措施并良好接地，当电缆从建筑物外面进入建筑物时应采取过压、过流保护措施。

目前的建筑物防雷设计几乎没有涉及信息系统的防护，认为那是有关专业部门的事情。信息系统的LEMP防护要进行综合防雷，应采取建筑物屏蔽（利用结构钢筋）、线路屏蔽（使用屏蔽电缆或安装金属线槽、金属管）、合理布线、在适当的位置安装SPD等电位连接（需要预留等电位连接板）等措施，以减少LEMP的危害。屏蔽、合理布线、预留等电位连接板等，这些措施都需要在进行建筑物防雷设计时给予通盘考虑，在土建施工时同步安装，在综合布线、设备安装、建筑物和机房装修时，再合理选择和安装SPD，以及做符合要求的等电位连接。这样，信息系统的综合防雷就比较完善了，比起以后再来改造，也可以节约投资、达到事半功倍的效果。

三、等电位连接

等电位连接是减少雷电流引起的电位差的重要措施。GB 50057—2010 在 2010 年修订条文中规定，信息系统应在防雷区的交界处及防雷区内部做等电位连接，等电位连接可以采用 S 型星形连接或 M 型网形连接或两者的组合，应在合适的位置预留等电位连接板，SPD 两端的引线尽可能短。

许多建筑物由于只考虑一点接地的做法，因而只有总等电位连接，没有根据信息系统防 LEMP 的需要，设计合适的局部等电位连接。

信息系统的等电位连接是采用 S 型星形连接还是 M 型网形连接或两者的组合，需要根据信息系统的分布形式、工作方式、传输速率、建筑物高度、面积等综合分析，除了考虑总等电位连接还要考虑局部等电位连接（包括卫生间），接地线应尽可能的短和直。只在基础接地体中引出一个总接地端子，而不管该建筑物有多高、面积有多大、有哪些设备、有哪些信息系统，会造成接地线很长，LEMP 会在接地线上产生感应，削弱防 LEMP 措施的效果，给 LEMP 的防护带来很大的困难。

对于一些高频系统、大型系统、分散系统、高层建筑，应采用 M 型网形连接或组合连接，利用均压环或建筑物内部的结构柱主筋在各层预计有信息系统机房的适当位置预埋等电位连接板，便于今后防 LEMP 设施的安装。

四、生产装置防雷

① 生产装置区内的各种罐、塔、容器及其他设备若其顶部金属厚度大于 4mm，可不设避雷针（线）。

② 生产装置区内的各种设备必须进行防雷接地，其防雷接地点不得少于 2 处，间距不宜大于 18m。防雷接地的冲击电阻值不得大于 10Ω。

③ 架空金属管道在进出生产装置处，应与防雷电感应的接地装置相连。距离生产装置 100m 内的管道，应每隔 25m 左右接地一次，其冲击接地电阻不应大于 10Ω，并宜利用金属支架或钢筋混凝土支架的焊接、绑扎钢筋网作为引下线，其钢筋混凝土基础宜作为接地装置。

④ 装置区内的可燃性气体防空管路必须装设避雷针，避雷针的保护范围应根据防空管排放气体的压力和气体的比重进行确定其水平距离和垂直高度。

⑤ 装置区内各防雷接地引下线必须设计断接卡，接地断接卡必须暴露在明处，不得埋入水泥中或地下，断接卡必须用 2 个 M10 的螺栓连接并固定。断接卡与接地线不得水平防置在地面上，断接卡距地面高度为 0.3~0.8m 之间，断接卡的接触电阻值不得大于 0.03Ω。

⑥ 引下线宜采用圆钢或扁钢，圆钢直径不应小于 8mm，扁钢截面不应小于 48mm²，其厚度不应小于 4mm。

⑦ 装置区内的各种接地必须进行等电位连接。

⑧ 装置区内若设计独立避雷针及其接地装置至被保护建筑物及与其有联系的管道、电缆等金属物之间距离，应符合下列表达式的要求，但不得小于 3m。

a. 地上部分：

当 $h_x<5R_i$ 时，$S_{a1}\geqslant 0.4(R_i+0.1h_x)$

当 $h_x\geqslant 5R_i$ 时，$S_{a1}\geqslant 0.1(R_i+h_x)$

b. 地下部分：

$$S_{e1}\geqslant 0.4R_i$$

式中　S_{a1}——空气中的距离，m；

　　　S_{e1}——地中距离，m；

　　　R_i——独立避雷针或架空避雷线(网)支柱处接地装置的冲击接地电阻，Ω；

　　　h_x——被保护物或计算点的高度，m。

⑨ 生产装置区内法兰、阀门的连接处应设金属跨接线，其跨接接触电阻值不大于 0.03Ω。当法兰用 5 根以上螺栓连接时，法兰可不用金属线跨接，但必须构成电气通路，其法兰间的电阻值不大于 0.03Ω。

五、油罐区与液化气球罐区防雷

① 油罐、液化汽球罐以及其他装有可燃液体与气体的钢罐，必须作环形防雷接地，其接地点不应小于两处，接地沿罐周长的间距，不宜大于 30m。罐的接地电阻不宜大于 10Ω。

② 装有阻火器的地上固定顶钢罐，当顶板厚度 $\geqslant 4mm$ 时，可不装设避雷针(线)；当顶板厚度 $\leqslant 4mm$ 时，应装设避雷针(线)。避雷针(线)的保护范围应包括整个油罐。

③ 没有阻火器的地上固定顶钢罐，必须安装阻火器。若安装阻火器困难，则可装设避雷针(线)，但必须按下列规定进行：

a. 排放爆炸危险气体、蒸气和粉尘的放散管、呼吸阀、排风管等的管口外的以下空间应处于接闪器的保护范围内，当有管帽时应按下表确定；当无管帽时，应为管口上方半径 5m 的半球体。接闪器与雷闪的接触点应设在上述空间之外。如表 5-1 所示。

表 5-1　有管帽的管口外处于接闪器保护范围内的空间

装置内的压力与周围空气压力的压力差/kPa	排放物的密度	管帽以上的垂直高度/m	距管口处的水平距离/m
<5	重于空气	1	2
5~25	重于空气	2.5	5
≤25	轻于空气	2.5	5
>25	重或轻于空气	5	5

b. 排放爆炸危险气体、蒸气和粉尘的放散管、呼吸阀、排风管等，当其排放物达不到爆炸浓度，发生事故时排放物才达到爆炸浓度的通风管、安全阀、呼吸阀等，接闪器的保护范围可仅保护到管帽，无管帽时可仅保护到管口。

④ 浮顶油罐或内浮顶油罐可不装设避雷针(线)，但应将浮盘与罐体用两根截面不小于 $25mm^2$ 的软铜绞线作电气连接。连接线的两端必须分别与浮盘和罐体紧密连接，其连接处的接触电阻不应大于 0.03Ω。

⑤ 油罐、液化气球罐以及其他装有可燃液体与气体的钢罐，防雷接地引下线上必须设有断接卡。接地断接卡必须暴露在明处，不得埋入水泥中或地下，断接卡必须用 2 个 M10 的螺栓连接并固定。断接卡与接地线不得水平防置在地面上，断接卡距地面高度为 0.3～0.8m 之间，断接卡的接触电阻值不得大于 0.03Ω。

⑥ 罐区内的法兰、阀门的连接处应设金属跨接线，其跨接接触电阻值不大于 0.03Ω。当法兰用 5 根以上螺栓连接时，法兰可不用金属线跨接，但必须构成电气通路，其法兰间的电阻值不大于 0.03Ω。

⑦ 地上钢罐的温度、液位等测量装置，应采用铠装电缆或钢管配线。电缆外皮或配线钢管与罐体应作电气连接。铠装电缆的埋地长度不应小于 50m。

⑧ 覆土油罐的罐体及罐室的金属构件以及呼吸阀、安全阀、量油孔等金属附件，应作电气连接并接地，接地电阻不应大于 10Ω。

⑨ 储存易燃油品的人工洞石油库，应采取下列防止高电位引入洞内的措施：

a. 进入洞内的金属管线，从洞口算起，当其洞外埋地长度超过 50m 时，可不设接地装置；当其洞外部分不埋地或埋地长度不足 50m 时，应在洞外设 2 处接地，接地点的间距不应大于 100m，接地电阻不宜大于 20Ω。

b. 电力和通讯线路应采用铠装电缆埋地引入洞内，若有架空线路转换为电缆埋地引入洞内时，由洞口至转换处的距离不应小于 50m。电缆与架空线的连接处，应装设避雷器。避雷器、电缆外皮和铁脚应作电气连接并接地，接地电阻不宜大于 10Ω。洞口的电缆外皮，必须与油罐、管线的接地装置连接。

六、DCS 控制系统与常规仪器仪表控制系统防雷

① DCS 控制系统与常规仪器仪表控制系统的接地分为保护接地和工作接地。

保护接地：是将 DCS 控制系统或常规仪器仪表控制系统中平时不带电的金属部分（机柜外壳、操作台外壳等）与地之间形成良好的导电连接，以保护设备和人身安全。保护地的接地电阻不宜大于 4Ω。

工作接地：是为了使 DCS 控制系统或常规仪器仪表控制系统以及与之相连的仪表均能可靠运行并保证测量和控制精度而设的接地。DCS 控制系统工作地的接地电阻应小于 1Ω；常规仪器仪表控制系统工作地的接地电阻一般要求为小于 4Ω，有特殊要求的，可按小于 1Ω 进行处理。

② DCS 控制系统与常规仪器仪表控制系统的工作地与保护地之间应安装等电位连接器。不受干扰信号影响的常规仪器仪表控制系统的工作地与保护地可直接进行等电位连接。

③ DCS 控制系统与常规仪器仪表控制系统的操作室应设置等电位连接排，将等电位连接的各种地均接到等电位连接排上。

④ 各种接地装置距操作室的安全距离以及各接地装置之间的安全距离不宜小于 3m。

⑤ 控制系统的电源线应采用铠装电缆，信号线应采用双绞屏蔽线。铠装电缆的外皮两端应接地；信号线屏蔽层的操作室端应接地。

⑥ 信号线应采用穿管敷设或线槽敷设，管和线槽必须接地，接地电阻不应大于 10Ω。

第五节　化工企业建筑物防雷保护案例

雷击是全球第三大自然灾害，我国大部分地区处于雷雨多发区，由雷击所造成的化工装置停产、损坏和人身伤亡的事故不断发生，频发的雷击事件给企业造成了巨大损失。我国每年因雷击造成的人员伤亡约有上千人，因雷击造成的各类事故，财产损失约 $50 \sim 100$ 亿人民币。如何减少和防止雷击损失，逐渐引起人们关注。

【案例一】　$5 \times 10^4 m^3$ 浮顶原油罐雷击着火

1987 年 8 月 11 日下午 7 时 40 分左右，某石化公司 $5 \times 10^4 m^3$ 原油罐 103# 浮顶原油罐被雷击造成油气着火。职工及时发现并报警，炼厂立即出动 8 台消防车进行补救，10min 左右控制住火势。附近造船厂、港务局以及市消防队先后派出 26 台消防车前来支援，至晚上 9 时 30 分油罐火灾全部扑灭。火灾未发生人身伤亡，未影响正常生产，油罐设备未遭受损坏。据事故后调查计算，事故烧掉原油 1.51t。

【案例二】　某炼油厂浮顶油罐雷击起火

1999 年 8 月 27 日凌晨 2 时许，某炼油厂遭雷击，105# 浮顶油罐（储油量 $2 \times 10^4 t$）被雷击中起火。由于炼油厂消防队扑救及时，火势于 2 时 32 分扑灭，未造成重大损失。经检查，油罐防雷装置符合设计规范要求。据分析，起火原因是油罐密封胶圈渗漏出的油气与空气混合被雷击中引起燃烧。

【案例三】　某石油公司油库特大雷击火灾事故

（1）事故经过

1998 年 7 月 13 日下午 4 时 10 分，某石油公司油库遭直击雷击，造成库区 4 号储罐起火爆炸，烧毁 0 号柴油 125t 及 1000m³ 柴油罐一座，造成重大经济损失火灾发生后，出动消防车 42 台，参加灭火指挥及现场工作人员达 300 余人，经过 1 小时 30 分钟的全力抢救，大火于下午 5 时 40 分全部扑灭，保证了库内 1 万余吨石油的安全。

（2）原因分析

由于该段时间当地持续高温，连续 4 天气温高达 $38 \sim 39℃$，持续高温给位于洼地的地槽（地下 8m）内的 4 号储油罐不断加热，同时由于罐体与地槽壁相隔 1m，使大量热量储存在罐体周围，不易散热，这样使油罐内的 0 号柴油加热气化。由于该储罐为 1000m³，可储存 2000t 油，但当时油罐内仅储油 211t，罐内存在大的空间，使汽化的柴油气体受热膨胀，导致油气从呼吸阀外泄。由于当时该地区强对流天气发展，罐顶空气瞬时受抑制、少流动，这样外泄油气大量集中于油罐顶处，难以散发。4 时 10 分，当雷击时，使罐体及油气在雷击金属罐体产生的电火花作用下，产生明火（当时有一名加油司机及一位加油工在 50m 外，听到一声惊雷后，首先发现 4 号罐顶产生明火）。由于明火燃烧后，通过排气阀引着罐内油气，在罐内燃烧膨胀，内压加大，使仅有 2mm 厚的罐顶首先爆炸引起大火。

第六章　电气安全设计

依据系统工程原理，任何系统在生产之前均经历"设计"阶段，而化工电气系统亦不例外。本章讲解了防火防爆电气安全设计、通用用电设备配电设计、供配电系统及变电所设计、电力工程电缆设计、化工弱电系统设计等。上述设计是学生必备的专业课程设计知识基础，对于电气安全设计要领的学习极为重要，可作为实践的重要环节。最后，列举了典型的化工电气安全设计案例，并进行了分析。

第一节　防火防爆电气安全设计

火灾和爆炸可以造成重大经济损失，而且往往造成人身伤亡和设备损坏。电气火灾和爆炸在火灾和爆炸事故中占有很大的比例。仅就电气火灾而言，无论是发生频率还是所造成的经济损失，在火灾中所占的比例都呈上升的趋势。在很多地区，引起火灾的电气原因已经成为火灾的第一原因。电气火灾已经超过全部火灾的20%，有的地区或部门已经超过30%。就造成经济损失而言，电气火灾所占的比例还要大一些。

火灾是失去控制且造成损失的燃烧。燃烧是伴有放热、发光的激烈化学反应。构成燃烧的三要素是可燃物、助燃物和有一定能量的助燃源。不同物质燃烧的火焰温度高达2000~3000℃，破坏力极大，燃烧产物也给人带来了很大的危险。例如，7%~10%的CO_2能使人窒息而死亡，0.5%的CO经20~30min能使人死亡，烟尘和烟雾也有很大的危害。按可燃物性质火灾可分为A类(固体物质火灾)；B类(液体或可熔化的固体火灾)；C类(气体火灾)；D类(金属火灾)。

爆炸是物质潜能在瞬间突然释放或急剧转化，且伴有高压、体积剧增、高温、巨响等现象，爆炸分为物理性爆炸和化学性爆炸。化学性爆炸伴有剧烈化学反应，分为炸药爆炸，气体、蒸气爆炸和粉尘，纤维爆炸。传播速度数十厘米每秒至10m/s为轻爆；10m/s至数百米每秒的为爆炸，达到1000m/s的为爆轰。形成化学爆炸的条件是存在爆炸性混合物和有一定能量的引燃源。气体爆炸性混合物的爆炸温度可达2000℃以上。

一、电气火灾与爆炸的原因

1. 电气设备过热

电气设备过热主要是由电流产生的热量造成的。导体的电阻虽然很小，但其电阻总是客观存在的，因此电流通过导体时要消耗一定的电能，这部分电能转化为热能，使导体温度升高，并加热其周围的其他材料。

对于电动机和变压器等带有铁磁材料的电气设备，除电流通过导体产生的热量外，还有在铁磁材料中产生的热量，这部分热量是由于磁铁材料的涡流损耗和磁滞损耗造成的。因此，这类电气设备的铁芯也是一个热源。

当电气设备的绝缘质量降低时，通过绝缘材料的泄漏电流增加，可能导致绝缘材料温度升高。

由上可知，电气设备运行时总是要发热的，但是，设计正确、施工正确以及运行正常的电气设备，其最高温度和其与周围环境温度之差（即最高温差）都不会超过某一允许范围。这就是说，电气设备正常的发热是允许的。但当电气设备的正常运行遭到破坏时发热量增加，温度升高，在一定条件下，可能引起火灾。引起电气设备过热的不正常运行大体包括以下几种情况：

（1）短路

发生短路时，电流增大为正常时的数倍乃至数十倍，而产生的热量又与电流的平方成正比，使得温度急剧上升，也可产生危险温度。雷电放电电流极大，有类似短路电流但比短路电流更为强烈的热效应，也可产生危险温度。

（2）接触不良

不可拆卸的接点连接不牢、焊接不良或接头处夹有杂物，可拆卸的接头连接不紧密或由于震动而松动，可开闭的触头没有足够的接触压力或表面粗糙不平等，均可能增大接触电阻，产生危险温度。特别是不同种类金属连接处，由于二者的理化性能不同，连接将逐渐恶化，产生危险温度。

（3）严重过载

过载量太大或过载时间过长，可产生危险温度。

（4）铁芯过热

电气设备铁芯短路、线圈高压过高、通电后不能吸合，可产生危险温度。

（5）散热失效

电气设备散热油管堵塞、通风道堵塞、安装位置不当、环境温度过高或距离外界热源太近，使散热失效，可产生危险温度。

（6）接地及漏电

接地电流和集中在某一点的漏电电流，可引起局部发热产生危险温度。

（7）机械故障

电动机、接触器被卡死，电流增加数倍，可产生危险温度。

（8）电压波动太大

电压过高，除使铁芯发热增加外，对于恒电阻负载，还会使电流增大，增加发热；电压过低，除使电磁铁吸合不牢或吸合不上外，对于恒功率负载，还会使电流增大，增加发热。两种情况都可产生危险温度。

此外，电炉等直接利用电流的热量进行工作的电气设备，工作温度都比较高，如安置或使用不当，均可能引起火灾。

2. 电火花和电弧

电火花是电极间的穿击放电；大量电火花汇集起来即构成电弧。电弧温度高达 8000℃。

电火花和电弧不仅能引起可燃物燃烧，还能使金属融化、飞溅，构成二次引燃源。

电火花分为工作火花和事故火花。工作火花指电气设备正常工作或正常操作过程中产生的电火花。例如，刀开关、断路器、接触器、控制器接通和断开线路时会产生电火花；插销拔出或插入时产生的火花；直流电动机的电刷与换向器的滑动接触处、绕线式异步电动机的电刷与滑环的滑动接触处也会产生电火花等。

事故火花是线路或设备发生故障时出现的电火花，包括短路、漏电、松动、接地、断线、分离时形成的电火花及变压器、多油断路器等高压电气设备绝缘表面发生的闪络等。

事故火花还包括由外部原因产生的雷电火花、静电火花、电磁感应火花等。

3. 非电气引燃源

（1）明火

① 吸烟。包括打火机、火柴和烟头的明火。

② 取暖器具。包括电炉、取暖用火炉(燃油炉、燃气炉等)。

③ 焊接与切割。

（2）高热物体及高温表面

包括高温蒸汽管道表面，高温气体、液体管道及热交换器的金属表面，高温管道的托梁、滑板及轨道，加热炉、干燥炉炉壁等。

（3）自然发热及化学反应热

包括氧化反应热(如油侵物自然发热、煤自然发热)，氧化反应发热，发酵发热等。

（4）冲击和摩擦

包括飞散物的冲击，掉落物、倒塌物的撞击，气锤的冲击，制动器的摩擦。

（5）绝热压缩

关闭压缩机的排水阀等操作可导致绝热压缩。

（6）紫外线和红外线

其有很高的热效应，玻璃瓶、金属缸、橱窗等的聚焦作用能产生很高的温度。

二、电气防火防爆措施

1. 消除或减少爆炸性混合物

消除或减少爆炸性混合物包括采取封闭式作业，防止爆炸性混合物泄漏；清理现场积尘、防止爆炸性混合物积累；设计正压室，防止爆炸性混合物；在危险空间充填惰性气体或不活泼气体，防止形成爆炸下限的10%时报警等措施。

2. 隔离和间距

危险性大的设备应分室安装，并在隔墙上采取封堵措施。电动机隔墙传动、照明灯隔玻璃窗照明等都属于隔离措施。10kV 及 10kV 以下的变、配电室不得设在爆炸危险环境的正上方或正下方。室内充油设备油量 60kg 以下者允许安装在两侧有隔板的间隔内；油量在 60~600kg 者必须安装在有防爆隔墙的间隔内；油量 600kg 以上者必须安装在单独的防爆间隔内。变、配电室与爆炸危险环境或火灾危险环境毗连时，门、窗应开向无爆炸或火灾危险的场所。

电气装置，特别是高压、充油的电气装置应与爆炸危险区域保持安全距离。变、配电站不应设在容易沉积可燃粉尘或可燃纤维的地方。

3. 消除引燃源

主要还包括以下措施：

① 按爆炸危险环境的特征和危险物的级别、组别选用电气设备和设计电气线路。

② 保持电气设备和电气线路安全运行。安全运行包括电流、电压、温升和温度不超过允许范围，包括绝缘良好、连接和接触良好、整体完好无损、清洁、标志清晰等。在爆炸危险环境应尽量少用携带式设备和移动式设备；一般情况下不应进行电气测量工作。

4. 爆炸危险环境接地

爆炸危险环境接地应该注意以下几点：

① 应将所有不带电金属物件做等电位联结。从防止电击考虑不需接地（接零）者，在爆炸危险环境仍接地（接零）。例如，在非爆炸环境，干燥条件下交流 127V 以下的电气设备允许不采取接地或接零措施，而在爆炸危险环境，这些设备仍应接地或接零。

② 如低压由接地系统配电，应采用 TN-S 系统、不得采用 TN-C 系统。即在爆炸危险环境应将保护零线与工作零线分开。保护导线的最小截面，铜导体不得不小于 $4mm^2$、钢导体不得小于 $6mm^2$。

③ 如低压由不接地系统配电，应采用 IT 系统，并装有一相接地时或严重漏电时能自动切断电源的保护装置或能发出声、光双重信号的报警装置。

三、电气灭火常识

1. 断电后灭火

火灾发生后，电气设备因绝缘损坏而碰壳短路，线路因断线而接地，使正常不带电的金属构架、地面等部位带电，导致因接触电压或跨步电压而发生触电事故。

因此，发现火灾时应首先切断电源。切断电源时应注意以下几点：

① 火灾发生后，由于受潮或烟熏，开关设备的绝缘能力会降低，因此拉闸时应使用绝缘工具操作。

② 高压设备应先操作油断路器，而不应该先拉隔离刀闸，防止引起弧光短路。

③ 切断电源的地点要适当，防止影响灭火工作。

④ 剪断电线时，不同相线应在不同部位剪断，防止造成相间短路。剪断空中电线时，剪断位置应选择在电源方向支持物附近，防止电线切断后，断头掉地发生触电事故。

⑤ 带负载线路应先停掉负载，再切断着火现场电线。

2. 带电灭火安全要求

为了争取时间，防止火灾扩大，来不及断电或因生产需要及其他原因不能断电时，则需带电灭火，带电灭火须注意以下几方面：

① 应按灭火剂的种类选择适当灭火器，二氧化碳、二氟一氯一溴甲烷（即 1211）、二氟二溴甲烷或干粉灭火器的灭火剂都是不导电的，可用于灭火。泡沫灭火器，又伤绝缘又导电，而且污染严重，故不能用于带电灭火。

② 用水枪灭火时宜采用喷雾水枪。这种水枪通过水柱的泄漏电流较小，带电灭火比较安全。用普通直流水枪灭火时，为防止经过水柱泄漏的电流通过人体，可以将水枪喷嘴接地(将喷嘴用导线接向接地极或接地网，或接向粗铜线网络鞋套)，或要求灭火人戴绝缘手套和穿戴绝缘靴或穿均压服进行操作。

③ 人体与带电体之间要保持必要的安全距离。用水灭火时，水喷嘴至带电体的距离：110kV 及以下应大于 3m，220kV 及以上应大于 5m。用二氧化碳等不导电的灭火器时，机体、喷嘴至带电体的最小距离：10kV 应不小于 0.4m，35kV 应不小于 0.6m。

④ 对架空线路等高空设备进行灭火时，人体位置与带电体之间的仰角不应超过 45°，防止导线断路而危及灭火人员的安全。

⑤ 如遇带电导线断落地面上，要划出一定范围的警戒区域，防止跨步电压触电。

3. 充油设备灭火

扑灭充油设备时，应注意以下几点：

① 充油电气设备容器外部着火时，可以采用水、二氧化碳、四氯化碳、1211、1202、干粉等灭火剂带电灭火；灭火时，也要保持一定的安全距离。

② 如果充油电气设备容器内部着火，除应切断电源外，有事故储油池的应设法将油放入事故储油池，并用喷雾水枪灭火，不得已时可用砂子、泥土灭火；流散在地面上的油火可用泡沫灭火器扑灭。

③ 发动机和电动机等旋转电机着火时，为防止轴与轴承变形，可令其慢慢转动，用喷雾水枪灭火，使之均匀冷却；也可用二氧化碳、1211、1202、蒸汽灭火，但不宜用干粉、砂子、泥土灭火，以免损伤电气设备的绝缘。

4. 消防器材的选择和使用方法

电气上灭火常用灭火器有二氧化碳、干粉、1211 等。常用灭火器使用方法：

（1）二氧化碳灭火器

使用时先拔掉安全锁，然后压紧压把，这时就有二氧化碳喷出。操作时手不可直接触及喇叭筒，以防冻伤。二氧化碳灭火器射程较近，应接近着火点 3m 远，在室外使用时，要在上风头方向喷射。

（2）干粉灭火器

使用时拔掉保险琐，按下压把，干粉即可喷出。干粉灭火器喷射时间短，8kg 瓶喷射时间 14~18s，射程 4.5m；50kg 瓶喷射时间 50~55s，射程 6~8m。喷射前要先选好目标，一般 8kg 瓶可以有效扑灭 3.6㎡ 汽油火灾。干粉灭火器使用时要尽量接近火源喷射，干粉容易飘散，不宜逆风喷射。

（3）1211 高效灭火剂

使用时拔下安全锁，紧握把压开关，在氯气压力作用下，1211 药液向外喷出。使用时筒身要垂直，不可平放或颠倒。1211 射程较近，1kg 瓶喷射时间 6~8s，射程 2~3m，使用人要站在上风头，尽量接近着火点，对火源根部在左右扫射，快速向前推进，要注意防止回火复燃(由于该灭火剂对臭氧层破坏力强，我国已明令禁止生产销售该产品)。

（4）泡沫灭火器

最适于扑救油火灾，扑救一般固体火灾也有一定效果，但不可用来扑救带电设备和忌水物质火灾。使用后时先用手赌住喷嘴，将筒身上下颠倒两次，然后倒置使用，就有泡沫喷出。操作时，不可将泡沫直接对着油面喷射，让泡沫呈弧形喷出，以防着火的油面溅出，也可以对着容器的侧壁喷射，让泡沫逐渐覆盖油面，将火扑灭。使用时，灭火器筒底、筒盖不要对着人，以防爆炸伤人。泡沫灭火器药液一般一年更换一次，冬季和夏季要做好防冻防晒保养。

在灭火器材不足的情况下，可借助砂子、泥土灭火，其颗粒越小越好。此方法最适地面上流质火源，对容器内部火源不适用。对固体材料的火源，盖上砂土后要注意二次复燃的可能性。

第二节　通用用电设备配电设计

通用用电设备主要指工业、交通、电力、邮电、财贸、文教及民用建筑等各行各业的新建和扩建工程中使用的设备。

随着社会经济的发展，建设规模越来越大，对供电可靠性的要求也越来越高。通用用电设备配电的设计首先应该贯彻执行国家的技术经济政策，做到保障人身安全、配电可靠、技术先进、经济合理、节约电能和安装维护方便。通用用电设备配电设计，应采用符合现行的国家标准 GB 50055—2011《通用用电设备配电设计规范》、行业标准的产品，并应采用效率高、能耗低、性能先进的产品。

一、电动机装置设计

适用于一般用途的旋转电动机；不适用于控制电动机、直线电动机及其他特殊电动机。适用额定功率的下限是参照美国电气法规，并结合我国的实际情况而定。美国电气法规将这一功率定为 1 马力，约合 0.75kW，我国通用电动机的基本系列——Y 系列电动机额定功率的下限为 0.55kW。

3~10kV 异步电动机和同步电动机的保护及二次回路，应符合《电力装置的继电保护和自动装置设计规范》的规定。

异步电动机和同步电动机的开关设备和导体选择，应符合《3~110kV 高压配电装置设计规范》的规定。

选用额定电压不超过 10kV 的电动机，电动机的工作制、额定功率、堵转转矩、最小转矩、最大转矩、转速及其调节范围等电气和机械参数，应满足电动机所拖动的机械（以下简称机械）在各种运行方式下的要求。

在满足使用要求的前提下，尽量选用简单、可靠、经济、节能的电动机；即优先选用笼型电动机，其次为绕线转子电动机，再次为其他类型，最后为直流电动机。具体选择，应符合下列规定：

① 机械对起动、调速及制动无特殊要求时，应采用笼型电动机，但功率较大且连续工作的机械，当在技术经济上合理时，宜采用同步电动机。

② 符合下列情况之一时，宜采用绕线转子电动机：

a. 重载起动的机械，选用笼型电动机不能满足起动要求或加大功率不合理时；

b. 调速范围不大的机械，且低速运行时间较短时。

③ 机械对启动、调速及制动有特殊要求时，电动机类型及其调速方式应根据技术经济比较确定。在交流电动机不能满足机械要求的特性时，宜采用直流电动机；交流电源消失后必须工作的应急机组，亦可采用直流电动机。变负载运行的风机和泵类机械，当技术经济上合理时，应采用调速装置，并应选用相应类型的电动机。

作为定额一部分的额定输出功率（简称额定功率）是以工作制为基准的。不同工作制的机械应选用相应定额的电动机。根据《旋转电机基本技术要求》中的定义，"定额"是"由制造厂对符合指定条件的电机所规定的，并在铭牌上标明电量和机械量的全部数值及其持续时间和顺序"。"工作制"是"电机承受负载情况的说明，包括起动、电制动、空载、断能停转以及这些阶段的持续时间和顺序"。电动机额定功率的选择，应符合下列规定：

① 连续工作负载平稳的机械应采用最大连续定额的电动机，其额定功率应按机械的轴功率选择。当机械为重载起动时，笼型电动机和同步电动机的额客功率应按起动条件校验；对同步电动机，尚应校验其牵入转矩。

② 短时工作的机械应采用短时定额的电动机，其额定功率应按机械的轴功率选择；当无合适规格的短时定额电动机时，可按允许过载转矩选用周期工作定额的电动机。

③ 继续周期工作的机械应采用相应的周期工作定额的电动机，其额定功率宜根据制造厂提供的不同负载持续率和不同起动次数下的允许输出功率选择，亦可按典型周期的等值负载换算为额定负载持续率选择，并应按允许过载转矩校验。

④ 连续工作负载周期变化的机械应采用相应的周期工作定额的电动机，其额定功率宜根据制造厂提供的数据选择，亦可按等值电流法或等值转矩法选择，并应按允许过载转矩校验。

⑤ 选择电动机额定功率时，根据机械的类型和重要性，应计入适当的储备系数。

⑥ 当电动机使用地点的海拔和冷却介质温度与规定的工作条件不同时，其额定功率应按制造厂的资料予以校正。

直流电动机的电压主要由功率决定。交流电动机的电压选择涉及电机本身和配电系统两个方面。一般情况下，中小型电动机为380V，大中型电动机为6kV，选定电压并不困难，但电动机额定功率在200~300kW附近时需比较高低压的优劣。当前，我国制造的低压电动机除常用的380V外，还发展了660V电动机及配套电气，其应用范围正由矿井扩展到地面；千伏级（如1140V）电动机亦已引进。高压电动机虽以6kV为主，但3kV电动机仍有应用，10kV电动机亦在制造。因此，在某些情况下，电压选择对电动机的造价和配电系统的投资有很大影响，需要根据技术经济比较确定。

二、电动机的启动

电动机启动时，其端子电压应能保证机械要求的起动转矩，且在配电系统中引起的电压波动不应妨碍其他用电设备的工作。

电动机启动对系统各点电压的影响，包括对其他电气设备和对电动机本身两个方面：

一方面，应保证电动机启动时不妨碍其他电气设备的工作。为此，理论上应校验其他用电设备端子的电压，但在实践上极不方便。在工程设计中我们可以校验流过电动机起动电流的各级配电母线的电压，其容许值则视母线所接的负荷性质而定。另一方面，应保证电动机的启动转矩满足其所拖动的机械的要求。为此，在必要时，应校验电动机端子的电压。因此交流电动机启动时，配电母线上的电压应符合下列规定：

① 在一般情况下，电动机频繁启动时，不宜低于额定电压的90%；电动机不频繁启动时，不宜低于额定电压的85%。

② 配电母线上未接照明或其他对电压波动较敏感的负荷，且电动机不频繁启动时，不应低于额定电压的80%。

③ 配电母线上未接其他用电设备时，可按保证电动机启动转矩的条件决定；对于低压电动机，尚应保证接触器线圈的电压不低于释放电压。

笼型电动机和同步电动机启动方式的选择，应符合下列规定：

① 当符合下列条件时，电动机应全压启动：

a. 电动机启动时，配电母线的电压符合上文作出的规定；

b. 机械能承受电动机全压启动时的冲击转矩；

c. 制造厂对电动机的启动方式无特殊规定。

② 当不符合全压启动的条件时，电动机宜降压起动，或选用其他适当的启动方式。

③ 当有调速要求时，电动机的启动方式应与调速方式相配合。

绕线转子电动机采用频敏变阻器启动，且有接线简单、起动平滑、成本较低、维护方便等优点，应优先选用；但在某些情况下尚不能取代电阻器，特别是在需要调速的场合。绕线转子电动机配晶闸管串级调速时，因调速范围的限制，通常仍需接启动电阻。根据《冶金及起重用绕线转子三相异步电动机》产品标准的规定："电动机启动时，转子必须串入附加电阻或电抗，以限制起动电流的平均值不超过各工作制的额定电流的2倍"。对有具体型号及规格的电动机，可按制造厂的资料确定启动电流的限值。

因此绕线转子电动机宜采用在转子回路中接入频敏变阻器或电阻器启动，并应符合下列要求：

① 启动电流平均值不宜超过电动机额定电流的2倍或制造厂的规定值；

② 启动转矩应满足机械的要求；

③ 当有调速要求时，电动机的启动方式应与调速方式相配合。

直流电动机启动电流不仅受机械的调速要求和温升的制约，而且受换向器火花的限制。根据《旋转电机基本技术要求》的规定，一般用途的直流电机在偶然过电流或短时过转矩时，火花应不超过两级。直流电机和交流换向器电动机的偶然过电流为1.5倍额定电流，历时不小于1min(大型电机经协议可缩短为30s)。上述数据偏于安全，尤其是小型直流电机可能容许较高的偶然过电流。对有具体型号及规格的电动机，可按制造厂的资料或实际经验确定最大允许电流。

因此直流电动机宜采用调节电源电压或电阻器降压启动，并应符合下列要求：

① 启动电流不宜超过电动机额定电流的1.5倍或制造厂的规定值；

② 启动转矩和调速特性应满足机械的要求。

三、低压电动机的保护

交流电动机应装设短路保护和接地故障保护，并应根据具体情况分别装设过载保护、断相保护和低电压保护。同步电动机尚应装设失步保护。

每台交流电动机应分别装设相间短路保护，但符合下列条件之一时，数台交流电动机可共用一套短路保护电器：

① 总计算电流不超过 20A，且允许无选择地切断时；

② 根据工艺要求，必须同时起停的一组电动机，不同时切断将危及人身设备安全时。

交流电动机的短路保护器件，宜采用熔断器或低压断路器的瞬动过电流脱扣器；必要时，可采用带瞬动元件的过电流继电器。保护器件的装设应符合下列规定：

① 短路保护兼作接地故障保护时，应在每个不接地的相线上装设。

② 仅作相间短路保护时，熔断器应在每个不接地的相线上装设，过电流脱扣器或继电器应至少在两相上装设。

③ 当只在两相上装设时，在有直接电气联系的同一网络中，保护器件应装设在相同的两相上。

当交流电动机正常运行、正常起动或自起动时，短路保护器件不应误动作。为此，应符合下列规定：

① 正确选择保护电器的使用类别；熔断器、低压断路器和过电流继电器，宜采用保护电动机型。

② 熔断体的额定电流应大于电动机的额定电流，且其安秒特性曲线计及偏差后略高于电动机启动电流和启动时间的交点。当电动机频繁启动和制动时，熔断体的额定电流应再加大 1~2 级。

③ 瞬动过电流脱扣器或过电流继电器瞬动元件的整定电流，应取电动机启动电流的 2~2.5 倍。

交流电动机的接地故障保护应符合下列规定：

① 每台电动机应分别装设接地故障保护，但共用一套短路保护电器的数台电动机，可共用一套接地故障保护器件。

② 接地故障保护应符合《低压配电设计规范》的规定。

③ 当电动机的短路保护器件满足接地故障保护要求时，应采用短路保护兼作接地故障保护。

采用漏电电流保护时，应考虑电动机突然断电可能引起的后果；必要时，可采用《低压配电设计规范》中所列的其他间接触电保护方法。

过载是导致电动机损坏的主要原因。过载引起的温升过高，除危及绝缘外，还使定子和转子电阻增加，导致损耗和转矩改变；电动机，包括不易机械过载的连续运行的电动机，应尽可能装设过载保护。

交流电动机的过载保护装设应符合下列规定：

① 运行中容易过载的电动机、启动或自启动条件困难而要求限制启动时间的电动机，

应装设过载保护。额定功率大于3kW的连续运行电动机宜装设过载保护;但断电导致损失比过载更大时,不宜装设过载保护,或使过载保护动作于信号。

②短时工作或继续周期工作的电动机,可不装设过载保护,当电动机运行中可能堵转时,应装设保护电动机堵转的过载保护。

交流电动机过载保护器件最普遍应用的是热继电器和过载脱扣器(即长延时脱扣器)。较大的重要电动机亦采用交流继电器,通常为反时限继电器,用于保护电动机堵转的过载保护时,可为定时限继电器,其延时应躲过电动机的正常启动时间。

因此交流电动机过载保护器件的动作特性应与电动机过载特性相配合。过载保护器件宜采用热载继电器(以下简称热继电器)或反时限特性的过载脱扣器,亦可采用反时限过电流继电器。有条件时,可采用温度保护或其他适当的保护。

当交流电动机正常运行、正常启动或自启动时,过载保护器件不应误动作,并应符合下列规定:

①热继电器或过载脱扣器的整定电流,应接近但不小于电动机的额定电流;

②过载保护的动作时限应躲过电动机的正常启动或自启动时间。过电流继电器的整定电流应按下式确定:

$$I_{zd} = K_k K_{jx}(I_{ed}/nK_h)$$

式中 I_{zd}——过电流继电器的整定电流,A;

K_k——可靠系数,动作于断电时取1.2,动作于信号时取1.05;

K_{jx}——接线系数,接于相电流时取1.0,接于相电流差时取$\sqrt{3}$;

I_{ed}——电动机的额定电流,A;

n——电流互感器变比;

K_h——热过载继电器返回系数,取0.85。

③必要时,可在启动过程的一定时限内短接或切除过载保护器件。

在过载烧毁的电动机中,断相故障所占比例很大,根据参考资料称,在美国和日本约占12%;而在我国则明显超过以上数字。这与断相保护不完善有直接关系。原规范限于当时电器水平,对断相保护的要求是偏松的。加上好多单位连这些规定也未认真执行,致使因断相运行每年烧毁大批电动机,已引起多方面人士的关注。基于上述情况,并考虑到电器制造水平的发展,交流电动机的断相保护应符合下列规定:

①连续运行的三相电动机,当采用熔断器保护时,应装设断相保护;当采用低压断路器保护时,宜装设断相保护;当低压断路器兼作电动机控制电器时,可不装设断相保护。

②短时工作或断续周期工作的电动机或额定功率不超过3kW的电动机,可不装设断相保护。

③断相保护器件宜采用断相保护热继电器,亦可采用温度保护或专用的断相保护装置。

交流电动机装设低电压保护是为了限制自启动,而不是保护电动机本身。当系统电压降到一定程度,电动机将疲倒、堵转,这个数值可称为临界电压,并与电动机类型和负载大小有关。根据有关资料,临界电压与额定电压的比值如下:在额定负载下,笼型电动机为 0.67，绕线转子电动机为 0.71，同步电动机为 0.5；在额定负载的 80% 下，同步电动机为 0.4；在额定负载的 50% 下，异步电动机为 0.4 左右。低电压保护的动作电压均接近临界电压(欠压保护)或低于以至大大低于临界电压(失压保护——低压电动机应用甚广)。由此可见，在系统电压降到低电压保护的动作电压之前，电动机早已因电流增加而过载。低电压保护可归纳为两类：为保证人身和设备安全，防止电动机自启动(包括短延时和长延时)；为保证重要电动机能自启动，切除足够数量的次要电动机(瞬时)。

交流电动机的低电压保护应符合下列规定：

① 按工艺或安全条件不允许启动机的电动机或为保证重要电动机自启动而需要切除的次要电动机，应装设低电压保护。次要电动机宜装设瞬时动合的低电压保护。不允许自启动的重要电动机，应装设短延时的低电压保护，其时限可取 0.5~1.5s。

② 需要自起动的重要电动机，不宜装设低电压保护，但按工艺或安全条件在长时间停电后不允许自启动时，应装设长延时的低电压保护，其时限可取 9~20s。

③ 低电压保护器件宜采用低压断路器的欠电压脱扣器或接触器的电磁线圈；必要时，可采用低压继电器和时间继电器。当采用电磁线圈作低电压保护时，其控制回路宜由电动机主回路供电；当由其他电源供电主回路失压时，应自动断开控制电源。

④ 对于不装设低电压保护或装设延时低电压保护的重要电动机，当电源电压中断后在规定时限内恢复时，其接触器应维持吸合状态或能重新吸合。

同步电动机应装设失步保护。失步保护宜动作于断开电源，亦可动作于失步再整步装置。失步保护可装设在转子回路中或用定子回路的过载保护兼作失步保护。必要时，应在转子回路中加装失磁保护和强行励磁装置。

直流电动机应装设短路保护，并根据需要装设过载保护。他励、并励及复励电动机宜装设弱磁或失磁保护。串激电动机和机械有超速危险的电动机应装设超速保护。

四、低压交流电动机的主回路

隔离是保证安全的重要措施，根据 IEC 标准《建筑物电气装置》(TC64)第 46 章和第 53 章，并参照美国《国家电气法规》第 430 节。隔离电器的装设应符合下列规定：

① 每台电动机的主回路上应装设隔离电器，当符合下列条件之一时，数台电动机可共用一套隔离电器：

a. 共用一套短路保护电器的一组电动机；

b. 由同一配电箱(屏)供电且允许无选择地断开的一组电动机。

② 电动机及其控制电器宜共用一套隔离电器。符合隔离要求的短路保护电器可兼作隔离电器。移动式和手握式设备可采用插头和插座作为隔离电器。

③ 隔离电器宜装设在控制电器附近或其他便于操作和维修的地点。无载开断的隔离电器应能防止无关人员误操作。

短路保护电器应与其负荷侧的控制电器和过载保护电器协调配合。短路保护电器宜采用接触器或起动器产品标准中规定的形式和规格。短路保护电器的分断能力应符合《低压配电设计规范》的规定。

控制电器及过载保护电器的装设，应符合下列规定：

① 每台电动机应分别装设控制电器，当工艺需要或使用条件许可时，一组电动机可共用一套控制电器。

② 控制电器宜采用接触器、启动器或其他电动机专用控制开关。启动次数少的电动机可采用低压断路器兼作控制电器。当符合控制和保护要求时，3kW 及以下的电动机可采用封闭式负荷开关(铁壳开关)。

③ 控制电器应能接通和断开电动机的堵转电流，其使用类别和操作频率应符合电动机的类型和机械的工作制。

④ 控制电器宜装设在电动机附近或其他便于操作和维修的地点。过载保护电器宜靠近控制电器或为其组成部分。

导线或电缆(以下简称导线)的选择应符合下列规定：

① 电动机主回路导线的载流量不应小于电动机的额定电流。当电动机经常接近满载工作时，导线载流量宜有适当的裕量。当电动机为短时工作或断续工作时，应使导线在短时负载下或断续负载下的载流量不小于电动机的短时工作电流或额定负载持续率下的额定电流。

② 电动机主回路的导线应按机械强度和电压损失进行校验。对于必须确保可靠的线路，尚应校验导线在短路条件下的热稳定。

③ 绕线转子电动机转子回路导线的载流量，应符合下列规定：

a. 启动后电刷不短接时，不应小于转子额定电流。当电动机为断续工作时，应采用导线在断续负载下的载流量。

b. 启动后电刷短接，当机械的起动静阻转矩不超过电动机额定转矩的 50%时，不宜小于转子额定电流的 35%；当机械的起动静阻转矩超过电动机额定转矩的 50%时，不宜小于转子额定电流的 50%。

五、低压交流电动机的控制回路

控制回路上装设隔离电器和短路保护电器是必要的。有的控制回路很简单，如仅有磁力起动器和控制按钮，可灵活处理。有的设备(如消防泵)的控制回路断电可能造成严重后果，是否另装短路保护，各有利弊，应根据具体情况(如有无备用泵，各泵控制回路是否独立，保护器件的可靠性等)，决定取舍。

电动机的控制回路应装设隔离电器和短路保护电器，但由电动机主回路供电且符合下列条件之一时，可不另装设：

① 主回路短路保护器件的额定电流不超过 20A 时；

② 控制回路接线简单、线路很短且有可靠的机械防护时；

③ 控制回路断电会造成严重后果时。

这里所说的"隔离电器和短路保护电器"，既可以是两种电器，亦可以是具有隔离作用和短路保护作用的一种电器，如封闭式负荷开关(铁壳开关)，一种电器具有隔离和短路保护两种作用。

控制回路的可靠性问题易被忽视，应列入规范，以引起设计人员的重视。仍以消防泵为例，常见如下弊病：控制电源的可靠性低于主回路电源，多台工作泵和备用泵共用一路控制电源，各泵控制回路不能分割，一旦故障将同时停泵；延伸很长的消火栓控制按钮线路直接连到接触器线圈，任一处故障将使手动就地控制亦不可能等。显然，这类问题可能导致严重后果。例如，某指挥所计算机用的三台中频机组共用一路220V控制线，曾因系统电压短时降低而全部停机，备用机组未能发挥作用。

因此控制回路的电源及接线方式应安全可靠，简单适用，并应符合下列规定：

① 当 TN 或 TT 系统中的控制回路发生接地故障时，控制回路的接线方式应能防止电动机意外启动或不能停车。必要时，可在控制回路中装设隔离变压器。

② 对可靠性要求高的复杂控制回路，可采用直流电源。直流控制回路宜采用不接地系统，并应装设绝缘监视装置。

③ 额定电压不超过交流 50V 或直流 120V 的控制回路的接线和布线，应能防止引入较高的电位。

电动机的控制按钮或开关，宜装设在电动机附近便于操作和观察的地点。当需在不能观察电动机或机械的地点进行控制时，应在控制点装设指示电动机工作状态的灯光信号或仪表。电动机的测量仪表应符合《电力装置的测量仪表装置设计规范》的规定。

自动控制或联锁控制的电动机，应有手动控制和解除自动控制或联锁控制的措施；远方控制的电动机，应有就地控制和解除远方控制的措施；当突然启动可能危及周围人员安全时，应在机械旁装设起动预告信号和应急断电开关或自锁式按钮。

六、起重运输设备

1. 起重机

电动桥式起重机、电动梁式起重机和电动葫芦宜采用绝缘式安全滑触线供电，亦可采用固定式裸钢材滑触线供电。在对金属有强烈腐蚀作用的环境中或小型电动葫芦，宜采用软电缆供电。

目前我国起重机的供电方式通常为下列几种：滑触线供电型式，有固定式裸钢材滑触线、悬挂式滑触线和绝缘式安全滑触线；软电缆供电型式，有悬挂式软电缆和卷筒式软电缆等。固定式裸钢材滑触线应用较广，它具有制造简单、容易上马等优点，但亦存在导电率低、相间距离大、阻抗大、电压损失大，以及安装时不容易平直、集电器挠性差等缺点。

滑触线或软电缆的电源线，应装设隔离电器和短路保护电器，并应装设在滑触线或软电缆附近，便于操作和维修的地点。

滑触线或软电缆的截面选择，应符合下列要求：

① 载流量不应小于负荷计算电流；

② 满足机械强度的要求；

③ 自配电变压器的低压母线至卢重机电动机端子的电压损失，在尖峰电流时，不宜超过额定电压的 15%。

为减少起重机供电线路的电压损失，可根据具体情况采取下列措施：

① 电源线尽量接至滑触线的中部；

② 采用绝缘式安全滑触线；

③ 适当增大滑触线截面或增设辅助导线；

④ 增加滑触线供电点或分段供电；

⑤ 增大电源线或软电缆截面。

固定式滑触线过长，由于温度变化所造成的应力集中和建筑变形等原因，会造成滑触线变形、断裂等故障。因此，需装设膨胀补偿装置，它与滑触线的材质、截面大小有关。

对固定式裸钢材滑触线在温度变化范围为 Δt 时，角钢长度变化 ΔL，按下列公式计算：

$$\Delta L = \alpha \cdot L \cdot \Delta t$$

式中 　α——膨胀系数，在常温范围内取 12×10 1/℃；

　　　Δt——按一般室温为 35℃。

当 L 为 50m 时，按上式求得 ΔL 为 20mm，即膨胀补偿装置间隙为 20mm，此数值亦和一般作法相符合。

因为各制造厂生产的绝缘式安全滑触线结构和导电材质都不相同，故绝缘式安全滑触线装设膨胀补偿装置的要求应根据其制造厂提供的产品技术参数确定。在跨越伸缩缝处，辅助导线亦应考虑膨胀补偿。

采用角钢人造固定式滑触线时，其规格应符合下列要求：

① 3t 及以下的电动梁式起重机和电动葫芦，当固定点的间距不大于 1.5m 时，角钢规格不应小于 25mm×4mm。

② 10t 及以下的电动桥式直重机，当固定点的间距不大于 3m 时，角钢规格不应小于 40mm×4mm。

③ 10t 以上至 50t 的电动桥式起重机，当固定点的间距不大于 3m 时，角钢规格不应小于 50mm×5mm。

④ 50t 以上的电动桥式起重机，当固定点的间距不大于 3m 时，角钢规格不应小于 63mm×6mm。滑触线的角钢规格，不宜大于 75mm×8mm，当需要更大截面时，宜采用轻型钢轨或工字钢。

由同一变压器或同一高压电源供电符合并联运行条件的两台变压器供电，在分段处并联后不会造成熔断器或低压断路器动作。分段间隙宜为 20mm；当分段供电的两台变压器不符合并联运行条件或两台变压器高压侧不是同一电源时，起重机集电器经过分段处，将使两个分段的供电电源并联运行，由于电压差而造成较大的均衡电流，可能造成保护电器动作，为避免这种误动作，保证系统的正常运行，间隙应大于集电器滑块的宽度。

两台及以上的起重机在共同的固定式裸滑触线上工作时，宜在起重机轨道的两端设置检修段；中间检修段的设置，应根据生产、检修的需要和可能确定。检修段长度应比起重机桥身宽度大 2m。采用绝缘式安全滑触线，且起重机上的集电器能与滑触线脱开时，可不设置检修段。

固定式裸钢材滑触线的工作段与检修段之间的绝缘间隙，宜为 50mm。工作段与检修段之间应装设隔离电器，隔离电器应装设在安全和便于操作操作的地方。

装于吊车梁的固定式裸滑触线，宜装于起重机驾驶室的对侧；当装于同侧时，对人员上下可能触及的滑触线段，必须采取防护措施。绝缘式安全滑触线宜与起重机驾驶室装于同侧，并可不采取防护措施。

对装于吊车梁的固定式裸滑触线而言，滑触线设于驾驶室对侧，是防止驾驶人员上下平台及扶梯时发生触电事故，主要是从安全角度考虑的。但在某些情况下，如对侧有电弧炉、冲天炉、炼钢炉等高温设备时，滑触线就必须布置于驾驶室同侧，此时对人员上下容易触及的裸滑触线段，必须采取防护措施。

有少数情况，裸滑触线装在屋架下弦，人员上下平台及扶梯时触及不到，则不需考虑此问题。

对驾驶室设在起重机中部的情况，裸滑触线则宜装在驾驶人员上下的梯子平台对侧。

裸滑触线距离地面的高度，不应低于 3.5m，在屋外跨越汽车通道处，不应低于 6m。当不能满足要求时，必须采取防护措施。

起重机的滑触线上，不应连接与起重机无关的用电设备，是为了配电可靠和维护安全及方便。电磁起重机失压时，有砸伤人员及设备的可能。失压时会导致事故的起重机，多见于钢铁企业，如某钢铁厂电动桥式装料起重机，因停电未能及时处理而将料杆烧断。某钢铁公司炼钢车间，因停电造成烧断卷扬机钢丝绳而倒翻盛钢桶的事故。因此，严禁在这类起重机滑触线上连接与起重机无关的用电设备，以减少引起失压事故的几率。

由于门式起重机一般都安装在露天，其用途、型式及生产环境都不相同，因此，需根据生产环境、移动范围、同一轨道上安装的台数、用电容量大小等情况综合考虑选择适当的配电方式。门式起重机可按下列原则选择配电方式：

① 移动范围较大，容量较大的门式起重机，可根据生产环境，采用地沟固定式滑触线或悬挂式滑触线供电。

② 移动范围不大，且容量较小的门式起重机，可根据生产环境，采用悬挂式软电缆或卷筒式软电缆供电。

③ 抓斗门式起重机，当储料场有上通廊时，宜在上通廊顶部装设固定式滑触线供电，集电器应采用软连接。

我国对低压交流起重机一般都采用三根滑触线供电，保护接地通常利用起重机轨道。当有不导电灰尘沉积或其他原因造成车轮与轨道不可靠的电气连接时，宜增设一根接地用滑触线，即采用四根滑触线，我国引进的某些厂就采用了四根滑触线。

起重机轨道的接地，应按《电力装置的接地设计规范》执行。轨道的伸缩或断开处，应采用足够截面的跨接线连接，并应形成可靠通路。当有不导电灰尘沉积或其他原因造成车轮与轨道不可靠的电气连接时，宜增设一根接地用滑触线。当起重机装在露天时，其轨道除采取上述措施外，且应使其接地点不少于两处。

当起重机的小车行至固定式裸钢材滑触线一端时，吊钩钢绳会因摆动而触及到滑触线，特别是在有双层及以上的滑触线厂房中，上层起重机的吊钩钢绳很容易碰到下层的滑触线，故应在设计中采取防止意外触电的防护措施。当采用绝缘式安全滑触线时，可不设置防止触电的措施。

采取的防护措施要根据具体情况而定，一般可在起重机大车滑触线端梁下设置防护板。如有多层布置的滑触线时，在下面的各层滑触线上，应沿全长设置防护措施。

2. 电梯和自动扶梯

适用于设在工业建筑、公共建筑和住宅建筑中，载重大于300kg的电力拖动的各类电梯和自动扶梯的配电。

各类电梯和自动扶梯，由于它们的运输对象不同，安装的地点不同，其负荷分级及供电要求亦不同，应符合《供配电系统设计规范》中负荷分级及供电要求的原则规定。高层建筑中的消防电梯在《高层民用建筑设计防火规范》中已有明确规定。

每台电梯或自动扶梯的电源线，应装设隔离电器和短路保护电器。有多路电源进线的电梯机房，每路进线均应装设隔离电器，并应装设在电梯机房内便于操作和维修的地点。

电梯的电气设备包括信号、控制和拖动主机几大部件。近年来由于电子技术、计算机技术的飞速发展，固体功率元件。集成电路器件的性能稳定、可靠，使电梯技术有了很大提高。

（1）控制技术

由简单的人控、自控发展到用电子计算机的集控、群控，利用计算机的分析、判别功能使电梯的运行达到高效，从而节省大量的电能。

（2）拖动技术

由于拖动方式很多，近期发展又特别快，所以市场上可见的有许多种型式：

① 交流电梯

a. 交流双速电机变极数调速，串电阻起动、制动。

b. 交流双速电机变极数调速，能耗制动。

c. 交流双速电机变极数调速，涡流制动。

d. 交流电动机晶闸管变频变压调速。

② 直流电梯。

a. 电动发电机组供电，晶闸管励磁调速。

b. 晶闸管供电调压调速。

对于不同的梯速和运行状态，控制方式和拖动方式应选择恰当，尤其要重视节电性能，因为在长期运行中其效果是相当明显的。

选择电梯或自动扶梯供电导线时，应由电动机铭牌额定电流及其相应的工作制确定，并应符合下列规定：

① 单台交流电梯供电导线的连续工作载流量，应大于其铭牌连续工作制额定电流的140%或铭牌0.5h（或1h）工作制额定电流的90%。

② 单台直流电梯供电导线的连续工作载流量，应大于交直流变流器的连续工作制交流额定输入电流的140%。

③ 向多台电梯供电，应计入同时系数。

④ 自动扶梯应按连续工作制计。

七、日用设备

适用于住宅建筑和公共建筑的室内日用电器的配电。固定式日用电器的电源线，应装设隔离电器和短路、过载及接地故障保护电器。

插头、插座及软线的计算负荷是设计的重要参数。配电给日用电器的插座线路，应按下列要求确定：

① 插座计算负荷：已知使用设备者按其额下功率计；未知使用设备者，每出线口按 100W 计。

② 插座的额定电流：已知使用设备者，应大于设备额定电流的 1.25 倍；未知使用设备者，不应小于 5A。

③ 插座线路的载流量：对已知使用设备的插座供电时，应大于插座的额定电流；对未知使用设备的插座供电时，应大于总计算负荷电流。

条文中对未知设备的插座提出了每个出线口为 100W 的参照数据。每个出线口可带一个三孔(或二孔)插座；亦可带一组插座(两个三孔或两个二孔插座，或一个三孔和一个二孔插座)。但不宜超过两个插座。该数据供确定计算电流用，并不标志插座只能供 100W 及以下的设备用电。此数值世界各国不一致(美国为 180V · A，日本为 150V · A)，我国各地亦不尽相同。

插座的型式和安装高度，应根据其使用条件和周围环境确定：

① 对于不同电压等级，应采用与其相应电压等级的插座，该电压等级的插座不应被其他电压等级的插头插入。

② 需要连接带接地线的日用电器的插座，必须带接地孔。

③ 对于插拔插头时触电危险性大的日用电器，宜采用带开关能切断电源的插座。

④ 在潮湿场所，应采用密封式或保护式插座，安装高度距地不应低于 1.5m。

⑤ 在儿童专用的活动场所，应采用安全型插座。

⑥ 住宅内插座，若安装高度距地 1.8m 及以上时，可采用一般型插座；低于 1.8m 时，应采用安全型插座。

第三节　供配电系统及变电所设计

一、低压配电系统的设计

低压配电系统主要担负着向各设备分配电源的作用，同时在提高变压器的经济运行，提高应急负荷的供电可靠性等方面，也起着重要的联络作用。高层建筑的低压配电系统，应能满足计量、维护管理、供电安全及可靠性的要求。

低压配电系统中比较常用的接线方案有：每两台变压器的低压侧，均采用单母线分段运行的方式(其中用空气断路器分段)，即所谓互为备用的桥式接线。这种接线方式，有时在保证重要负荷供电可靠性起着一定的作用。应用这种接线方式，应注意两段母线的备用方式，是热备用还是冷备用。热备用即母线分段开关，在任一方低压受电失电时，母联断路器应能自动投入；冷备用则在一方失电后，由人工确认后手动投入母联断路器。采用何种备用方式，应根据对系统供电可靠性和变压器备用率(或负荷率)的大小确定。可靠性按常规理解，自动投入应该比较可靠。但这种结论，若母线发生故障(或该段母线的馈线发生故障，且其保护不动作)，引起该母线段受电跳闸失电，此时故障未消除，母联断路器的自动投入，可能会越级跳闸，引起正常母线段的受电跳闸，就会造成整个低压系统的失电，无法满足急负荷的可靠供电。因此，对母线段上存在应急负荷的低压系统，母联不应采取自动投入的方式。应急负荷供电可靠性，应从两独立的母线段分别引取两路电源，在设备末端进行自动切换的方法解决。低压系统母联自动投入的方式，应使正常供电的母线段的变压器容量，除满足本段负荷容量要求，尚能满足需自动投入的负荷容量要求，这样就会要求变压器的备用率较高(最高100%)，按此选择相关变压器，其容量较大。在正常运行的情况下，变压器的负荷率很低，这对工程的初期投资，及日后的运行费用都是很大的浪费，对一般工程此接线是不可取的。规模较大的一类高层建筑，由于一级负荷的设备容量较大，且设置有发电机自备电源，为提高一级负荷的可靠性及不同等级负荷的投切，可将低压母线分为三个不同的母线段：应急负荷母线段、重要负荷(有时称为保证负荷)母线段及一般负荷母线段。对消防用电及共他重要场所设施的用电，由应急负荷母线段供电；当正常电源停电时，又希望由自备电源供电的设备场所，如生活水泵、工作电梯、商场营业照明等的用电，可接至重要负荷母线段(此时应确保没有消防用电的情况下)。空调、洗衣等其他设备，接至一般负荷母线段。

二、高层建筑消防供配电设计

1. 保证供电电源的高度可靠性

高层建筑造价高，人员集中，供电的可靠性将直接关系到企业的运作和人员设备的安全。高层建筑发生火灾时，主要是利用建筑物自身的消防设施进行灭火和疏散人员、物资。而建筑物的消防设施一般来说都离不开电。因此，如果没有可靠的电源，就不能及时地报警、灭火，不能有效地疏散人员、物资和控制火势的蔓延，势必造成严重的损失。因此，合理的确定电力负荷等级，保障高层建筑消防用电设备的供电可靠性是非常重要的。

为保证供电的可靠性，一级负荷应由两个电源供电，二级负荷当条件允许时也宜由两个回路供电，特别是属于消防用电的二级负荷，应按二级负荷的两个回路要求供电，并在最末一级配电箱处自动切换。

低压配电级数不宜过多，一般应限制在两级以内，供电可靠性的问题，仅限于供配电系统的接线方式。且与设备选型，如高低压开关柜及其内部元器件的选择，都应与供电可靠性的高性能要求相一致。

2. 电源转换的时间性和方式

对电网能够提供两个独立电源的高层建筑，按规定已经满足了一级、二级负荷的要求，但是对于特别重要的高层建筑(如超高层建筑)其内部含有特别重要负荷，应考虑电源系统检修或故障时，另一电源系统又发生故障的严重情况，此时，一般应设柴油发电机组作应急电源。对电网只能提供一路电源的高层建筑，应设柴油发电机组提供第二电源。此时发电机组是作为备用电源使用，而不仅是应急使用。为了保证发生火灾时各项求救工作的顺利进行，消防用电设施两个电源的切换方式，应急发电设备的启动方式都是消防供电系统应予考虑的问题。其中，两个电源转换的时间能否满足消防设计的要求很重要。

综上所述，消防电源供电系统的转换时间不应大于15s，安全照明电源转换时间不应大于0.5s，系统设计中应当据此做出保证。

当用蓄电池或自电力网供电作应急照明时，采用自动转换方式，都能达到要求，用应急发电机供电时，则机组应随时处于热备用状态，并且要求采取自启方式，自动转换送电到应急系统。目前，我国生产的几十到几百千瓦柴油发电机组，可以实现15s自启动，能满足疏散和备用照明的要求。至于安全照明和商场等要求快速转换的备用照明用发电机作应急电源，仍不能满足，还需要和蓄电池组合，并设自动转换环节，而且要用瞬时点燃的白炽灯光源。

当工作电源中断供电时，应能立即启动柴油发电机组，向应急负荷供电。在工作电源恢复供电后，延时切换至工作电源供电，柴油发电机组自动停车。

3. 断电的区分性

正常工作电源和应急电源应自成系统，独立配电，当电力与照明分开供电时，则电力与照明应分别设有正常工作电源配电系统与事故时的应急电源配电系统。为防止火灾时火势沿电气线路、设备蔓延扩大火灾区域，或威胁消防人员安全，将根据火灾的具体情况，切断部分或全部非消防设施的供电电源。为防止火灾情况下误操作，可将应急电源专用配电屏(柜)及回路做出标志来区别正常电源配电屏(柜)及回路。

第四节 电力工程电缆设计

一、110kV 及以上高压电缆线路的设计

回流线的选择以及布置的要求：

（1）回流线路的布置要求

长电缆线路交叉互联：假设电缆的线路非常长的话，那么就能把电缆分成很多个小的单元，而每一个单元又可以分为三小段。接下来就可以进行三相交叉互联。因为这样的电缆两端的部分都可以接地，金属保护层就可以很好地替代回流线的作用。这样电阻就变得非常小，这样的设计当中，可以省去回流线。

电缆三相品字形布置：设计线路的时候，为了可以更好地进行敷设，可以把回流线布置在电缆品字两端，而且每隔1m就要换一次位置。从理论上来说，由于考虑到了施工不便，所以不能设计成这样的线路。

（2）回流路线的选择

结合一些电力设计规范的要求，为了可以更好地避免电缆能产生非常大的感应电压，进而降低了短路故障的时候保护套感应的电压。而在110kV及其以上的高压电缆金属护层单点直接接地的时候，一端的互联并且接地的线路，一定要安装一个回流线。通过这个回流线，可以更好地使得短路故障形成一系列短路电流回到中性点。假如回流线的接地网发生了很多接地的故障，那么这些短路电流就直接流向了大地。因为回流线的接地电流和一

些部分电缆导线接地电流，这两个电流的方向是相反的，所以所产生的磁通量就能相互抵消。

运用一端接地接地方式的时候，可以选择直接接地端。假如都采用电缆进行线路敷设，那么接地点就会选择线路的终端，即受电侧，这个方式也就是直接接地。如果电缆的一端和架空线相互连接的话，那么保护套直接接地点就应该选择和架空线相互连接的地方，这样的方式可以很好地降低保护套上的冲击过电压。

关于电缆的接地，中压电缆通常都是采用三芯的电缆，因为三相电缆的芯线是呈现"三角形"对称布置的，而三相电流对称，这样的布置金属外皮就没有感应电流出现。而对于高压单芯电缆来说，这样的芯线与变压器的初级绕组非常相似，金属护套也与次级绕组非常像，因此，电流流经的电缆就会发生一系列的复杂物理变化以及相互的作用，也能在护套上面产生一系列的感应电压。保护套两点接地的时候，因为导线和护套形成了一个闭合的回路，这样的话在套中就会有环形的电流出现。这样环形电流的数量级和芯线的负载电流是一样的，如果限制芯线载流量的话，那么就会使电缆绝缘层的老化加速，也就会损耗大量的电能。因此电缆进线接地必须要选用一端直接进行接地，而在另一端一定要经护层电压限制器而接地的方式。

二、从设计选型方面提升电力电缆及附件质量稳定性

1. 电缆及附件绝缘水平选择

绝缘水平是影响电力电缆及附件稳定运行的关键因素。电缆及附件的任何两个导体之间的额定工频电压应按等于或大于电缆所在系统的额定电压选择。电缆及附件的任何两个导体之间的运行最高电压应按等于或大于电缆所在系统的最高工作电压选择。电缆及附件的每一导体与屏蔽层或金属套之间的雷电冲击耐受电压峰值应根据线路的冲击绝缘水平、避雷器的保护特性、架空线路和电缆线路的波阻抗、电缆的长度以及雷击点离电缆终端的距离等因素通过计算后确定。

2. 电缆绝缘种类、导体截面和结构的选择

（1）绝缘种类的选择

交联聚乙烯（XLPE）电缆具有优良的电气性能和机械性能，施工方便，是目前最主要的电缆品种，可推荐优先选用。对绝缘较厚的电力电缆，不宜选用辐照交联而应选用化学交联生产的交联电缆。为了尽可能减小绝缘偏心的程度，对110kV及以上电压等级，一般宜选用在立塔生产线（VCV）或长承模生产线（MDCV）上生产的交联电缆。充油电缆的制造和运行经验丰富，电气性能优良，可靠性也高，但需要供油系统，有时需要塞止接头。对于220kV及以上电压等级，经与交联电缆作技术经济比较后认为合适时可选用充油电缆。乙丙橡胶绝缘（EPR）电缆的柔软性好，耐水，不会产生水树枝，阻燃性好，低烟无卤。但其价格昂贵，故在水底敷设和在核电站中使用时可考虑选用。

（2）导体截面的选择

导体截面应从有关的电缆产品标准中列出的标称截面中选取。如果所选的某种型式的电缆没有产品标准，则导体截面应从 GB/T 3956 中第二种导体的标称截面中选取。在选择

导体截面时应考虑下列因素:

① 在规定的连续负荷、周期负荷、事故紧急负荷以及短路电流情况下电缆导体的最高温度[在 IEC 60287《电缆持续载流量(负荷因数 100%)的计算》中提供了持续载流量的详细计算方法]。

② 在电缆敷设安装和运行过程中受到的机械负荷。

③ 绝缘中的电场强度。采用小截面电缆时由于导体直径小导致绝缘中产生不允许的高电压。

(3) 金属屏蔽层截面的选择

对于无金属套的挤包绝缘金属屏蔽层,当导体截面在 240mm² 及以下时可选用铜带屏蔽,当导体截面大于 240mm² 时宜选用铜丝屏蔽。金属屏蔽的截面应满足在单相接地故障或不同地点两相同时发生故障时短路容量的要求。对于有径向防水要求的电缆应采用铅套、皱纹铝套或皱纹不锈钢套作为径向防水层。其截面应满足单相或三相短路故障时短路容量的要求。如所选电缆的金属套不能满足要求时,应要求在制造时采取增加金属套厚度或在金属套下增加疏绕铜丝的措施。

(4) 交联电缆径向防水层的选择

110kV 及以上的交联电缆应具有径向防水层。敷设在干燥场合时可选用综合防水层作为径向防水层;敷设在潮湿场合、地下或水底时应选用金属套径向防水层。

(5) 外护套材料的选择

在一般情况下可按正常运行时导体最高工作温度选择外护套材料,当导体最高工作温度为 80℃时可选用 PVC-S1(ST1)型聚氯乙烯外护套。导体最高工作温度为 90℃,应选用 PVC-S2(ST2)型聚氯乙烯或 PE-S7(ST7)聚乙烯外护套。在特殊环境下如有需要可选用对人体和环境无害的防白蚁、鼠啮和真菌侵蚀的特种外护套。电缆敷设在有火灾危险场所时应选用防火阻燃外护套。

第五节 化工弱电系统设计

通常情况,建筑电气工程一般可以分为两种情况,即强电和弱电。其中,强电指的是为建筑工程的动力设备、照明设备以及其他用电设备的正常运转提供所需电能,而弱电则指的是信息传输过程中所使用的电信号。二者之间既相互联系又相互独立,前者为各个用电设备的正常运转奠定了夯实基础,后者则为建筑物内外的信息传输起到了相应的传递和交换作用。

一、智能化弱电系统设计原则

① 可靠性。在弱电智能化系统设计时,要保证弱电智能化系统中各个子系统可以互相独立,保证任何子系统出现故障后不会对其他的子系统造成影响,整个系统要可靠、稳定。

② 实用性。弱电智能化系统设计要可以实现语音、数据、多媒体、图像、设备监控等功能,除了可以为用户提供信息互通和生活娱乐以外,还要可以为用户提供一个安全的生活环境。

③ 扩展性。考虑到信息网络技术发展迅猛，为了适应未来的使用需要。在设计时，要注意弱电智能系统的可扩展性。

④ 经济性。由于弱电智能化系统是由多个子系统构成的，不同的子系统又由不同的部分构成。在设计时，设计出一个经济、合理的智能化系统是设计者需要重点考虑的。

⑤ 标准性。在设计弱电智能化系统时，要遵循设计标准开展设计工作，从而保证日后维护工作的顺利开展。

二、智能化弱电系统设计

1. 安全防范系统设计

在智能建筑中，安全防范系统是弱电系统的重要组成部分，而安全防范系统主要由防盗报警系统、监控系统、门禁系统、电子巡更系统等几部分组成。在这些系统中最重要的就是监控系统，监控系统的主要功能是对建筑的周围环境、内部主要通道、建筑电梯、办公室等进行监控。如果在建筑中发生盗窃等现象，监控系统能为公安部门提供视频影像，这样就能有效地减少盗窃事件的发生率。由于不同的建筑物有不同的功能特点，因此，在进行建筑安全防范系统设计时，要根据实际情况，选择合理的摄像机，从而充分发挥摄像机的功能。同时为确保系统录像的实用性、准确性，可以选用数字硬盘录像机，这种录像机能24h不间断录像，并且还具有显示、回放等功能。防盗报警系统在建筑内部安全保障有十分重要的作用，它能为人们及时、有效的安全信息，在智能建筑弱电设计中，可以采用围墙红外对射的方式进行防盗报警系统设计，这样发生盗窃现象后，能及时发出报警。

2. 公共广播传呼系统设计

公共广播传呼系统包括以下两种类型，其一是面向公共区的公共系统，平时进行火灾等紧急情况的紧急广播或进行背景音乐广播；其二是面向车库区域以及办公会议区域的广播系统，在较为特殊的区域内或者是宴会大厅等需要设置单独的专业广播设备。针对以上分类，可以考虑从以下几方面对传呼系统进行设计：系统方式一般选择应用定压式，对广播分区进行划分，紧急广播的切换内容，广播线路，按扬声器特性确定扬声器与功放器。这样当消防控制触发信号抵达大楼紧急广播总控制器时，就可以启动各个分区的逻辑控制模块，进而将负载回路转换至相对应的紧急广播回路；对于日常没有消防信号的情况而言，各分区处于可独立操作的状态，可以将回路转换至普通广播回路。

3. 会议系统设计

随着社会经济的飞速发展，人们的交流方式也发生了极大的变化，同时很多会议设备也朝着网络化、高效化、方便化、多媒体化的方向发展。在智能建筑弱电系统中，会议系统越来越重要，有很多会议系统，都安装了多媒体视频系统和手拉手回忆发音系统，这极大的满足了人们的需求。在进行会议系统设计时，设计人员要根据会议环境，合理的设计扩声系统，只有这样才能为会议系统的正常运行提供保障。一般情况下，在进行扩声系统设计时，要从建声和扩声两方面进行，同时设计人员要对声音的吸收、扩散、反射等方面进行认真分析，确保扩声系统的合理性。近年来，越来越多的会议系统中增加了多媒体视频系统，多媒体视频系统主要由电子白板、实物展示台、视频转换设备等部分组成，设计人员在进行多媒体视频系统设计时，必须对音频视频插座、会议桌等的位置进行综合考虑，从而确保网络电视会议双向交流的顺利实施。

4. 视频监控系统优化设计

数字式监控系统是现代建筑监控系统主要使用的系统，也是满足集成化网络建设的未来发展趋势。数字监控系统是指通过软硬件将监控头采集到的图像处理成数字信号，传送到电脑进行处理。对于数字监控系统，根据系统各部分功能的不同，我们将整个数字监控系统划分为七层——表现层、控制层、处理层、传输层、执行层、支撑层、采集层。当然，由于设备集成化越来越高，对于部分系统而言，某些设备可能会同时以多个层的身份存在于系统。可以实现将监控摄像头所收集的数据由数字编码器通过网络系统全部输送到系统的后端。摄像机的电源通常采用集中式供电，不间断电源是从消控监控机房中拉出单独的布管，不间断电源拥有 1h 的后备供电容量，然后使布管拉至弱电间楼层配电箱中，最后经过分线箱的变压之后，将电力输送到摄像机。

第六节　化工电气安全设计案例

一、工程概况

以某化工厂为例，该厂始建于 20 世纪 50 年代，是生产多种橡胶助剂的小型化工企业。厂址位于市区东部环城路侧。随着经济建设的迅猛发展，产品结构和品种的不断改进和增加，现有厂址严重制约了该厂的进一步发展，并对周围风景名胜、居民住宅和厂矿企业等造成严重污染和损害。为了改善环境、消除三废，发展生产规模，故将其搬迁至化工开发区，并将该工程列为三废治理世界银行投资货款项目。

这次搬迁属于全厂性搬迁，投资高，规模大。新厂区规划用地面积约 $5.5 \times 10^4 m^2$，建设项目分生产、辅助生产、公用工程和服务性设施四部分，总建筑面积达 $2.5 \times 10^4 m^2$。厂区总平面布置如图 6-1 所示。

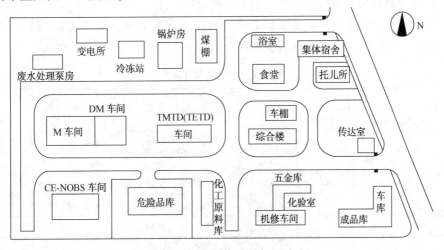

图 6-1　全厂总平面布置图

全厂电气设计范围包括：

① 10/0.4kV 变电所设计。

② 全厂车间动力、照明和自控设计；

③ 全厂辅助设施及生产设施动力、照明设计；

④ 厂区供电外线及户外照明设计；

⑤ 厂区防雷接地系统设计。

全厂用电设备电压等级均为 380/220V，无高压设备。

二、供电系统

1. 变电所位置及平面布置

变电所建在厂西北端的动力区，处于主导风的侧风向，进出线方便，且接近大负荷生产车间(图 6-1)。

变电所为户内式、混合结构二层建筑，一层设高压室、变压器室、电修室，二层设低压室、主控室、值班室。一层层高 5.5m，二层层高 4.0m。平面布置如图 6-2 所示。

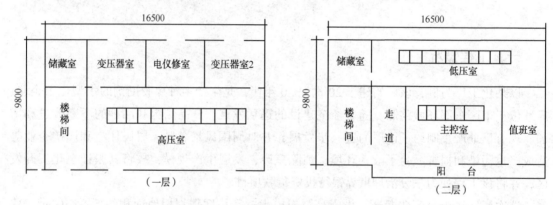

图 6-2　变电所平面布置图

2. 全厂负荷计算及变压器选择

全厂负荷计算详见表 6-1。

根据计算，$S_{30} = 896kV \cdot A$ 变压器 2 台，分两次安装到位。变压器运行后，负荷率为 71.1%，尚有一定裕量，可满足今后新产品开发需要。

表 6-1　全厂负荷计算表

设施名称	安装容量/kW		K_x	cosö	tanö	计算负荷		
	电力	照明				P_{30}/kW	$Q_{30}/kV \cdot A$	$S_{30}/kV \cdot A$
M 车间		219	0.6	0.75	0.88	131.4	115.6	
	170(电热)		0.6	1		102		
		14	0.9	0.9	0.48	12.6	6	
DM 车间	155		0.6	0.75	0.88	90	79.2	
		5.5	0.9	0.9	0.48	5	2.4	

设施名称	安装容量/kW		K_x	$\cos\ddot{o}$	$\tan\ddot{o}$	计算负荷		
	电力	照明				P_{30}/kW	Q_{30}/kV·A	S_{30}/kV·A
双T车间			0.6	0.75	0.88	90	79.2	
		5.5	0.9	0.9	0.48	5	2.4	
CZ车间	121		0.6	0.75	0..88	72.6	63.9	
		7	0.9	0.65	1.16	6.3	7.3	
NOBS车间	90		0.6	0.75	0.88	54	47.5	
		4	0.9	0.65	1.16	3.6	4.2	
锅炉房	70		0.7	0.8	0.75	49	36.8	
		1.5	0.9	0.9	0.48	1.4	0.6	
冷冻站	75		0.85	0.75	0.88	63.8	56.1	
		4	0.9	0.65	1.16	3.6	4.2	
机修车间	270		0.6	0.75	0.88	162	142.6	
		6	0.9	0.65	1.16	5.4	6.2	
废水处理泵房	50		0.75	0.8	0.75	37.5	28.0	
		3	0.9	0.9	0.48	2.77	1.3	
化验室	40		0.6	0.8	0.75	37.5	28.0	
		4	0.9	0.65	1.16	3.6	4.2	
仓库综合楼等		10	0.6	0.8	0.75	6	45	
		10	0.8	0.9	0.48	8	3.8	
厂区照明		6	0.9	0.65	1.16	5.4	6.3	
合计	1410	79				945.5	722.3	
全厂计算负荷有功×0.9、无功×0.95						851	686.2	
功率因数 $\cos\ddot{o}$ 补偿到 0.95 需要电容器量							−406.5	
全厂计算负荷总计						851	279.7	896

3. 负荷等级及供电电源

全厂除 M 车间对供电可靠性要求较高，属于二级负荷外，其余均属三级负荷。高压 10kV 电源由镇江供电局长岗变电所供给，双电源电缆供电，一供一备。

4. 高低压供配电系统

高压供电系统按二级供电负荷设计，二路 10kV 电源进线，其中一路备用。

低压侧采用 380/220V 中性点直接接地系统，低压母线采用自动开关分段联络，动力照明独立供电，低压出线采用电缆方式放射式，向生产车间和生活设施供电。供配电系统如图 6-3 所示。

5. 继电保护与计量、操作电源及操作方式、无功功率补偿

10kV 进线开关采用定时过流保护，主开关采用电流速断，定时过流保护和过负荷保护，变压器采用接地保护。

计量采用高供高计原则，在高压侧计量设专用计量柜，并在低压总开关处设复核计量

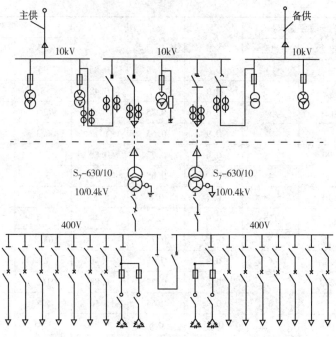

图 6-3　供配电系统图

表，动力和照明分别计量。

操作电源采用隔镍直流屏，少油断路器自带电磁操作机构。

全厂自然功率因数为 0.795，无功功率补偿采用变电所低压侧集中补偿与车间分散补偿相结合的方式，补偿后全厂功率因数达 0.95 以上。

6. 变电所主要设备选型

变电所主要设备选型见表 6-2。

表 6-2　变电所主要设备选型

位置场所	设备名称	型号	数量/台	安装主要元件
变压器室	电力变压器	S_7-630/10	2	
高压室	高压开关柜	KYN-10(F)	11	SN10-10、CD10
主控室	计算、控制、保护、中继、直流屏	PK-1-800	6	
低压室	低压配电屏	GGD_2	8	DW15、半导体脱扣器 DZX10
低压室	静电电容自动补偿屏	GGJ_2	2	容量：231×2=462kV·A

三、车间配电

1. 生产车间环境特征

化工生产车间多有易燃易爆易腐蚀原料和气体存在。根据工艺专业提供的条件，橡胶助剂 M、DM、TMTD(TETD)、CZ、NOBS 五个主生产车间均属于二区三区爆炸危险或腐蚀性场所，二硫化碳原料仓库属二区爆炸危险场所，锅炉房、冷冻站、废水处理泵房属于多尘潮湿场所。

2. 生产车间动力配电方案及控制要求

根据生产车间环境特征，电气设计按防爆防腐规范和标准进行，负荷计算按二项式法计算，二项式系数按化工行业经验数据取用。为便于经济核算，车间动力均设表计量。

生产车间均设置独立的低压配电室，配电室与车间内部无门窗相通。生产设备的电动机启动、保护装置均集中安装在配电室内的低压配电屏内，设备现场仅安装按钮，就地进行控制。

生产车间动力线路采用 vv 型全塑电力电缆，控制线路采用 kvv 型全塑控制电缆，沿电缆桥架放射式敷设至用电设备和按钮。

2kW 以上电动机采用降压启动。按工艺要求，对有关设备进行顺序起制动和联锁控制。

M 车间高压反应釜，采用电阻法加热，星形连接，分档调节温度。设置专用控制柜进行温度、压力显示和记录，进行超温超压报警和超压自动停机等控制。

3. 车间照明

M 车间照明设置独立的照明系统。灯具按集中和分散控制相结合的方式进行控制。集中控制采用照明开关箱分工段、分回路进行。反应釜视孔灯照明选用电压为 4V 行灯，独立回路供电。

工作照明灯具布置按照均匀布置的原则，并在某些场所辅以局部照明。为提高显色性（$R_a > 70$），车间一般采用白炽灯和荧光灯相结合的混光照明方式，设计平均照度不低 50lx。楼道、重要生产工段、配电室均设置一定数量的应急灯作为事故照明用灯。车间办公室、更衣室内均安装 2 级~3 级双联单相插座。

照明线路采用 BV 型塑料点线穿钢管暗敷方式。

4. 主要电气设备选型

车间内的电气设备按场所环境特征进行选择，一般原则为：

① 防爆区内的按钮、灯具和开关均采用防爆型；

② 防腐区内的按钮、灯具和开关均采用防爆型或防腐型；

③ 防潮、多粉尘场所的按钮、灯具和开关选用密闭性或防腐型；

④ 导线敷设的管径选取按相应场所的设计要求来确定；

⑤ 低压配电屏为 GGD_2 型，静电电容屏为 GGJ_2 型，动力开关箱为 XL-2 型，内装的空气开关选用 DZ20Y 型，交流接触器为 CJ20 型，热继电器为 JR16 型；

⑥ 照明开关箱为 XMR-09 型，内装 C45N 型小型自动开关；

⑦ 电缆桥架采用托盘式，表面处理为粉末静电喷涂。

四、供电外线及厂区照明

考虑到新厂区的厂容美观，架空线路易受腐蚀老化等原因，厂区供电外线采用 VV22-1000 型聚氯乙烯绝缘，聚氯乙烯护套铠装电力电缆从变电所沿电缆沟敷设，放射式向车间等设施供电。

厂区用高汞路灯照明，单列布置，灯杆高 7m，杆距 40m 左右。路灯采用路灯控制箱集中控制。照明外线为 VV22-1000 型电力电缆直埋式暗敷。变电所及消防水池四周各安装 2 只透光照明。

五、防雷接地系统

1. 防雷系统

按规范，防爆车间厂房的防雷按第二类防雷建筑物设计。屋面安装避雷网(带)作防雷保护，引下线、接地体均充分利用建筑物内钢筋混凝土的主钢筋，接地电阻不大于 10Ω。锅炉房、冷冻站及危险品库原料储蓄等采用独立避雷针防雷。

2. 接地系统

由于供电系统的中性点直接接地，所以全厂采用 TN-C-S 接地保护系统，每一建筑单体的电源进户处均进行重复接地，接地装置与防雷系统共用。防爆车间内所有电气设备正常不带电的金属外壳均设置专用接地线作接地保护。

按照《化工企业静电接地设计规程》，防爆车间和场所的金属管架、设备外壳、钢坪台等均作等电位连接，与接地装置、建筑物内钢筋连为一体。防爆车间等电位连接系统如图6-4 所示。

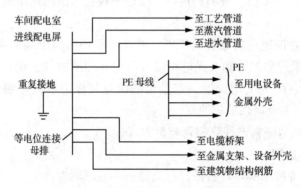

图 6-4 防爆车间等电位联结接地系统

第七章　企业电气安全管理

本章从管理角度对企业电气安全管理进行了讲述，主要包括用电场所、设备与设施安全管理，用电人员培训与教育，触电、电击事故应急救援体系建立与管理等方面。企业对人员的培训教育是确保日常工作安全的第一环节，在员工掌握用电设备设施安全使用要领的基础上，对用电场所与设施进行管理，排除隐患，确保安全。企业应建立健全触电、电击事故应急救援体系，并切实有效地执行。最后，列举了典型的化工企业电气安全管理案例，进行了分析。

第一节　用电场所、设备与设施安全管理

一、用电设备的环境条件和外壳防护等级

电气设备种类很多，化工生产中所涉及的用电设备包括电动机、手持电动工具、照明装置等是最常用的危险性较大的低压设备，对这些设备的用电环境和外壳防护等级进行了介绍。

1. 用电环境类型

工作环境或生产厂房可按多种方式分类。按照电击的危险程度，用电环境分为三类：无较大危险的环境、有较大危险的环境和特别危险的环境。

（1）无较大危险的环境。正常情况下有绝缘地板、没有接地导体或接地导体很少的干燥、无尘环境，属于无较大危险的环境。

（2）有较大危险的环境。下列环境均属于有较大危险的环境：

① 空气相对湿度经常超过75%的潮湿环境；

② 环境温度经常或者昼夜间周期性地超过35℃的炎热环境；

③ 生产过程中排出工艺性导电粉尘（如煤尘、金属尘等）并沉积在导体上或进入机器、仪器内的环境；

④ 有金属、泥土、钢筋混凝土、砖等导电性地板或地面的环境；

⑤ 工作人员同时接触接地的金属构架、金属结构等，又接触电气设备金属壳体的环境。

（3）特别危险的环境。下列环境均属于特别危险的环境：

① 室内天花板、墙壁、地板等各种物体都潮湿，空气相对湿度接近100%的特别潮湿的环境；

② 室内经常或长时间存在腐蚀性蒸气、气体、液体等化学活性介质或有机介质的环境。

2. 电气的安全管理

安全生产，管理先行。防止电气事故，技术措施十分重要，组织管理措施亦必不可少。

电气安全管理的任务是对电气线路、电气设备及其防护装置的设计、制造、安装、调试、操作、运行、检查、维护及技术改造等环节中的不安全状态和对电工作业人员、用电人员的不安全行为进行监督检查，以达到降低各种电气事故率，保障劳动者在劳动过程中的安全、健康，促进社会经济发展。

电气安全管理是以国家颁布的各种法规、规程和制度为依据。管理工作大致包含组织管理机构、规章制度建立、进行电气安全检查、安全组织措施、电工管理、安全教育、组织事故分析、建立安全资料档案等。

（1）组织管理机构

单位在组织生产过程中，必须坚持"安全第一，预防为主"的方针，建立健全安全生产责任制及组织管理机构。

安全生产责任制是加强安全管理的重要措施，其核心是实行"管生产必须管安全""安全生产，人人有责""安全第一，预防为主"。

工业企业电气安全管理机构，一般包括厂（公司）、科（处）、车间三级管理和班组。在各级管理机构中，应专人负责并明确责任，使本部门的电气安全管理真正做到"专管成线，群管成网"。

厂长（总工程师）负有全面领导电气安全工作的责任。分管设备与安全技术工作的领导，对电气安全工作负有直接领导责任。直接领导根据本单位制定的安全工作计划，定期检查和考核有关职能部门，并全面掌握电气安全的工作动态。

设备部门应具体负责贯彻、落实电气安全方面的法规、标准和制度，负责安全检查和整改电气隐患，负责对电气作业人员进行经常性的安全教育和多方面的考核工作。

安全技术部门应负责监督检查，组织检查本单位的电气安全工作。安全部门与设备部门主动配合、互相支持，是搞好电气安全工作的重要保证。

车间、班组需指定专人协助车间领导搞好电气安全管理工作，除经常对车间范围内的电气设备进行巡检外，还应督促电气人员对事故隐患进行整改。

（2）规章制度

建立并完善电气安全操作规程、运行管理与维护制度及相关规章制度，是保证安全、促进生产的有效手段。

按照国家有关电气安全标准、规程，如 GB/T 13869—2008《用电安全导则》、GB/T 3787《手持式电动工具的管理、使用、检查和维修安全技术规程》《中华人民共和国爆炸危险场所电气安全规程》等，根据工种性质和环境建立健全各种安全施工、安全操作、安全运行与维护方面的规章制度。如电气设备安装规程、变配电室值班安全操作规程、电气设备和线路巡检安全制度、电气设备定期检修与预防性试验制度、电气设备运行管理规程等。

对于特种电气设备、手持电动工具、移动电气设备、临时线路等容易发生电气事故的用具和设备，应按照国家标准建立专人管理的责任制。

进行设备检修，特别是高压设备的检修，为了保证检修安全，必须建立停电、送电、倒闸操作和带电作业等一系列电气安全制度。

建立图纸、资料建档制度，正确、完整的电气图纸与资料是做好电气安全工作的重要依据。对于重要设备的技术参数、出厂资料及说明书、运行记录、检修内容、试验数据等应独立建档。对于电气设备事故、电气人身事故的资料记录也应保存，以便掌握规律，制定对应的电气安全措施。

（3）安全检查及安全措施计划

经常进行安全检查、电气试验，是保证做好安全工作的一项重要措施。电气安全检查包括日常性的电气安全巡查，定期电气安全检查与电气试验，完善并规范检查、试验数据记录。特别应注意雨季前与雨季中的安全检查。

定期电气安全检查对象涉及电气设备(高低压设备、装置、测量控制装置等)、电气线路(架空、室内配线、电缆、临时线路等)、电气安全防护装置(漏电保护、安全联锁、雷电与静电保护装置等)以及电气安全用具。检查范围包括设备运行状况、设备电气性能与力学性能、设备主体及附属装置完好性、连接部位及连接状况、环境与防护等级变化、安全措施缺陷等。

按照安全工作计划进行电气检查，应组织有经验的电气人员进行，明确检查重点，检测项目及内容根据相关电气安全标准、电气安全检查程序进行。

电气安全试验是了解电气装置状况的重要手段，通过对试验结果的分析，检验设备制造质量、安装质量、运行中设备工作状态和性能变化，从中发现设备存在的缺陷。电气试验必须严格执行 GB 50150—2016《电气装置安装工程电气交接实验标准》、SH 3505—2011《石油化工施工安全技术规程》等安全标准规范。

电气试验按其对象和目的，可分为绝缘试验、电气特性试验、机械特性试验，电气设备在安装竣工投入使用前要进行交接试验，运行中做定期性的预防性试验，安全检修与故障检修后也要做一定试验分析。

通过电气安全检查、电气试验，分析数据资料、现象，对电气设备、装置及系统作出科学、准确的安全评价，及时发现问题、缺陷，及时消除隐患，保证电气设备安全运行，防止电气安全事故。

电气安全检查制度的落实如下：

① 查制定电气安全工作计划及检查计划。制定本部门的电气安全工作计划、检查计划，根据相关电气安全标准、电气安全检查程序明确检查重点，检测项目及内容。

② 查组织落实。企业主管部门应有人负责电气安全工作，车间、班主应配有经验丰富、熟悉安全规程的电气人员担任安全员。

③ 定期组织安全检查。每年至少组织两次安全检查，一般性检查每季度进行一次。特别应该注意事故多发季节及雨季和节假日前后的安全检查。

④ 查用电安全制度和安全操作规程。对于已制定的安全制度和操作规程要检查是否完善及有不妥之处，并作出修改。对于尚未制定的安全制度和操作规程，要限期制定。

⑤ 查电气工作人员是否严格按照安全制度和操作规程办事，有无违章现象。查工作日志和值班记录。

各部门应根据所辖范围内电气设施的具体情况制定安全措施计划，有计划地改善电气安全状况，及时应用电气安全科研成果和新标准、新技术，不断提高电气安全水平。

安全措施计划是企业生产、技术计划的一部分。经批准后，资金、设备、材料与人力要落实，应有明确的负责部门和负责人，并按期完成技术改造。

（4）电气安全组织

电气人员在从事电气工作中，虽然其工作性质为技术工作，也包含十分重要的组织措施，可参见 GB/T 13869—2008《用电安全导则》等相应标准、规范。这些组织措施是保证电气工作安全实施的保障。

① 检修工作的安全组织。检修工作一般分为全部停电检修、部分停电检修和带电检修三种情况。为了保证检修安全，除必须遵守"停电、验电、装设接地线、悬挂标示牌和装设遮栏"等技术管理措施外，还应建立工作票制度和监护制度等组织管理措施。

a. 在高压线路和高压电气设备上工作时，应填写工作票，详情参见《变电配电所管理规程》。

b. 低压带电设备检修应填写《危险作业申请单》，并设专人监护。监护人不得擅离岗位或做与监护工作无关的事情。操作者与监护人应穿戴好防护用具。

c. 同一部位不得有两人同时操作。雾、雨、雪、潮湿等环境及易燃易爆场所严禁带电作业。

d. 在行人穿越区域作业，应设置护栏并悬挂标示牌。

② 易燃易爆场所安全组织场所专职电气人员每班必须巡视、检查并填写工作记录。严格执行场所清理，严格执行电气操作规程，并禁止带电作业。该场所的供电线路上，禁止挂接向外供电线路。

③ 架设临时线路的安全组织。在工业企业中，由于生产、生活及某些特殊情况的需要，架设有各种使用时间不长的电源线路，统称为"临时线路"，它包括以下几种情况：固定设备未按规程安装的电源线路；基建施工照明、机具用电电源线；临时性设施或试验用电。

临时线路的安全管理措施如下：

a. 需要架设临时线路的部门应提出申请，填写申请单，必须注明装拆时间、管理责任人。报主管部门批准后方可敷设。

b. 临时线路敷设后，经设备部门检查合格，并悬挂"临时线危险"警告牌后，方可投入运行。

c. 临时线路一般不超过 3 个月，需要延期，则需办理变更手续，超过 3 次，应按正规线路安装。

d. 临时线路使用完毕，应立即拆除。

（5）非生产用电场所的电气安全组织

非生产用电场所必须有专职电气人员进行巡检、维护、检修工作。不准无操作证的人员私接、乱拉电气线路，不准随意装接用电设备和更换闸刀开关的熔丝。

非生产用电场所的废旧电线、熔断器、闸刀开关等必须立即拆除，所有电气线路及设备必须保证完好无损。

当班行政负责人，下班前必须检查所辖区内安全用电情况，并截断电源。

二、化工电气设备的设计

进行电气设备设计时主要应关注三个方面：

（1）注意点燃源的合理控制

化学反应发热、机器碰撞产生的火花、烟头等工作场合中的常见现象在很多情况下都可能会成为点燃源，特别是一些照明开关、插头、电磁启动器及容易形成静电或电弧的操作等；除此之外，还应注意电气设备在工作过程中产生的热积累。这些因素都会可能引发爆炸问题，必须要加以有效控制，才能防止安全事故发生。

（2）强化对释放源的控制

化工环境是极为复杂的，这是一个非常容易出现爆炸混合物的危险场所。这个场所释放源较多，稍有处理不当，就可能诱发危险。总的来说，可以根据易燃易爆混合物持续时间的长短和释放的频率将其进行分级并区别对待。对于一些有着爆炸隐患的流程和生产材料上，要确保不外泄，在自动计量和分析设备等正常运行，且一定会产生易燃易爆的情况是也要在一定程度上减少外溢。电气设计应充分考虑化工环境的影响，要在能够正常工作的前提下，尽可能减少易燃易爆混合物，尽可能创造一个良好的设备运行环境。

（3）注意爆炸浓度的合理控制

当化工环境中的各种气体和粉尘等混合后超过一定的比例限值，就会诱发爆炸。这个爆炸限值也可以称为爆炸浓度。为了减少爆炸情况的发生，需要通过有关的设施对化工环境中的爆炸浓度进行适时监测，并合理控制，确保安全。

三、加强化工电气设备安全管理的几大措施

整个化工生产过程是极为危险的，容易造成财产的损失和人身伤害，这是因为整个化工生产过程都伴随着易燃易爆、酸碱腐蚀等风险，容易发生各种各样的安全事故。

针对这些潜在的安全风险，必须要加强对化工电气设备的安全管理，减少发生危险的可能，最大限度的保证化工生产安全。

（1）电气设备选型

在电气设备的选用上应具体问题具体分析，一般在充油型、充气型、增安型、无火花型等类型中选择。例如充氮的变压器一般会选择充油型，选六氟化硫充气型开关装置，虽然设备的成本会增加，但是防爆性能优越。另外，要尽量少使用手提式或者便携式等移动性强的设备，这样做的优点在于能尽可能的减少与外界直接碰撞，可以避免摩擦产生的电火花，避免出现新的点燃源。当然，移动设备和固定设备相比，存在安全系数低的弱点，因此，要确保化工生产场所与电气设备的匹配，绝不能为了节省开支而忽视设备的安全防爆性能，照明、控制开关、电磁感应阀门、接线盒、电子仪表仪器等设备要严格按照防爆的等级和标准配备，要始终坚持安全第一，宁可高配置也不要轻易降低标准。

（2）电气设备的配线管理

设备运转的安全性和顺畅度也与化工电气设备的配线问题密切相关，配线关系往往是

安全管理上比较薄弱的环节，常常很难发现所在的故障。因此，在进行电气设备安全管理时，要注意这一薄弱环节的控制，要把化工电气设备配线管理作为安全管理的重要任务，对电气管道设计中的不足要加以改善，要根据相关的规定和政策，进行安全管理。如设备相连导管为达到隔离的效果，需在一定的时间循环行密封的处理，所以在密封点要取在低危险区的一侧。电源电缆的选择上一般选用铠装电缆，这种电缆能承受较大的冷热收缩，可以防雷防鼠，且使用的寿命也较长，因此有利于用在较长的线路上，也有利于维护正常的生产活动。除此之外，橡套软心电缆一般用在具体的单台用电设备上，同时，还要采用镀锌钢管进行保护，这样既能够防止出现机械损伤和腐蚀问题，还能够提高其承压能力。

（3）电气设备静电接地

众所周知，电气设备的接地也是安全管理的重要环节。如果不能有效地做好接地防护，那么一旦电气设备产生大量静电，将会直接威胁操作人员的安全。同时，化工场所电气设备上有很多是金属框架和外壳，也会产生静电，一些明设的电气管路也会出现静电问题，对操作人员的安全都是有危险的。严重的还会诱发电气火灾，埋下更大的安全隐患。为了避免出现这些问题，需要严格按照我国《防止静电事故通用导则》规定的相关事项，对于不同电位金属件静电，应区别控制并采用不同但有效的接地方法，使金属构件、外壳和电气设备能确保接地，并且进行间断性的排查和检修；对于设备的操作人员，也要准备相应的劳保用品，如胶底劳保鞋、防静电服和防静电指套等，让操作人员释放静电后再上岗。

（4）降低爆炸浓度

对于降低爆炸的浓度，可以用有效的通风措施来解决。在化工场所电气设备设计之初，就要考虑到这些设备通风的需要。另外在一般和局部人工通风上也要做到位，加强通风的管理，确保通风的效果。只有这样，才能最大可能的降低防爆浓度，尽可能的减少爆炸、火灾等影响安全的因素。

总之，要充分考虑化工企业电气设备设计时可能形成爆炸的各种各样条件，做到防控有力，因地制宜。而对于化工电气设备的安全管理，要时刻关注，保持设备的正常和安全运转，为化工企业的安全生产创作有利条件。另外，为使化工企业能够安全生产，要相应的加强电气化工设备设计的可行性和科学性，加强设备安全管理，保证工人人身安全，保证企业财产，尽可能的实现企业生产的最大效益化。

第二节　用电人员培训与教育

积极做好电气安全宣传教育工作，使每一个职工都认识到安全用电的重要性，懂得电的性质和危险性，掌握安全用电的一般知识和触电急救的基本方法，从而能安全地、有效地进行工作。

对于电气从业人员、安全管理人员定期进行电气安全新技术、新规程的学习培训；开展交流活动，推广各单位先进的安全组织措施和安全技术措施，促使电气安全工作向前发展。新参加电气工作的人员、实习人员和临时参加劳动的人员，必须经过安全知识教育后，方可到现场随同参加指定的工作，但不得单独工作。对外单位派来的支援电气工作人员，工作前应介绍现场电气设备接线情况和有关安全措施。

新入厂的工作人员要接受厂级、车间、班组三级安全教育，对一般职工要求懂得电和安全的一般知识，对使用电气设备的一般生产人员，还应懂得有关安全规程；对于独立工作的电气工作人员，更应懂得电气装置的安装、使用、维护、检修过程中的安全要求，应熟悉电气安全操作规程，学会电气灭火方法，掌握触电急救的技能，并按照国家有关的法规经过专门的培训、考核持证后方可独立操作。

组织相关安全资料、电气安全事故资料，利用广播、图片、标语、现场会、培训班针对性开展安全教育、事故教育，坚持群众性的、经常性的、多样化的教育，强化每一个职工的安全意识、严格遵守安全操作规程，保证工作中的人员安全、设备安全及生产安全。

安全管理无止境，安全只有起点，没有终点。在工作中，不论在生产现场还是检修地点，不论是在车间，还是班组，必须时刻为职工群众拨动安全弦，敲响安全警钟，认真贯彻执行"安全第一"的方针，增强职工的安全意识，教育职工自觉遵章守纪，严格考核，才能促进安全生产，确保企业的安稳和持续发展。

第三节　电工操作岗位培训要求

用电单位应设置安全用电管理机构，安全用电管理机构除了对安全用电进行全面管理之外，尤其要加强电工人员的资质审核及动态管理。安全用电管理机构应配备有经验的电气技术人员或电工技师主持安全用电工作，并根据用电量的大小安排一定数量的电工人员。

一、电工作业人员的资质资格

电工属特种作业工种，必须满足我国对电工作业人员的资质资格要求：

① 年满 18 岁，身体健康，无妨碍电工作业疾病，并经具有一定级别的医疗机构体检合格者方可以从事电工作业。凡是患有癫痫、精神疾病、高血压、心脏病、突发性昏厥及其他妨碍电工作业的疾病和生理缺陷者，均不能直接从事电工作业。

② 具有或相当于高中文化程度，具有电气作业安全技术、电工基础理论和电气作业操作技能，熟练掌握触电紧急救护法，并具有一定实践经验者。

③ 按电工作业人员安全技术标准，经过安全技术培训和考试合格，取得当地安全生产监督部门颁发的特种作业人员安全技术上岗证，这是从事电工作业的基本或最低要求。

④ 除了具有电工特种作业上岗证外，还要具备有关部门颁发的不同电工作业工种操作证，如高压电工证、低压电工证、维修电工证等。

⑤ 根据技术水平和从事电工作业年限获取相应的技术等级证书，如初级、中级、高级、技师和高级技师。

二、电工人员管理要求

对电工人员管理要求如下：

① 电工作业人员必须持证上岗，且每两年由当地主管部门对上岗资格进行复审。

② 脱离本岗工作连续超过6个月者，电工上岗资格须获得当地有关部门的复审。连续脱岗3个月以上者，须获得本单位用电安全管理机构的审核、批准后才可继续从事电工作业。

③ 新参加电工作业的人员，须经有经验和资质级别较高的人员对其进行实习培训和实际操作指导，不能独立进行电工作业。

④ 对带电作业，须经当地有关部门考试，获得带电作业操作证后方可从事带电作业。

2010年7月1日起施行的《特种作业人员安全技术培训考核管理规定》规定，特种作业是指容易发生事故，对操作者本人、他人的安全健康及设备、设施的安全可能造成重大危害的作业。特种作业人员必须经专门的安全技术培训并考核合格，取得《中华人民共和国特种作业操作证》(以下简称特种作业操作证)后，方可上岗作业。特种作业操作证有效期为6年，在全国范围内有效。特种作业操作证每3年复审1次。

第四节　应急救援

在迅速、就地的原则要求下，应急组织应以现场人员为主。触电事故应急组织体系是分部应急救援组织体系的一部分，接受应急救援领导小组的领导，设置触电事故应急处置小组，如图7-1所示。

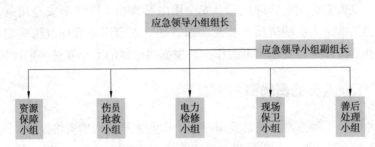

图7-1　事故应急救援小组

1. 各小组职责

应急领导小组组长：对现场伤员抢险、电力抢险、资源保障进行应急领导小组组长，确保伤员抢救人员、电力调度、急救车辆调度能迅速落实到位，保证伤员能顺利脱险，触电事故不再扩大。

应急领导小组副组长：在应急领导小组组长不能及时到场的时候执行应急领导小组组长的职责。

资源保障小组：负责组织分部相关人员，在发生触电事故时及时提供抢救车辆，保证伤员能及时得到抢救。

现场伤员抢救小组：负责组织分部相关人员，按照正确的处理方法，对伤员进行急救，直到医疗机构人员到场。

电力检修小组：负责组织分部相关人员，在伤员脱离危险区后，查找触电原因，确保触电事故不再扩大。

现场保卫小组：负责组织分部相关人员，对事故发生区域进行警戒，不让无关人员入内，指挥部现场交通，确保抢险车辆能顺利通行。

善后处理小组：负责组织分部相关人员，协助医疗救护机构人员做好相关医疗事宜，确保治疗经费及伤员的后期处理。

2. 预防及预警

（1）触电事故的监控

每个作业班组均有义务对本班组工作区域进行进行经常性的触电危险排查。同时，负责区域内的触电事故监控，以便及时施救。

（2）预警行动

① 电工作为现场触电排查的负责人，在发现事故隐患后，要及时排除隐患。不能及时排除隐患的，要在危险处设置警示标志，并向触电事故应急处置小组报告，并和小组成员一起向施工班组进行危险情况交底。班组长接到交底后，要及时告知班组内的工人，让大家知道危险存在的地方。

② 现场其他事故人员（安全员、技术员、物资员、施工员等）在发现触电事故隐患后，也要执行上一条所述的预警措施。

③ 在阴雨天气、高温天气等易发生触电事故的时期，电工要向施工人员发出触电事故警告。

3. 应急处置程序

（1）目击者发现人员触电后：

① 能迅速切断电源的，要立即切断电源，然后把触电者移到安全地段，进行紧急救护。在这个过程中，目击者要大声呼救，发出触电事故警报，由听到者上报告，进而启动应急预案。

② 不能迅速切断电源的，要立即向调度人员汇报事故地点，调度人员根据现场汇报情况，决定停电范围，下达停电指令，并向应急救援指挥小组报告。目击者采取绝缘保护措施尽量使触电者尽早脱离电源。

（2）应急小组接到警报后，立即组织有关部门的人员及车辆赶赴现场。

① 若触电者已经脱离电源，根据触电受伤程度，决定采取合适的救治方法。

② 若没有脱离电源，立即组织电力小组采取合适措施使触电者脱离电源。

③ 同时用电话等快捷方式向当地的120急救中心求救。并派人等候在交叉路口处，指引救护车迅速赶到事故现场，争取医务人员接替救治。

④ 在医务人员未接替救治前，现场人员应对触电者进行不间断的救护，直到医生赶到或者触电者苏醒。

（3）伤员抢救小组负责将伤员送往医院，送往医院途中，要不间断的抢救伤员。

（4）电工在现场做好现场保护、警戒以及电力故障排除。

（5）伤员伤情得到控制，现场危险消除后，应急程序结束。

4. 现场应急处置措施

首先要使触电者脱离电源，然后将触电者送往安全地点。

（1）高压触电脱离方法

① 拉闸停电　对于高压触电应立即拉闸停电救人。在高压配电室内触电，应马上拉开断路器；高压配电室外触电，则应立即通知配电室值班人员紧急停电，值班人员停电后，

立即向上级报告。

② 短路法 当无法通知拉闸断电时，可以采用抛掷金属导体的方法，使线路短路迫使保护装置动作而断开电源。高空抛掷要注意防火，抛掷点尽量远离触电者。

（2）低压触电脱离方法

① 拉闸断电 触电时临近地点有电源开关或插头的，可立即拉开开关或拔下插头，断开电源。但应注意，拉线开关、平开关等只能控制一根线，有可能只切断了零线，而不能断开电源。

② 切断电源线 如果触电地点附近没有或一时找不到电源开关或插头，则可用电工绝缘钳或干燥木柄铁锹、斧子等切断电线，断开电源。断线时要做到一相一相切断，在切断护套线时应防止短路弧光伤人。

③ 用绝缘物品脱离电源 当电线或带电体搭落在触电者身上或被压在身下时，可用干燥的衣服、手套、绳索、木板、木棍等绝缘物品作为救助工具，挑开电线或拉开触电者，使之脱离电源。

（3）跨步电压脱离方法

遇到跨步电压触电时，可按上面的方法断开电源，或者救护人穿绝缘靴或单脚着地跑到触电者身旁，紧靠触电者头部或脚部，把他拖成躺在等电位地面上（即身体躺成与触电半径垂直位置）即可就地静养或抢救。

触电者脱离电源后，应立即就近移至干燥通风场所，根据病情迅速进行现场救治，同时应通知医务人员到现场，并做好送往医院的准备工作。

判断触电者是否假死：

a. "看"是观察触电者的胸部、腹部有无起伏动作。

b. "听"是用耳贴近触电者的口鼻处，听他有无呼气声音。

c. "试"是用手或小纸条试测口鼻有无呼吸的气流，再用两手指轻压一侧（左或右）喉结旁凹陷处的颈动脉有无搏动感觉。

d. 若触电者呼吸和心跳均为停止时，应立即将触电者平躺位安置休息，以减轻心脏负担，并严密观察呼吸和心跳的变化。

e. 若触电者心跳停止时，呼吸尚存，应对触电者做胸外按压（人工循环）。

f. 若触电者呼吸停止时，心脏尚存，应对触电者做口对口（鼻）人工呼吸。

g. 若触电者呼吸、心跳均停止，应立即按心脏复苏法进行抢救。

所谓心脏复苏法就是支持生命的三项基本措施，即通畅气道、人工呼吸、胸外挤压。

① 畅通气道操作要领

a. 清除口中异物 使触电者仰面躺在平硬的地方，迅速解开其领扣、围巾、紧身衣和裤带。如发现触电者口内有食物、假牙、血块等异物，可将其身体及头部同时侧转，迅速用一个手指或两个手指交叉从口角处插入，从中取出异物，操作中要注意防止将异物推到咽喉深处。

b. 采用仰头抬颌法通畅气道 操作时，救护人用一只手放在触电者前额，另一只手的手指将其颈颌骨向上抬起，两手协同将头部推向后仰，舌根自然随之抬起、气道即可畅通。为使触电者头部后仰，可于其颈部下方垫适量厚度的物品，但严禁用枕头或其他物品垫在触电者头下，因为头部抬高前倾会阻塞气道，还会使施行胸外按压时流向脑部的血量减小，甚至完全消失。

② 人工呼吸操作要领　救护人在完成气道通畅的操作后，应立即对触电者施行口对口或口对鼻人工呼吸。口对鼻人工呼吸用于触电者嘴巴紧闭的情况。人工呼吸的操作要领如下：

a. 先大口吹气刺激起搏　救护人蹲跪在触电者的左侧或右侧；用放在触电者额上的手的手指捏住其鼻翼，另一只手的食指和中指轻轻托住其下巴；救护人深吸气后，与触电者口对口紧合，在不漏气的情况下，先连续大口吹气 2 次，每次 1~1.5s；然后用手指试测触电者颈动脉是否有搏动，如仍无搏动，可判断心跳确已停止，在施行人工呼吸的同时应进行胸外按压。

b. 正常口对口人工呼吸　大口吹气 2 次试测颈动脉搏动后，立即转入正常的口对口人工呼吸阶段。正常的吹气频率是每分钟约 12 次。正常的口对口人工呼吸操作姿势如上述。但吹气量不需过大，以免引起胃膨胀，如触电者是儿童，吹气量宜小些，以免肺泡破裂。救护人换气时，应将触电者的鼻或口放松，让他借自己胸部的弹性自动吐气。吹气和放松时要注意触电者胸部有无起伏的呼吸动作。吹气时如有较大的阻力，可能是头部后仰不够，应及时纠正，使气道保持畅通。

c. 触电者如牙关紧闭，可改为口对鼻人工呼吸。吹气时要将触电者嘴唇紧闭，防止漏气。

③ 胸外挤压法

胸外按压是借助人力使触电者恢复心脏跳动的急救方法。其有效性在于选择正确的按压位置和采取正确的按压姿势。

确定正确的按压位置的步骤：

a. 右手的食指和中指沿触电者的右侧肋弓下缘向上，找到肋骨和胸骨接合处的中点。

b. 右手两手指并齐，中指放在切迹中点（剑突底部），食指平放在胸骨下部，另一只手的掌根紧挨食指上缘置于胸骨上，掌根处即为正确按压位置。

正确的按压姿势：

a. 使触电者仰面躺在平硬的地方并解开其衣服，仰卧姿势与口对口（鼻）人工呼吸法相同。

b. 救护人立或跪在触电者一侧肩旁，两肩位于触电者胸骨正上方，两臂伸直，肘关节固定不屈，两手掌相叠，手指翘起，不接触触电者胸壁。

c. 以髋关节为支点，利用上身的重力，垂直将正常成人胸骨压陷 3~5cm（儿童和瘦弱者酌减）。

d. 压至要求程度后，立即全部放松，但救护人的掌根不得离开触电者的胸壁。按压有效的标志是在按压过程中可以触到颈动脉搏动。

恰当的按压频率：

a. 胸外按压要以均匀速度进行。操作频率以每分钟 80 次为宜，每次包括按压和放松一个循环，按压和放松的时间相等。

b. 当胸外按压与口对口（鼻）人工呼吸同时进行时，操作的节奏为：单人救护时，每按压

15次后吹气2次(15:2)，反复进行；双人救护时，每按压15次后由另一人吹气1次(15:1)，反复进行。

5. 抢救过程中伤员的移动与转院

① 心肺复苏应在现场就地坚持进行，不要为方便而随意移动伤员，如确实需要移动时，抢救中断时间不应超过30s。

② 移动伤员或将伤员送往医院时，应使伤员平躺在担架上，并在其背部垫以平硬阔木板。移动或送医院过程中应继续抢救，心跳呼吸停止者要继续心肺复苏法抢救。

③ 应创造条件，用塑料袋装入砸碎了的冰屑做成帽状包绕在伤员头部，露出眼睛，使脑部温度降低，争取心脑完全复苏。

6. 伤员好转后的处理

① 如伤员的心跳和呼吸经抢救后均已恢复，可暂停心肺复苏法操作，但心跳呼吸恢复的早期有可能再次骤停，应严密监护，不能麻痹，要随时准备再次抢救。

② 初期恢复后，伤员可能神志不清或精神恍惚、躁动，应设法使伤员安静。

③ 现场触电抢救，对采用肾上腺素等药物治疗应持慎重态度。如没有必要的诊断设备和条件及足够的把握，不得乱用。在医院内抢救触电者时，由医务人员经医疗仪器设备诊断后，根据诊断结果再决定是否采用。

第五节　化工企业电气安全管理案例

【案例一】　电焊机触电事故

(1) 事故经过

某化肥厂电焊工刘某在作业中触电死亡。某年9月16日下午，化肥厂生活开水锅炉漏水，行政科安排电焊工麦某带徒弟刘某及水电工、司炉工等四人在中班加班抢修。准备工作就绪后，17日0:30，由刘某一人钻到炉底焊补，过了不久，麦某等三人便离开岗位到食堂看炊事员做包子。至凌晨一时许，刘某出来找麦某，但麦某已回家拿开水，刘某又独自继续工作。麦某拿开水回来后，即到食堂帮做包子，至一时二十分，水电工李某听不到电焊机声，就走到开水炉查看，发现刘某躺在炉底呼叫不应，即告诉麦某，麦某出来先拉下焊机开关，然后把刘某救出，但因触电时间过久而死亡。

(2) 原因分析

电焊机使用时间过久，线圈绝缘老化破坏，输出电压达155V(正常空载电压为60~80V，工作电压为30V)，同时焊把电缆绝缘也因老化多处剥落，铜芯裸露，因当时天气较热，刘某未穿戴劳保用品，造成触电死亡。

(3) 防范措施

① 对焊机应妥善保管，并定期检查和测试，凡不符合技术要求的及时维修或更新。

② 为防止机壳带电和变压器高压窜低压造成触电事故，焊机外壳及二次侧应接地(或接零)。

③ 移动式电焊机的电源线应按临时线进行管理。在危险环境中(锅炉房、化工生产车间、容器、管道内和金属构架),焊接时应采取相应的安全措施,并做好个人防护。

【案例二】 化工厂爆炸事故

(1) 事故经过

2010年1月7日,兰州某石油化工厂罐区发生爆炸燃烧事故,甘肃省消防总队迅速调集两个消防支队赶赴现场,会同该石化公司消防支队对火场实施警戒,确保现场起火的四个罐体稳定燃烧,不再发生爆炸,4个燃烧罐体经过平稳燃烧,8日凌晨一个已经熄灭,火灾现场的明火估计将于9日凌晨熄灭。爆炸发生后,现场抢险人员再次加派人力,在现场增设水炮对罐体进行持续冷却。8日凌晨,火场附近风力加强,气温骤然降低,喷洒在附近其他罐体上的消防水很快凝结成几十厘米长的冰凌。截至8日凌晨3时,经过救援人员严密布控,爆炸现场的火势渐渐减弱,并再次处于稳定燃烧状态。在救援人员的持续监控下,现场附近没有再次发生爆炸,凌晨5时许,现场4个着火点已有一个熄灭,剩余3个着火区域已形成稳定燃烧。在8日下午,在新闻发布会上,相关负责人告诉记者,据监测,现场没有有毒气体排出,所有消防水已进入污水防控系统。爆炸现场残存的易燃气体经过稳定燃烧,有可能将于9日凌晨燃烧殆尽。

事故造成5人失踪,1人重伤,5人轻伤。受伤和失踪人员均为该石化公司员工。目前,现场4个着火点已有1个熄灭,剩余3个着火区域已形成稳定燃烧。据监测,现场没有有毒气体排出,所有消防水已进入污水防控系统。

(2) 原因分析

① 该厂区发生爆炸着火事故的原因,是由于罐体泄漏,致使现场可燃气体浓度达到爆炸极限,呲出的可燃气体产生静电,引发爆炸着火。

② 爆炸事故发生在7日17时30分许,地点距离市中心30km,爆炸中心距居民区500余米。

(3)防范措施

① 加强安全生产管理工作,严格落实安全生产主体责任。定期组织开展在用工业压力管道在线检测和全面检验,切实落实检验维修工作,及时发现和消除事故隐患,确保安全进行。

② 化工企业对在役的看装置、老罐区、老设备开展一次彻底排查,对不能满足安全需要的压力容器、压力管道等设施、设备坚决淘汰更新。

③ 采取多种形式强化教育培训,定期开展事故应急预案演练,提高全员对事故的分析判断和应急处置能力。

④ 储备必要的应急器材和物资,确保在突发事故中,做到及时有效、科学果断处置。

参 考 文 献

[1] 梁慧敏，张奇，白春华.电气安全工程[M].北京：北京理工大学出版社，2010.

[2] 李刚.电气安全[M].沈阳：东北大学出版社，2011.

[3] 孙丽君.电气安全[M].北京：化学工业出版社，2011.

[4] 夏新民，秦鸣峰，朱可.电气安全[M].北京：化学工业出版社，2010.

[5] 陆荣华.电气安全技术[M].北京：中国电力出版社，2006.

[6] 杨有启，钮英建.电气安全工程[M].北京：首都经济贸易大学出版社，2000.

[7] 陈晓平，马占敖，李强.电气安全[M].北京：机械工业出版社，2011.

[8] 温卫中.电气安全工程[M].太原：山西科学技术出版社，2006.